高等院校计算机规划教材　多媒体系列

After Effects CC 2015

中文版应用教程

（第三版）

张 凡 等◆编著

中国铁道出版社有限公司
CHINA RAILWAY PUBLISHING HOUSE CO., LTD.

内 容 简 介

本书共 12 章,内容包括 After Effects CC 2015 概述,素材的合成与管理,动画和关键帧,时间编辑与渲染输出,图层的混合模式、遮罩与蒙版,三维效果,调色效果,文字效果,扭曲和生成效果,模拟效果,键控与跟踪,综合实例。本书将艺术设计理念和计算机制作技术结合在一起,全面地介绍了 After Effects CC 2015 的使用方法和技巧,展示了 After Effects CC 2015 的无限魅力,旨在帮助读者用较短的时间掌握该软件。

本书适合作为高等院校相关专业师生或社会培训班的教材,也可作为影视合成爱好者的参考用书。

图书在版编目(CIP)数据

After Effects CC 2015 中文版应用教程 / 张凡等编著 . —3 版 . —北京:中国
铁道出版社,2018.4(2021.5重印)
高等院校计算机规划教材 . 多媒体系列
ISBN 978-7-113-23897-1

I.① A… II.①张… III.①图像处理软件 - 高等学校 - 教材 IV.① TP391.413

中国版本图书馆 CIP 数据核字(2017)第 253856 号

书　　名:After Effects CC 2015 中文版应用教程
作　　者:张凡　等

策　　划:汪　敏　　　　　　　　　　　　编辑部电话:(010)51873628
责任编辑:秦绪好　冯彩茹
封面设计:崔　欣
责任校对:张玉华
责任印制:樊启鹏

出版发行:中国铁道出版社有限公司(100054,北京市西城区右安门西街 8 号)
网　　址:http://www.tdpress.com/51eds/
印　　刷:三河市航远印刷有限公司
版　　次:2011 年 6 月第 1 版　　2015 年 11 月第 2 版　　2018 年 4 月第 3 版　　2021 年 5 月第 2 次印刷
开　　本:880 mm×1 230 mm　1/16　印张:20.5　字数:646 千
书　　号:ISBN 978-7-113-23897-1
定　　价:59.80 元

前 言（第三版）

近年来，随着图形、图像处理技术的迅速发展，电视、电影等影视制作技术有了长足的进步，同时也带动了影视特效合成技术。After Effects CC 2015 作为一款优秀的视频后期合成软件，被广泛应用于影视和广告制作。国内传媒行业的快速发展，也使市场上对影视制作从业人员的需求量不断增加。

本书由设计软件教师协会 Adobe 分会组织编写。编委会由 Adobe 授权专家委员会专家、各高校多年从事 After Effects 教学的教师以及优秀的一线设计人员组成。本书通过大量的精彩实例将艺术和计算机制作技术结合在一起，全面讲述了 After Effects CC 2015 的使用方法和技巧。

与上一版相比，本版的实例与实际应用的结合更加紧密，并添加了多个实用性更强、视觉效果更好的实例。

本书属于实例教程类图书，旨在帮助读者用较短的时间掌握该软件。全书共 12 章，内容包括 After Effects CC 2015 概述，素材的合成与管理，动画和关键帧，时间编辑与渲染输出，图层的混合模式，遮罩与蒙版，三维效果，调色效果，文字效果，扭曲和生成效果，模拟效果，键控与跟踪，综合实例。

本书内容丰富，结构清晰，实例典型，讲解详尽，富有启发性。其中的实例是由多所高校（北京电影学院、北京师范大学、中央美术学院、中国传媒大学、北京工商大学传播与艺术学院、首都师范大学、首都经济贸易大学、天津美术学院、天津师范大学艺术学院等）具有丰富教学经验的优秀教师和一线有丰富实践经验的制作人员从多年教学和实际工作中总结出来的。

参与本书编写的人员有张凡、李岭、郭开鹤、王岸秋、吴昊、芮舒然、左恩媛、尹棣楠、马虹、章建、李欣、封昕涛、周杰、卢惠、马莎、薛昊、谢菁、崔梦男、康清、张智敏、王上、谭奇、程大鹏、宋兆锦、于元青、韩立凡、曲付、李羿丹、田富源、刘翔、何小雨。

由于编者水平有限，加之时间仓促，书中难免存在疏漏和不足之处，恳请读者批评指正。

编　者

2018 年 1 月

目 录

CONTENTS

目 录 CONTENTS

目 录

CONTENTS

目 录 CONTENTS

After Effects CC 2015 概述　第1章

 **本章重点**

After Effects CC 2015 是 Adobe 公司开发的一款高端视频特效系统的专业特效合成软件。本章将介绍 After Effects CC 2015 的系统要求、界面与面板构成等内容，通过本章的学习，读者应对 After Effects CC 2015 有一个全面和系统的认识。

1.1　After Effects 概述

After Effects 是一款用于视频合成及特效制作的非线性编辑软件，它借鉴了许多优秀软件的成功之处，将视频特效合成技术上升到一个新的高度。

Photoshop 中层概念的引入，使 After Effects 可以对多层的合成图像进行控制，制作出天衣无缝的视频合成效果；关键帧、路径等概念的引入，使 After Effects 对于控制高级的二维动画游刃有余；高效的视频处理系统，确保了高质量的视频输出；而功能齐备的特技系统更能使 After Effects 实现使用者的一切创意。

After Effects 保留了 Adobe 软件与其他图形图像软件的兼容性。在 After Effects 中可以非常方便地调入 Photoshop、Illustrator 的层文件；也可以近乎于完美地再现 Premiere 的项目文件，还可以调入 Premiere 的 EDL 文件。

1. 线性编辑与非线性编辑的区别

线性是指连续存储视频、音频信号的方式，即信息存储的物理位置与接收信息的顺序是完全一致的。线性编辑一般是指多台录放机之间复制视频的过程（可能还包括特效处理机等进行中间处理的过程）。

非线性的概念与"数字化"的概念是紧密联系的。非线性是指用硬盘、磁带、光盘等存储数字化视频、音频信息的方式。非线性表现出数字化信息存储的特点——信息存储的位置是并列平行的，与接收信息的先后顺序无关。

2. 非线性编辑的特点

非线性编辑是对数字视频文件的编辑和处理，与计算机处理其他数据文件一样，在计算机的软件编辑环境中可以随时、随地、多次反复地编辑和处理。非线性编辑系统设备小型化，功能集成度高，与其他非线性编辑系统或普通个人计算机易于联网，从而共享资源。

3. 常用的非线性编辑软件

能够编辑数字视频数据的软件也称为非线性编辑软件。常用的专业非线性编辑软件有 After Effects、Premiere、Combustion、Flame、Vegas 等。其中 After Effects 和 Premiere 在国内使用较为普遍。After

Effects 与 Premiere 相比较，前者更擅长于特效制作与视频合成，后者则主要用于视频剪辑与音频合成。

1.2　After Effects CC 2015 界面与面板

1. 界面布局

After Effects CC 2015 默认的界面布局如图 1-1 所示，其中包括菜单、工具栏和多个工具面板。在界面布局中，"项目"面板、"时间线"面板和"合成"面板这 3 个面板占据大部分面积，另外还有"信息""预览控制台"和"效果和预置"等众多面板，可以在制作时随时显示或关闭。

图1-1　After Effects CC 2015默认界面布局

After Effects CC 2015 默认界面布局是一种简洁的布局方式，隐藏了一些功能面板。如果在软件界面右上角的"工作区"下拉列表中选择"所有面板"选项，可以将所有面板显示出来。由于面板众多，很多面板只能显示其标题，如图 1-2 所示。

图1-2　显示全部面板的界面布局

针对不同的制作目的需要使用不同的功能面板，After Effects CC 2015 为用户预置了多种不同面板搭配的工作界面布局。例如，在编辑文字的情况下，在"工作区"下拉列表中选择"文本"选项，可以显示出文字编辑的相关面板；在进行运动跟踪操作时，在"工作区"下拉列表中选择"运动跟踪"选项，可以显示运动跟踪的相关面板。

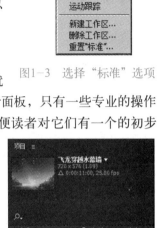

如果要将 After Effects CC 2015 的界面恢复到默认的标准界面布局方式，可以在软件界面右上角的"工作区"下拉列表中选择"标准"选项，如图 1-3 所示。

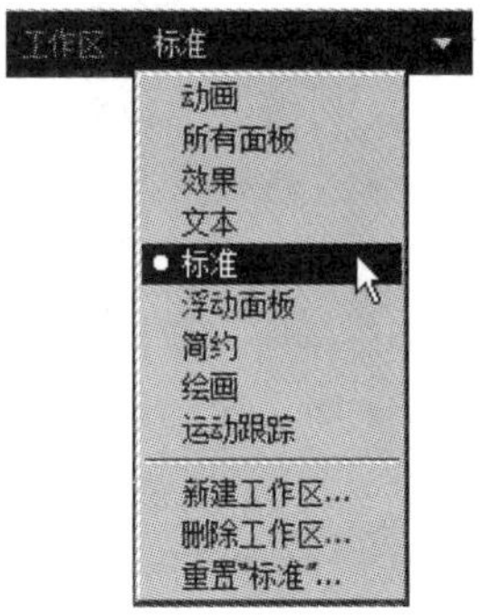

2. 面板

图1-3 选择"标准"选项

After Effects CC 2015 的界面中包括多个面板。有些面板是主要操作面板，也就是说没有它们就无法完成任何工作，比如"项目"面板；还有一些面板是辅助设计面板，只有一些专业的操作才会应用到这些面板，比如"跟踪"面板。下面对这些面板进行简单的介绍，以便读者对它们有一个的初步认识。

(1) "项目"面板

"项目"面板是 After Effects 软件中最重要的面板之一，该面板中包含了整个视频工作中所有要操作的对象（既包括在 After Effects 软件中内部创建的对象，也包括采用链接方式从外部置入的媒体素材文件对象）。"项目"面板主要用来放置这些媒体文件，并且对这些项目文件进行管理。实际上，在 After Effects 软件中保存的项目文件就是保存的"项目"面板中的内容。该面板默认位于软件界面的左上角，如果该面板未显示出来，可以通过置入一个媒体文件的方式将该面板调出，或者执行菜单中的"窗口|项目"命令将该面板调出，如图 1-4 所示。该面板中的具体参数含义详见 2.3.1 节。

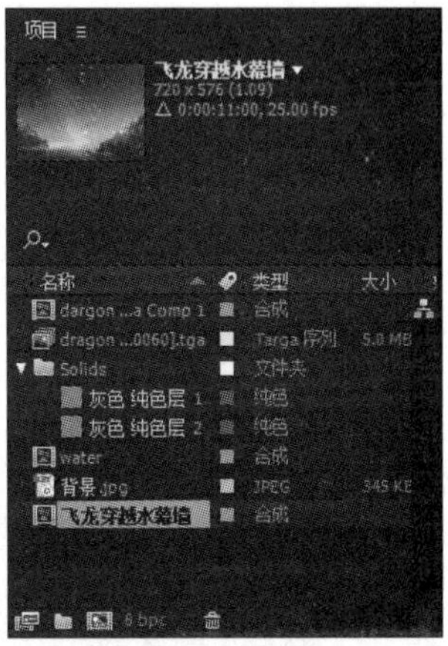

图1-4 "项目"面板

(2) "合成"面板

"合成"面板实际上是 After Effects 软件的手动操作区域，所有的效果可视化编辑多是在该面板中完成的。除了对效果进行编辑处理外，相应的效果预览也是在该面板中进行的。该面板是软件默认显示的，而且也占用整个软件界面的较大空间。如果该面板被关闭，除了通过调整工作空间的设置外，也可以在"项目"面板中双击一个"合成"项目或者执行菜单中的"窗口|合成"命令将该面板调出，如图 1-5 所示。该面板中的具体参数含义详见 2.3.2 节。

(3) "时间线"面板

"时间线"面板是编辑视频效果的主要面板，在这个面板中可以定义动画关键帧的参数和相应素材的入点、出点和延时。该面板是软件界面中默认显示的窗口，一般存在于界面的底部。如果该面板被关闭，可以通过在"项目"面板中双击一个合成项目打开，也

图1-5 "合成"面板

可以执行菜单中的"窗口|时间线"命令将面板调出，如图 1-6 所示。该面板中的具体参数含义详见 2.3.3 节。

图1-6 "时间线"面板

（4）"对齐"面板

"对齐"面板如图1-7所示，用于对齐和排列素材。执行菜单中的"窗口|对齐"命令，可以控制该面板的显示或隐藏。

（5）"音频"面板

"音频"面板如图1-8所示，用于对立体声的两个声道分别进行增益调整，也可以对两个声道一同进行增益调整。执行菜单中的"窗口|音频"命令，可以控制该面板的显示或隐藏。

（6）"画笔"面板

"画笔"面板如图1-9所示。当在工具栏中单击 ✐（画笔工具）按钮后，可以在"画笔"面板中进行各种预设笔刷的选择，也可以通过调整各种参数，重新对笔刷进行定义。执行菜单中的"窗口|画笔"命令，可以控制该面板的显示或隐藏。

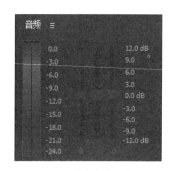

图1-7 "对齐"面板　　　　　图1-8 "音频"面板　　　　　图1-9 "画笔"面板

（7）"字符"面板

"文字"面板如图1-10所示，可以对选中文字的字体、附加字体和颜色属性进行调整。执行菜单中的"窗口|字符"命令，可以控制该面板的显示或隐藏。

（8）"段落"面板

"段落"面板如图1-11所示，可以对段落的对齐方式和各种缩进尺寸进行调整。执行菜单中的"窗口|段落"命令，可以控制该面板的显示或隐藏。

（9）"效果和预设"面板

After Effects的主要功能是制作视频和为已有的视频添加各种效果。在"效果和预设"面板中放置了软件提供的所有效果，并且还提供了大量的包含属性参数的效果预设选项，如图1-12所示。因为软件提供的效果和预设比较多，所以在该面板的顶部还提供了一个搜索栏，通过在搜索栏中输入关键字，可以快速找到要使用的效果或预设选项。执行菜单中的"窗口|效果和预设"命令，可以控制该面板的显示或隐藏。

（10）"信息"面板

"信息"面板如图1-13所示，是一个辅助面板，在该面板中会显示出当前鼠标所在位置的颜色参数和X、Y轴的精确坐标，并且会显示当前素材的入点、出点和延时。执行菜单中的"窗口|信息"命令，可以控制该面板的显示或隐藏。

图1-10　"字符"面板　　　　　　图1-11　"段落"面板　　　　　图1-12　"效果和预设"面板

（11）"蒙版插值"面板

"蒙版插值"面板如图1-14所示，可以对蒙版的属性进行相应的设置。执行菜单中的"窗口｜蒙版插值"命令，可以控制该面板的显示或隐藏。

（12）"元数据"面板

"元数据"面板如图1-15所示，是一个辅助的设计面板，在该面板中不能对相应的素材进行任何编辑处理操作，只能在选中的素材上添加各种数据信息，这些相应的信息可以随着文件进行保存。执行菜单中的"窗口｜元数据"命令，可以控制该面板的显示或隐藏。

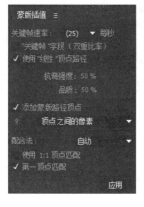

图1-13　"信息"面板　　　　　图1-14　"蒙版插值"面板　　　　图1-15　"元数据"面板

（13）"绘图"面板

"绘图"面板如图1-16所示。单击（画笔工具）和（仿制图章工具）按钮后，除了可以通过"笔刷"面板对笔刷的尺寸和类型进行调整外，还可以通过该面板对绘画的笔触透明度、辉光和颜色等属性进行调整。执行菜单中的"窗口｜绘图"命令，可以控制该面板的显示或隐藏。

（14）"预览"面板

"预览"面板如图1-17所示，该面板中包括了一些控制在"合成"窗口中播放视频的控件和一些参数。执行菜单中的"窗口｜预览"命令，可以控制该面板的显示或隐藏。该面板中的具体参数含义详见4.3节。

（15）"平滑器"面板

"平滑器"面板如图1-18所示，通过使用运动跟踪功能，可以按照视频动画进行效果的跟踪处理，但是软件自动的运动跟踪会在一定程度上造成运动路径的粗糙，此时可以利用"平滑器"面板对运动路径进行相应的平滑处理。执行菜单中的"窗口｜平滑器"命令，可以控制该面板的显示或隐藏。

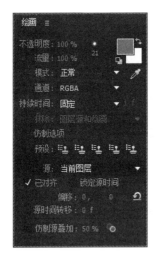
图1-16 "绘图"面板

图1-17 "预览"面板

图1-18 "平滑器"面板

（16）"工具"面板

"工具"面板如图 1-19 所示，该面板中列出了软件提供的各种工具和图形对象的属性调整方式，并且在工具栏中还提供了工作区下拉列表，用于调整软件界面的状态。该面板中的具体参数含义详见 2.3.4 节。

（17）"摇摆器"面板

"摇摆器"面板如图 1-20 所示，该面板用于控制软件自动进行参数随机变化的程度。执行菜单中的"窗口|摇摆器"命令，可以控制该面板的显示或隐藏。

图1-19 "工具栏"面板

图1-20 "摇摆器"面板

1.3　After Effects CC 2015 软件的初始化

After Effects 软件的初始化设置是根据美国电视制式设置的，在我国使用该软件时，需要重新进行设置。这里所谓的初始化是针对电视而言的，如果是为网页等其他的视频作品服务，则需要使用其他的初始化设置。

1. 项目设置

在每次启动 After Effects CC 2015 时，系统会自动建立一个新项目。同时，会有一个项目窗口建立。也可以执行菜单中的"文件|新建|新建项目"命令，新建一个项目。

在每次工作前，有可能根据工作需要对项目进行一些常规性的设置。执行菜单中的"文件|项目设置"命令，在弹出的对话框中进行设置，如图 1-21 所示。

对话框中部分参数说明如下：

① 时间码：用于设置时间位置的基准。

② 帧数：按帧数计算。

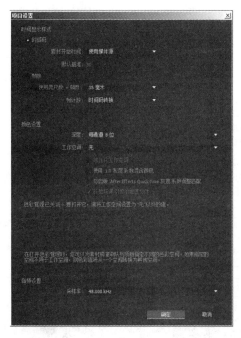

图1-21　"项目设置"对话框

③　使用英尺数＋帧数：用于计算电影胶片每英寸的帧数。

④　帧计数：表示计时的起始时间。右侧下拉列表中有"从0开始""从1开始"和"时间码转换"3个选项供选择。

⑤　"颜色设置"选项组：用于对项目中所使用的色彩深度进行设置。一般在PC上使用时，8 bit/通道的色彩深度就可以满足要求。当有更高的画面要求时，可以选择16 bit/通道的色彩深度。在16 bit/通道的色彩深度项目下，可导入16 bit色图像进行高品质的影像处理。这对于处理电影胶片和高清晰度电视影片是十分重要的。当图像在16 bit色的项目中导入8 bit色图像进行一些特殊处理时，会导致一些细节的损失。系统会在其特效控制对话框中显示警告标志。

2．首选项设置

"首选项"对话框中有很多类别可对After Effects进行自定义设置，这里只列出初始化时需要调整的项目值。

在"导入"类别中，将"序列素材"的导入方式改为25帧／秒，如图1-22所示。

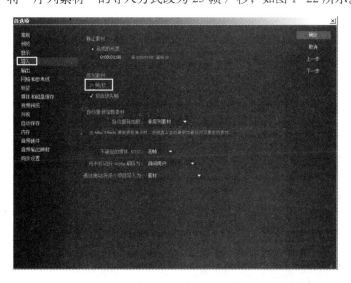

图1-22　"导入"类别设置

> 提示
>
> 我国电视标准是PAL-D制，帧速率为25帧/秒。

在"媒体和磁盘缓存"类别中，可以设置磁盘缓存大小以及磁盘缓存文件放置的位置，如图1-23所示。

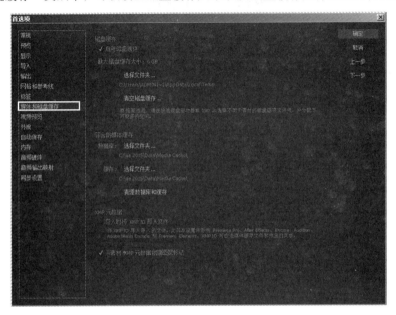

图1-23 "媒体和磁盘缓存"类别设置

课 后 练 习

① 简述线性编辑与非线性编辑的区别。

② 简述对 After Effects CC 2015 软件进行初始化的方法。

素材的合成与管理 第2章

在 After Effects CC 2015 中，素材的合成与管理是十分重要的工作，其中包括调用素材、图层的基本操作和将制作好的文件进行打包等环节。通过本章的学习，读者应掌握对素材进行合成和管理的方法。

2.1 导入素材

在导入素材的过程中，导入的素材的形式需要根据素材的类型而变化。

2.1.1 导入一般素材

导入一般素材是指 .jpg、.tga 和 .mov 文件，导入这类素材的方法如下：

① 执行菜单中的"文件 | 新建 | 新建项目"命令，新建一个项目。然后可以使用以下 3 种方式导入素材：

a. 执行菜单中的"文件 | 导入 | 文件"命令来导入素材文件。

b. 在项目窗口中双击，在出现的窗口中选择需要导入的文件。

c. 将需要的素材直接拖到项目窗口中。

用以上任意方式导入"风景 .jpg"和"风景 .tga"文件，这是同一素材的两种格式文件。在导入"风景 .tga"文件时会出现"解释素材"对话框，如图 2-1 所示。这是因为此时"风景 .tga"文件含有"Alpha"通道信息，需要在这里设置导入选项。具体参数含义可参见 2.1.4 节。单击"猜测"按钮，再单击"确定"按钮，此时"项目"面板如图 2-2 所示。

图2-1 "解释素材"对话框

图2-2 "项目"面板

② 导入素材后便需要一个对素材进行加工的地方，也就是"合成"面板。在"项目"面板中右击，在弹出的快捷菜单中选择"新建合成"命令，弹出"合成设置"对话框，如图 2-3 所示。

③ 在"合成名称"文本框中可以为这个合成图像命名，在"预设"下拉列表中可以选择合成的分辨率和制式，也可以选择"预设"下拉列表的"自定义"选项，由用户自己来决定。需要注意的就是"帧速率"，帧速率即一秒钟播放图片的数量。最下端的"持续时间"用来设定合成动画的长度，单击"确定"按钮。

④ 将两个文件分别从"项目"面板中拖入"时间线"面板，此时"时间线"面板如图 2-4 所示，会出现两个"层"。这里层的概念与 Photoshop 中的层是一样的，可以将层想象成一个可以无限扩展的平面，位于上面的层会对下面的层产生遮盖。

⑤ 新建纯色层。具体操作方法为：在"时间线"面板的空白处右击，在弹出的快捷菜单中选择"新建 | 纯色"命令，如图 2-5 所示。

图2-3 "合成设置"对话框

图2-4 "时间线"面板

⑥ 在出现的如图 2-6 所示的"纯色设置"对话框中，可以在"名称"文本框中设定新建层的名字；在"大小"中设置新建层的大小，也可以单击"制作合成大小"按钮自动建立与合成图像同样大小的纯色层；在"颜色"中通过单击颜色块来设定新建层的颜色，设置完成后单击"确定"按钮。此时在"时间线"面板中位于上面的层会遮盖下面的层，重新排列 3 个层在"时间线"面板中的顺序，如图 2-7 所示。

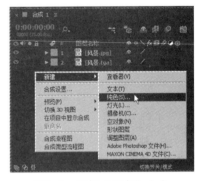

图2-5 选择"纯色"命令

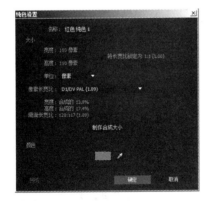

图2-6 "纯色设置"对话框

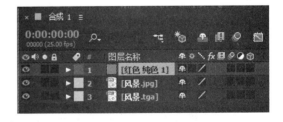

图2-7 调整图层顺序

2.1.2 导入 Photoshop 文件

After Effects CC 2015 能正确识别 Photoshop 中的层信息，可以大大简化在 After Effects 中的操作。导入 Photoshop 文件的方法如下。

① 在 Photoshop 中建立一个包含 4 个图层的 640×480 像素的文档，存为"打斗 .psd"，如图 2-8 所示。

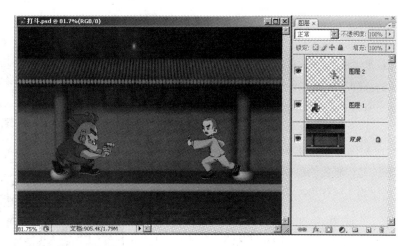

图2-8　"打斗.psd"图像文件

②　启动 After Effects CC 2015，在"项目"面板中双击，在出现的对话框中找到刚才保存的"打斗.psd"文件，单击"打开"按钮，此时在弹出的对话框中单击"导入类型"下拉按钮，会显示出 3 种导入形式，如图 2-9 所示。

a.选择"素材"导入时，此时可以选择需要的层进行导入，如图 2-10 所示。也可以单击"合并图层"选项，将 Photoshop 的层合并为一个层导入。

b.选择"合成"选项导入时，将对图层进行裁剪后新建合成物。

c.选择"合成－保持图层大小"选项导入时，"项目"面板如

图2-9　3种导入形式

图 2-11 所示。此时单击"项目"面板中文件夹图标前的小三角，会显示该文件所包含的所有层信息，如图 2-12 所示。双击"打斗"，即可打开该合成图像，如图 2-13 所示，此时如果在 Photoshop 中使用了叠加模式，这里也可以正常显示。

图2-10　选择需要导入的层

图2-11　以"合成－保持图层大小"方式导入

图2-12　展开文件夹

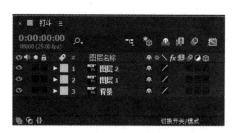

图2-13　合成图像时间线分布

2.1.3　文件像素比

世界上各国的视频标准并未由一家机构制定，因此存在不同的制式，这就造成了不同的分辨率和像素比，如果像素比设置不当，会造成画面变形。After Effects CC 2015 可以对所导入的图片进行像素比的修改设置。

一些图像处理软件所制作的图像像素比通常为 1 ∶ 1，即所谓的正方形像素。而 NTSC DV 制式的纵横像素比为 1∶0.91，PAL D1/DV 制式的纵横像素比为 1 ∶ 1.09，PAL D1/DV 宽银幕制式的纵横像素比则为 1 ∶ 1.46。

在 After Effects CC 2015 中修改像素比的方法为：在"项目"面板中选择要修改像素比的素材，然后执行菜单中的"文件|解释素材|主要"命令，在弹出的图 2-14 所示的"解释素材"对话框的"其他选项"选项组中对"像素长宽比"进行重新设置，设置完成后，单击"确定"按钮即可。

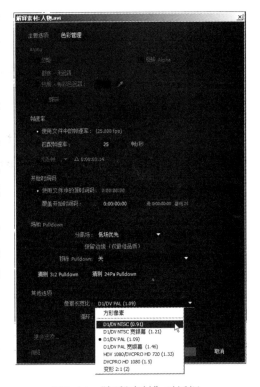

图2-14　"解释素材"对话框

2.1.4　文件透明信息

After Effects CC 2015 在导入带有"Alpha"通道的素材时，会弹出图2-1所示的"解释素材"对话框，其中有 3 个类型的"Alpha"选择项。

① 忽略：选择该项，则导入的图像会带有不透明的黑背景。

② 直通 - 无遮罩：选择该项，则会直接以图像中的"Alpha"通道为准，图像不存在蒙版信息。

③ 预乘 - 有彩色遮罩：选择该项，则会按照该选项右侧定义的颜色，将"Alpha"通道只作为一个颜色蒙版，并置入到素材中。

在大多数情况下，单击"自动预测"按钮，After Effects 会自动判断和选择合适的"Alpha"选项。

2.2　新建合成设置

在项目中制作影片，首先要建立一个合成图像。在建立合成图像时，应该以最终输出的影片标准进行设置。创建和设置合成图像的方法如下：

执行菜单中的"图像合成|新建合成"命令（快捷键【Ctrl+N】），或者单击"项目"面板下方的 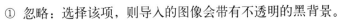（新建合成）按钮，弹出"合成设置"对话框，如图 2-15 所示。"合成名称"为合成图像名称。如果需要跨平台操作，应保证文件名兼容 Windows 和 Mac OS。

1. 在"基本"选项卡

"基本"选项卡中的主要参数含义如下：

① 预设：可以在下拉列表中选择预制的影片设置。Adobe 提供了 NTSC、PAL 制式等标准电视规格，以及 HDTV（高清晰度电视）、胶片等常用的影片格式。也可以选择"自定义（Custom）"。

② 宽／高: 帧尺寸，用于设置合成图像的大小。After Effects CC 2015以素材的原尺寸将其导入系统。因此，合成图像窗口分为显示区域和操作区域。显示区域即合成图像的大小，系统只播放显示区域内的影片。用户可以通过操作区域对素材进行缩放、移动、旋转等操作。After Effects CC 2015支持从（4×4）到（30000×30000）像素的帧尺寸。可以通过在数值框中输入帧尺寸来设置显示区域的大小，选中数值框右方的"纵横比以 5 ∶ 4

（1.25）锁定”复选框，按比例锁定帧尺寸的宽高比。锁定比例为上一次设置的宽高比。

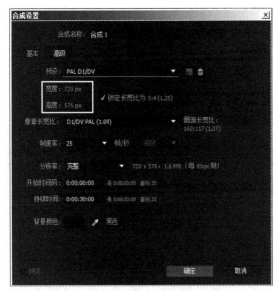

图2-15　"合成设置"对话框

③　像素长宽比：用于设置合成图像的像素宽高比。可以在其右边的下拉列表中选择预置的像素比。

④　帧速率：用于设置合成图像的帧速率。

⑤　分辨率：分辨率以像素为单位决定图像的大小，它影响合成图像的渲染质量，分辨率越高，合成图像渲染质量越好。在"图像合成设置"对话框中共有 4 种分辨率设置，分别如下：

a. 完整：渲染合成图像中的每一个像素，质量最好，渲染时间最长。

b. 二分之一：渲染合成图像中 1/4 的像素，时间约为全屏的 1/4。

c. 三分之一：渲染合成图像中 1/9 的像素，时间约为全屏的 1/9。

d. 四分之一：渲染合成图像中 1/16 的像素，时间约为全屏的 1/16。

如图 2-16 所示为不同分辨率下的效果。

(a) 完整

(b) 二分之一

(c) 三分之一

(d) 四分之一

图2-16　不同分辨率下的效果

另外，还可以选择"自定义"，在"自定义分辨率"对话框中指定分辨率。

⑥　开始时间码：用于设置合成图像的开始时间码。在默认情况下，合成图像从 0 s 开始，可以在此数值框中输入一个时间。例如输入 0：00：04：00，则合成图像的起始时间为 4 s。

⑦ 持续时间：在此数值框中可以输入合成图像的持续时间长度。

⑧ 背景颜色：用于设置合成图像的背景颜色。

2．"高级"选项卡

切换到"高级"选项卡进行参数设置，如图 2-17 所示。"高级"选项卡中的主要参数含义如下：

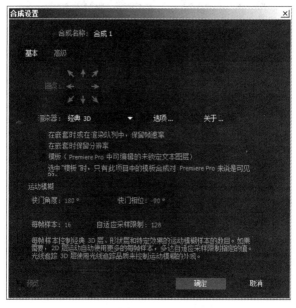

图2-17 "高级"选项卡

① 锚点：当需要修改合成图像的尺寸时，中心点的位置决定了如何显示合成图像中的影片。

② 渲染器：该选项决定 After Effects CC 2015 在渲染时所使用的渲染引擎。

③ 在嵌套时或在渲染队列中，保留帧速率：选中该复选框，则当前合成图像嵌套到另一个合成图像中后，仍然使用原来的帧速率。不选中该复选框，则当前合成图像嵌套到另一个合成图像中后，使用新合成图像的帧速率。

④ 在嵌套时保留分辨率：选中该复选框，则当前合成图像嵌套到另一个合成图像后，使用新合成图像的帧分辨率。

⑤ 快门角度：它决定当打开运动模糊效果后模糊量的强度。

⑥ 快门相位：它决定运动模糊的方向。

可将自定义的合成图像设置存储起来，以备重复使用。具体操作方法为：设置完成后，在"基本"选项卡中单击█按钮，在弹出的对话框中输入设置名称，如图 2-18 所示，然后单击"确定"按钮，则以后可在"预置"中找到存储的自定义设置。单击█按钮，删除选定的合成图像设置。单击"确定"按钮，退出对话框，此时在"项目"面板中出现一个新的合成图像。同时打开一个合成图像窗口和与其相对应的"时间线"面板。

图2-18 输入设置名称

在建立合成图像后，对其重新进行修改设置。具体操作方法为：执行菜单中的"图像合成｜图像合成设置"命令，在弹出的"合成设置"对话框中进行修改。

2.3 主要面板和工具栏

本节将主要讲解 After Effects 中 4 个主要面板。

2.3.1 "项目"面板

"项目"面板的功能是用于打开电影、静态、音频、固态层、项目文件等，如图 2-19 所示。可以把它看成是在制作过程中所需基本元素的集中地。从"项目"面板中把需要的素材拖动到"时间线"面板或者"合成"面板上，即可工作。在"项目"面板中，可以查看到有关被打开文件的一般属性，只需要了解各种选项的作用即可。

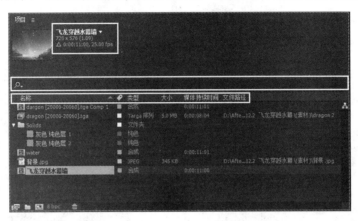

图2-19　"项目"面板

① 显示当前"合成"设置值的有关信息。这里可以查看工作区域的大小、时间以及每秒播放的帧数等信息。

② 查找：当"项目"面板中有很多文件时，就会出现查找困难的情况。这时，在其中键入要查找的文件名，就可以轻松地找到所需文件了。

③ 这里显示的是选择文件的排列方式或者打开文件的位置等。单击相应按钮，可以重新排列"项目"面板中的文件。排列顺序可以按照名称、文件种类或者文件的大小等。

④ 解释素材：选择"项目"面板中的相关素材，然后单击该按钮，可以在弹出的图 2-20 所示的对话框中对其进行重新设置。

⑤ 新建文件夹：当需要把"项目"面板中的图像或者视频分离、集中，或者文件过多，需要整理空间的时候，单击▉图标，就会在"项目"面板上生成新的文件夹，键入文件夹的名称，然后用鼠标拖动文件，就可以移动到新文件夹里了。

⑥ 新建合成：单击▉按钮后会弹出如图 2-21 所示的"合成设置"对话框，此时可对合成图像的时间和帧数重新进行设定。

图2-20　"解释素材"对话框

图2-21　"合成设置"对话框

⑦ 这里显示的是当前正按照多少 bpc 的 Channel（通道）进行工作。After Effects CC 2015 使用 8bpc 和 16bpc 进行工作。

⑧ 垃圾桶：用于删除"项目"窗口中的文件。选定要删除的文件，然后单击 🗑 按钮即可删除该文件。

2.3.2 "合成"面板

"合成"面板如图 2-22 所示。它可以直接观察对图像进行编辑后的结果，对图像显示大小、模式、完全框显示、当前时间、当前视窗等选项进行设置。

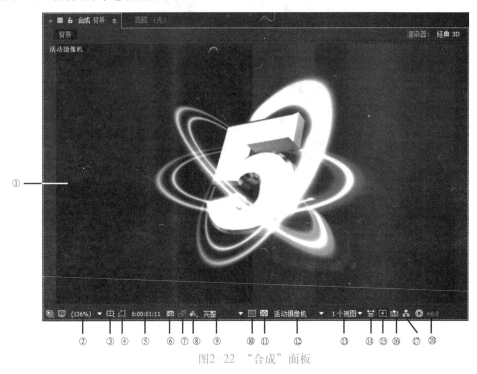

图2-22 "合成"面板

图 2-22 中各序号的含义如下：

① 显示当前的工作进行状态，包括效果、运动等所有内容。

② 显示从"合成"面板中看到的图像的大小。单击该按钮以后，会显示出可以设置的数值，如图 2-23 所示，选择需要的数值即可。

③ 字幕／活动安全框，如图 2-24 所示。这里显示的是文字和图片不会超出范围的最大尺寸，该内容非常重要。如果制作的内容用于播放，尺寸应该是 720×486 像素。在制作过程中，要经常使用它，以防止超出线框界限。线框由两部分构成，内线框是"字幕安全框"，也就是在画面上输入文字时不能超出这个部分。如果超出了这个部分，那么从电视上观看时，会出现部分残缺。外线框是"活动安全框"，运动的对象或者图像等所有内容都必须显示在该线条的内部。如果超出了这个部分，就不会显示在电视画面上。当然，如果是用于因特网或者 DVD、CD-ROM 等，就不会出现这种情况。因为可以在 After Effects CC 2015 中直接制作成电影，而不会被裁剪掉，所以要根据所制作媒体的类型来确定是否使用该部分。

④ 该按钮用于显示遮罩。在使用 🖊（钢笔工具）、▣（矩形工具）或者 ◯（椭圆工具）制作遮罩时，使用该按钮可以确定是否在"合成"面板上显示遮罩。

⑤ 显示当前时间标签所在位置的时间。移动时间标签改变时间时，该部分会随之变化。单击该按钮，会弹出一个对话框，如图 2-25 所示。输入所需部分的时间段，时间标签就会移动到输入的时间段上。这样，"合成"面板上就会显示出移动到的时间段的画面。

⑥ 获取快照。用于把当前正在制作的画面，也就是"合成"面板中的图像画面拍摄成照片。单击 📷（拍摄快照）按钮后，会发出拍摄照片的提示音，拍摄的静态画面可以保存在内存中，以便以后使用；在进行该操

作时，也可以使用快捷键【Shift+F5】。如果保存几张快照后即使用照片，只需按顺序按快捷键【Shift+F5】【Shift+F6】【Shift+F7】【Shift+F8】即可。

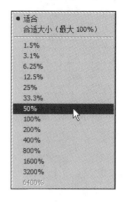

图2-23　显示比例

图2-24　显示表示完全框的线条

　　⑦　只有在保存"快照"时，该按钮才可以使用。其显示的是保存为"快照"的最后一个文件。依顺序按快捷键【Shift+F5】【Shift+F6】【Shift+F7】【Shift+F8】保存几张快照后，只要依顺序按快捷键【F5】【F6】【F7】【F8】，即可按照保存顺序进行查看。因为快照要占据计算机的内存，所以在不使用时，最好把它们删除。删除的方法是选择"编辑（Edit）|清理（Purge）|快照（Snapshot）"命令。

　　⑧　这里显示的是有关通道的内容。通道是按照"Red""Green""Blue"和"Alpha"（RGBA）的顺序依次显示的。"Alpha"通道的特点是不具有颜色信息，而只有与选区相关的信息。"Alpha"通道的基本背景是黑色，白色的部分表示选区，灰色的部分表示渐隐渐现的选区。

　　通常，在Photoshop中保存文件时，将其保存为具有"Alpha"通道的TGA格式，以便在After Effects中使用。

　　⑨　该部分显示的是"合成"面板的分辨率，包括 5 个选项，如图 2-26 所示。在选择分辨率时，应根据工作效率来决定，这样会对制作过程中的快速预览有很大帮助。如图 2-27 所示为不同选项的效果比较。

图2-25　"转到时间"对话框

图2-26　分辨率选项

(a) 完整

(b) 二分之一

(c) 三分之一

(d) 四分之一

图2-27　不同分辨率的效果

　　⑩　当需要在"合成"面板中只查看制作内容的某一部分时，可以使用该按钮。另外，在计算机配置较低、预览时间过长时，使用该按钮，也可以达到不错的效果。其使用方法是单击该按钮，然后在"合成"面板中拖动鼠标创建一块区域，如图 2-28 所示。创建好区域以后，就可以只对此区域的部分进行预览。如果再次单击

该按钮，又会恢复到原来的整体区域。

图2-28　部分显示图像

⑪ 开关透明栅格：其功能与 Photoshop 中的透明度相同，可以将"合成"面板的背景从黑色转换为透明。

⑫ 当"时间线"面板中只存在 3D 图层时，才可以使用该按钮。当图层全部是 2D 图层时，不能使用。

⑬ 用于控制显示视图的数量。单击该按钮，将弹出如图 2-29 所示的下拉列表。如图 2-30 所示为选择"4个视图－右侧"选项时的显示效果。

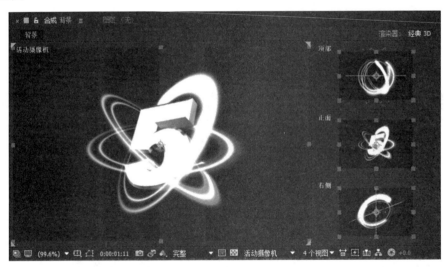

图2-29　下拉列表

图2-30　"4个视图-右侧"的显示效果

⑭ 利用该按钮可以改变纵横的比例。但是，激活该按钮，不会对图层、"合成"面板、素材产生影响。如果在操作图像时使用，即使把最终结果制作成电影，也不会产生任何影响。

⑮ 这是一个可以快速预览的功能按钮。单击该按钮，有 5 个选项供用户选择，如图 2-31 所示。

⑯ 用于显示"时间线"面板。

⑰ 用于显示"流程图"面板，如图 2-32 所示。

图2-31　预览选项

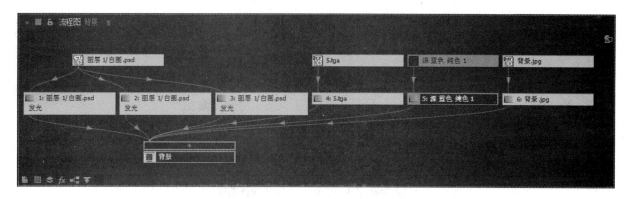

图2-32　"流程图"面板

⑱ 用于控制曝光度。如图 2-33 和图 2-34 所示为不同曝光度的效果。

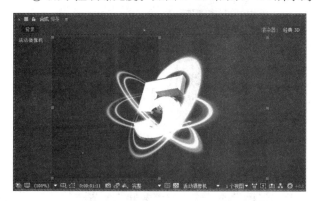

图2-33　曝光度为+0.0的效果

图2-34　曝光度为+1.5的效果

2.3.3 "时间线"面板

"时间线"面板是对文件进行时间、动画、效果、尺寸、遮罩等属性编辑和对文件进行合成的窗口，如图 2-35 所示。它是 After Effects CC 2015 进行效果编辑合成文件最重要的窗口之一。

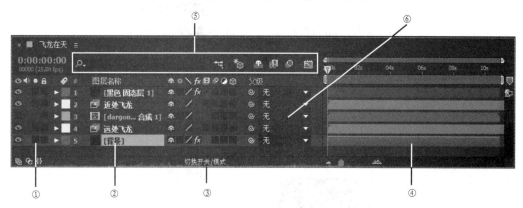

图2-35　"时间线"面板

图 2-35 中各序号的作用如下：

① 显示栏：对影片进行隐藏、锁定等操作，如图 2-36 所示，它包括 4 个按钮。

■ （眼睛）按钮：用于打开或关闭图层在"合成"面板中的显示。

■ （声音）按钮：用于打开或关闭声音素材的层。对于设定了运动的层，可以用来在速度曲线上添加控制点。

■ （单独）按钮：在进行多个层的合成时，单击某个层前的该按钮，可以在"合成"面板中只显示该层。

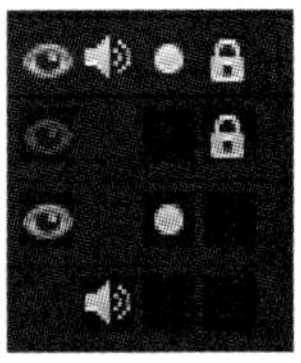

■（锁定）按钮： 激活该按钮之后将无法选择该层，从而避免对设置好的层进行误操作。

② 文件效果属性编辑栏：用于控制该层的各种显示和性能特征，包括4个按钮。

■（标签）按钮：改变层的颜色。单击该按钮后，会显示出能够改变层标签颜色的7种颜色。
用户只要从中选择自己需要的颜色即可。

■（编号）按钮：显示层的标号。它会依次显示出从上到下使用的层编号。

图2-36 显示栏

"图层名称"按钮：单击该按钮后，会变成"源名称"按钮。无论是素材名称还是层名称，
其实并没有什么不同。但素材名称不能更改，而层名称却可以更改。在"图层名称"状态下，按【Enter】键
即可改变层的名称。

■（三角）按钮：单击该按钮，可以查看层上应用的效果或者属性。

③ "切换开关／模式"编辑栏：单击该按钮，可以在"模式"和"切换开关"两种模式之间进行切换。
如图2-37所示为两种模式一起以相同的位置显示的效果。

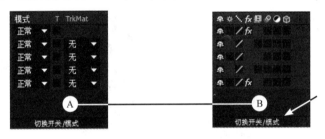

图2-37 "切换开关／模式"编辑栏

"模式"中的模式与Photoshop的模式相同，并且添加了更多的模式，如图2-38所示。利用After
Effects CC 2015中的层模式可以制作出各种各样的效果。关于层模式的具体讲解请参见5.1节。

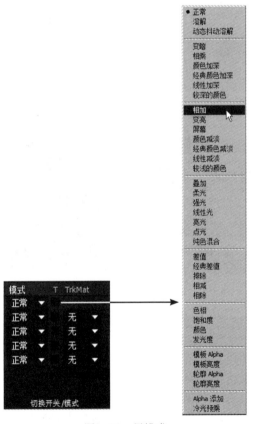

图2-38 层模式

"切换开关（Toggle Switches）"模式包括8个按钮。

 （隐藏时间层内图层）按钮：单击该按钮后，将切换为 按钮，此时激活效果栏中的 对应按钮，该层将在"时间线"面板中隐藏，以节省"时间线"面板的空间，如图2-39所示。

(a) 退缩前

(b) 退缩后

图2-39 退缩前后效果比较

 （塌陷）按钮：主要应用在嵌套的图层和从Illustrator中引入的矢量图像中。

 （抗锯齿）按钮：用于使图像更加平滑。除非做特殊效果，通常在渲染时将该按钮打开。

 （效果）按钮：利用该按钮可以打开或关闭应用于层的特效。该按钮只对应用了特效的层有效。

 （帧融合）按钮：利用该按钮可以为素材层应用帧融合技术。当素材的帧速率低于合成的帧速率时，After Effects通过重复显示上一帧来填充缺少的帧，这时运动图像可能会出现抖动。通过帧融合技术，After Effects在帧之间插入新帧来平滑运动。

 （运动模糊）按钮：利用动态模糊技术可以模拟真实的运动效果。

 （调整图层）按钮：可以在合成图像中建立一个调整图层，并将效果应用到其他层上。通过调整图层按钮，可以关闭或开启调整图层。在调整图层上关闭"调整图层"按钮，该调整图层会显示为一个白色固态层。可以利用"调整图层"按钮将一个素材层转换为调整图层。打开素材层的"调整图层"按钮后，该素材将不在合成窗口中显示原有内容，而是作为一个调节层影响其下的素材层。

 （3D）按钮：单击该按钮，系统将当前层转换为3D层。可以在三维空间中对其进行操作。

④ 时间线编辑栏：用于对时间线的具体编辑。

⑤ 效果栏：如图2-40所示，"时间线"面板上方的效果栏中包含7个按钮，与"切换开关"模式中按钮的功能基本相同。但这里的按钮控制整个合成的效果，如打开一个层的 （运动模糊）开关，必须将开关按钮中的动态模糊打开才能应用动态模糊效果。

 （显示查找）按钮：单击该按钮，可以从弹出的列表中选择要显示的相应属性。

图2-40 效果栏

 （合成微型流程图）按钮：单击该按钮，可以打开微型流程图。

 （草图3D）按钮：单击该按钮，系统将在3D草图模式下工作。此时，将忽略所有的灯光照明、阴影、摄像机深度及场模糊等效果。该按钮仅对3D图层有效。

 （隐藏为其设置了"隐藏"开关的所有图层）按钮：单击该按钮，将隐藏开关面板中标记为隐藏的层。

 （为设置了"帧混合"开关的所有图层启用帧混合）按钮 ：打开层在开关面板中的帧融合后，激活它可使帧融合开启。

 （为设置了"运动模糊"开关的所有图层启用运动模糊）按钮：打开层在开关面板中的帧融合后，激活它可使动态模糊开启。

 （图表编辑器）按钮：单击该按钮，在时间线右侧将显示出相应关键帧的分布曲线，如图2-41所示。利用它可以同时显示多条曲线，从而节省屏幕空间。

⑥ 父级编辑栏：在After Effects CC 2015中使用的"父级"，可以理解为"根源"，也可以理解为"父母"。其实，它的作用就是制作一个连接父母和孩子的环节。根源层就是父母，与它连接的层相当于孩子。如果移动父母，那么孩子也会跟着移动。但如果孩子发生变化，父母却不随着变化。"父级"的作用实际上就是

把层和层相互连接，使它们可以同步运动。图 2-42 所示为图片连接到"空白对象"物体后，随"空白对象"物体一起旋转和移动的效果。如果想取消"父级"的设置，可以选定应用了"父级"的图层，然后在"父级"编辑栏中选择"无"，即可取消设置。

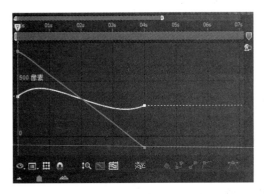

图2-41　关键帧分布曲线

图2-42　连接效果

2.3.4　工具栏

工具栏中包括了常用的一些工具，如图 2-43 所示。这些工具与 Photoshop 中使用的工具箱有些类似。

① 基本操作区：用于对图像进行选取、旋转、放大等操作，包括 6 个工具，说明如下。

图2-43　工具栏

选取工具：选取工具是在使用 After Effects CC 2015时用于基本选择操作的工具，它用于"合成"面板中层的选择，以及"时间线"面板中层的选择等所有同类功能。其快捷键是【V】。

抓手工具：利用该工具可以在"合成"面板中放大图像，然后移动画面，也可以进行预览。在制作过程中，如果需要使用快捷键，只要按【H】键即可。

缩放工具：缩放工具具有放大和缩小两种功能。第一次选择时，"合成"面板出现的就是放大工具，放大镜的中央会显示一个"+"，单击后会放大图像。每次放大时的放大比例都是 100%。选定缩放工具以后，如果按【Alt】键，放大镜的中央就会变成"－"，这时再单击，图像就会缩小。其快捷键是【Z】。

旋转工具：选定了旋转工具以后，在工具栏中会出现两个选项，即"方向"和"旋转"选项，如图 2-44 所示。这两个选项表示，当图层为 3D 图层时，通过哪种方式进行旋转。其快捷键是【C】。

图2-44　"方向"和"旋转"选项

摄像机工具组：只有在存在 3D 图层的"时间线"中安装摄像机时才会被激活。如果是 2D 图层，则无法使用该工具。单击轨道摄像机工具以后，会显示出 4 种选项，如图 2-45 所示。

定位点工具：用于移动中心点的位置。移动中心点就是确定按照哪个轴进行移动。移动中心轴后，图层会以移动的中心轴为中心进行旋转。其快捷键是【Y】。

② 绘图操作区：用于绘制、复制、擦除图形和文字等操作。它包括 8 个工具，分别说明如下。

蒙版工具组：包括 5 种已有的蒙版形状，如图 2-46 所示。

图2-45　摄像机工具组

图2-46　蒙版工具组

钢笔工具：利用它可以绘制出任意形状的蒙版。

文字工具组：其功能与 Photoshop 中文字工具的功能基本一致。对于在 Photoshop 中已经使用过该工具的用户，应该能够轻松掌握。其使用方法就是选择文字工具，然后在"合成图像"窗口中单击输入文字。文字的输入方式有（横排文字工具）和（直排文字工具）两种，如图 2-47 所示。

图2-47　文字工具组

画笔工具：使用毛笔在图层上绘制出需要的图像。画笔工具自身不能使用，必须与"绘画"和"画笔"面板一起使用。

在"绘画"面板中可以设置画笔的透明度、颜色和大小等，如图 2-48 所示。这些属性并不只在使用画笔工具时用到，在使用图章工具和橡皮擦工具时也会用到。

"画笔"面板如图 2-49 所示。该面板是在选择画笔或者制作新画笔时使用的。在制作新画笔时，单击"画笔"面板右上角的按钮，就会显示出相关选项，如图 2-50 所示。

图2-48　"绘画"面板　　　　图2-49　"画笔"面板　　　　图2-50　显示出相关选项

图章工具：这里的图章工具与 Photoshop 中图章工具的功能一样，可以原样制作出旁边的图像。图章工具可以把相同的内容复制几次，在其他位置上持续生成相同的内容。应用图章工具时，不能在"合成"面板中直接应用。图章工具可以在图层合成中使用。在"时间线"面板中选中要应用橡皮图章的层，如图2-51所示，双击后会显示出图层合成。在图层合成中选择图章工具，然后按【Alt】键，在要复制相同图像的位置上单击，则下次只要移动到需要的位置上，用鼠标进行绘制即可。复制后的效果如图2-52所示。

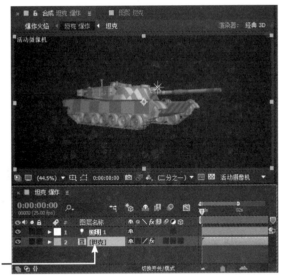

图2-51　双击合成图像　　　　　　　　　　　图2-52　复制后的效果

橡皮擦工具：对图像某个部分进行删除时使用的工具。它和画笔工具一样可以调节笔触的大小，加宽或者缩小区域。其快捷键是【Ctrl+B】。

Roto 笔刷工具：用于将动态视频中要选取的相关素材从背景中抠除出来。

操控点工具：单击该按钮，可添加任意定位点。

2.4　收集文件

"收集文件"命令是把计算机中使用的文件，也就是为了在 After Effects CC 2015 中进行制作而使用在各处的文件收集到一个文件夹中。应用这个命令以后，不必再担心找不到数据，因为已经把所有的文件都复制到一个文件夹中。

对于初学者来说，文件管理不当，在项目中显示彩条的情况时有发生。特别是将数据转移到其他计算机上时，就更会出现这种问题。因此，在完成制作以后，先使用这个命令将文件集中到一个文件夹上，然后再转移数据。

具体操作步骤如下：

① 首先执行菜单中的"文件|保存"命令，将文件进行保存（此时保存的文件名为"飞龙穿越水幕"）。

② 执行菜单中的"文件|整理工程（文件）|收集文件"命令，在弹出的如图 2-53 所示的对话框中单击"收集"按钮。然后在弹出的如图 2-54 所示的对话框中输入"飞龙穿越水幕"名称，单击"保存"按钮。

③ 打开刚才保存的"飞龙穿越水幕"文件夹，可以看到如图 2-55 所示的窗口。它由 3 个文件组成："（素材）"文件夹中放置了所用的所有素材；"飞龙穿越水幕 .aep"为 After Effects CC 2015 生成的项目文件；"飞龙穿越水幕报告 . txt"文件中记录所有的操作信息。

图2-53　"收集文件"对话框

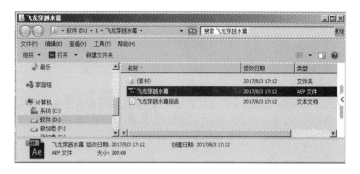

图2-54　设置保存名称和路径

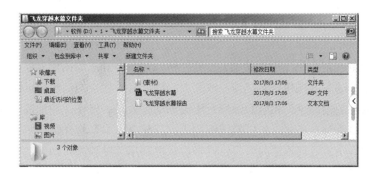

图2-55　收集文件后的文件夹

课 后 练 习

① 简述导入素材的方法。

② 简述"时间线"面板的主要参数的含义。

③ 简述收集文件的方法。

动画和关键帧 第3章

本章重点

After Effects 最重要的功能是制作视频动画，该软件可以为一些静态的图形对象添加绚丽的动画效果，也可以在一些视频片段中添加动态的视频效果。为一些静态的图形赋予相应的动画效果比较简单，只要在不同的时间点上添加相应属性的关键帧即可为相应的图形对象添加动画效果。但在视频片段中添加动态的视频效果，除了要对相应的效果进行渲染外，还要对相应的视频片段进行配合。本章将介绍一些简单动画的制作方式，并对关键帧的使用进行相应介绍。通过本章的学习，读者应掌握利用关键帧制作动画，并对动画的速率进行相应调整的方法。

3.1 使用基本属性制作动画

在 After Effects CC 2015 中每一个图层都包含"位置""缩放""旋转""不透明度"和"锚点"5 个基本属性。下面就来讲解利用这 5 个基本属性制作动画的简单方法。

3.1.1 位置动画

所谓位置动画，就是让图层对象按照相应的轨迹进行移动，当要对图层对象进行移动动画的制作时，要使用到该图层的"位置"属性。制作位置动画的具体操作方法如下：

① 在"项目"面板中选中相应的素材对象，然后拖入时间线。再调整该图层对象的尺寸和合成窗口的尺寸相匹配。

② 在时间线中展开该对象的"变换"属性，此时可以看到"位置"属性，如图 3-1 所示。

③ 利用工具栏中的 （选取工具）选中该图层对象，并将其拖动到如图 3-2 所示的位置。

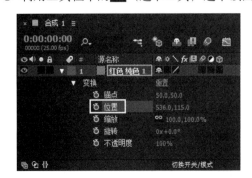

图3-1 "位置"属性

图3-2 移动图层对象的位置

④　将时间线滑块定位在第 0 秒，单击"位置"属性前的 按钮，记录下关键帧，此时记录下的关键帧显示为 状态，"位置"属性前的按钮会变为 状态，如图 3-3 所示。

图3-3　在第0秒记录下关键帧

⑤　将时间线滑块移动到第 20 秒，然后将该图层对象拖动到图 3-4 所示的位置，此时在时间线的"位置"属性上也会添加一个关键帧，如图 3-5 所示。

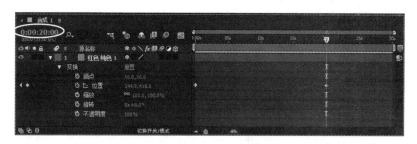

图3-4　在第3秒拖动图层对象的位置　　　　　　　　　图3-5　时间线的关键帧分布

⑥　在"预览"面板中单击 （播放）按钮，即可看到相应的位置动画。

提示

上面通过拖动的方法制作位置动画并不是很精确，如果要制作精确的位置动画，可以在"位置"属性右侧直接输入坐标值。

3.1.2　缩放动画

制作缩放动画除了可以表现图层对象的尺寸变化外，还可以在 2D 图层中表现出远近的变化。制作缩放动画的具体操作方法如下：

①　在"项目"面板中选中相应的素材对象，然后拖入时间线。再调整该图层对象的尺寸和合成窗口的尺寸相匹配，如图 3-6 所示。

②　在时间线中展开该对象的"变换"属性，然后将时间线滑块定位在第 0 秒，将"缩放"数值调整为60%，单击"缩放"属性前的 按钮，记录下关键帧，此时记录下的关键帧显示为 状态，"缩放"属性前的按钮会变为 状态，如图 3-7 所示。

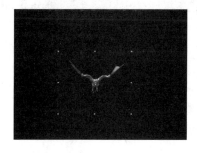

图3-6　将素材拖入时间线并调整大小　　　　　　　　　图3-7　在第0秒记录"缩放"关键帧

③ 将时间线滑块定位在第2秒，然后将"缩放"数值调整为150%，效果如图3-8所示。此时在时间线的"缩放"属性上会添加一个关键帧，如图3-9所示。

图3-8　将第3秒放大图像的效果　　　　　　　　　　　　图3-9　时间线的关键帧分布

④ 在"预览"面板中单击▶（播放）按钮，即可看到相应的缩放动画。

3.1.3　旋转动画

旋转动画除了可以定义旋转的角度外，还可以定义图层对象的旋转圈数。制作旋转动画的具体操作方法如下：

① 在"项目"面板中选中相应的素材对象，然后拖入时间线。再调整该图层对象的尺寸和合成窗口的尺寸相匹配，如图3-10所示。

② 在时间线中展开该对象的"变换"属性，然后将时间线滑块定位在第0秒，单击"旋转"属性前的⬛按钮，此时记录下的关键帧显示为◆状态，"旋转"属性前的按钮会变为⬛状态，如图3-11所示。

图3-10　将素材拖入时间线并调整大小　　　　　　　　　图3-11　在第0帧记录"旋转"关键帧

③ 将时间线滑块定位在第10秒，然后将"旋转"设置为60，效果如图3-12所示。此时在时间线的"旋转"属性上会添加一个关键帧，如图3-13所示。

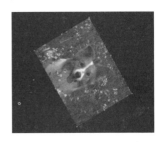

图3-12　将素材拖入时间线并调整大小　　　　　　　　　图3-13　在第0帧记录"旋转"关键帧

④ 在"预览"面板中单击▶（播放）按钮，即可看到相应的旋转动画。

3.1.4　不透明度动画

制作透明度动画，可以实现淡入淡出的效果，当制作一个淡入和淡出的效果时，只用两个关键帧无法实现，而需要4个关键帧。制作不透明度动画的具体操作方法如下：

① 在"项目"面板中选中相应的素材对象，然后拖入时间线。再调整该图层对象的尺寸和合成窗口的尺寸相匹配，如图 3-14 所示。

② 在时间线中展开该对象的"变换"属性，然后将时间线滑块定位在第 1 秒，确定"不透明度"的数值为 0%，定义为完全透明，然后单击"不透明度"属性前的 ⏱ 按钮，记录下关键帧，此时记录下的关键帧显示为 ◇ 状态，"不透明度"属性前的按钮会变为 ⏱ 状态，如图 3-15（a）所示，效果如图 3-15（b）所示。

图3-14　将素材拖入时间线并调整大小

(a)

(b)

图3-15　属性状态与效果

③ 将时间线滑块定位在第 10 秒，然后将"不透明度"的数值设置为 100%，此时在时间线的第 10 秒的"不透明度"属性上会自动添加一个关键帧，如图 3-16 所示，效果如图 3-17 所示。

图3-16　在第10秒添加"不透明度"关键帧，并设置"不透明度"为100%

④ 将时间线滑块定位在第 20 秒，然后单击时间线左侧的 ◇（在当前时间添加关键帧）按钮，添加一个关键帧，此时在时间线的第 20 秒的"不透明度"属性上会添加一个关键帧，如图 3-18 所示。

图3-17　"不透明度"值为100%的效果　　　　图3-18　在第20秒添加"不透明度"关键帧

⑤ 同理，将时间线滑块定位在第 23 秒，然后将"不透明度"的数值设置为 0%，重新定义为完全透明，效果如图 3-19（a）所示，此时在时间线如图 3-19（b）所示。

⑥ 在"预览"面板中单击 ▶（播放）按钮，即可看到淡入／淡出的动画效果，如图3-20所示。

(a)

(b)

图3-19　"不透明度"为0%的效果及在时间线中的显示

图3-20　淡入／淡出的动画效果

3.1.5　锚点动画

当简单调整图层的锚点时，虽然会出现图层位置的变化，但是绝对不能采用这种方法制作位移的动画。通过调整锚点，虽然不能直接完成一些动画的制作，但是通过配合其他的属性动画，可快速完成一些复杂的动画效果，例如，利用定位点和旋转动画可以十分容易地制作出离心旋转的动画效果。具体操作步骤如下：

① 在"项目"面板中选中相应的素材对象，然后拖入时间线。再调整该图层对象的尺寸和合成窗口的尺寸相匹配，如图3-21所示。

② 在时间线中展开该对象的"变换"属性，此时可以看到"锚点"属性，如图3-22所示。

图3-21　将素材拖入时间线并调整大小

图3-22　"锚点"属性

③ 将时间线滑块定位在第0秒，然后利用工具栏中的 ▓（向后平移（锚点）工具）将锚点拖动到对象的右下角，如图3-23所示。接着单击"锚点"属性前的 ▓ 按钮，记录下关键帧，此时按钮会变为 ◈ 状态，如图3-24所示。

图3-23　在第0秒调整"锚点"的位置

图3-24　在第0秒记录"锚点"关键帧

④　将时间线滑块定位在第 3 秒，然后利用工具栏中的 （向后平移（锚点）工具）将定位点继续向对象的右下角拖动，如图 3-25 所示，此时在时间线的第 3 秒的" （向后平移（锚点）工具）"属性上会添加一个关键帧，如图 3-26 所示。

图3-25　向右下角拖动对象　　　　　　　图3-26　时间线的关键帧分布

⑤　将时间线滑块定位在第 0 秒，单击"旋转"属性前的 按钮，记录下关键帧，此时按钮会变为 状态。然后将时间线滑块定位在第 3 秒，将"旋转"的数值设置为"4x +0.0"，此时软件会在第 3 秒的"旋转"属性上自动添加一个关键帧，在如图 3-27 所示。

图3-27　关键帧分布

⑥　在"预览"面板中单击 ▶（播放）按钮，即可看到离心旋转，且离心越来越远的动画效果，如图 3-28 所示。

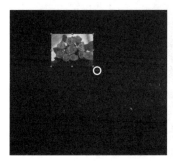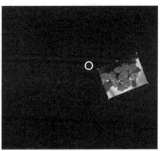

图3-28　离心旋转，且离心越来越远的动画效果

3.2　关键帧的基本操作

在一个视频动画中，关键帧是制作动画的关键，所有帧的画面都是按照关键帧的属性进行自动填补的，所以在制作动画时只需要定义关键帧的内容和关键帧之间的普通帧的填补方式，即可完成整个视频的制作。

3.2.1 动画开关

After Effects CC 2015中大多数参数都可以设置动画，这些可以设置动画的参数前面都有一个动画开关，也称为码表。码表未打开时显示为 按钮，打开时显示为 状态。当打开码表后，在时间线相对应的时间点上就会出现一个关键帧标记 ，表示启用了关键帧。当打开了码表，并在不同的时间位置上创建关键帧后，无论该关键帧是软件自动创建的，还是用户自行添加的，只要再次单击 按钮，即可删除所有的关键帧，此时相应属性的动画效果也会随之消失。

3.2.2 添加关键帧

在添加关键帧之后，在关键帧和关键帧之间软件会自动添加普通的帧画面。添加关键帧的具体操作步骤如下：

① 在"时间线"面板中展开相应图层对象的属性，找到要添加关键帧的属性。

② 将时间滑块移动到要添加关键帧的位置，然后在该属性中单击 按钮，此时动画开关显示为 状态，软件会自动添加1个关键帧 ，如图3-29所示。

图3-29 单击 按钮，动画开关显示为 状态，软件会自动添加1个关键帧

③ 将时间滑块移动到要添加下一个关键帧的位置，然后单击 （添加关键帧）按钮，此时软件会在该时间点上添加一个与上一个关键帧属性相同的关键帧，如图3-30所示。

图3-30 单击 （添加关键帧）按钮，添加一个与上一个关键帧属性相同的关键帧

④ 如果要创建与上一个关键帧属性不同的关键帧，可以将时间滑块移动到要添加关键帧的位置，然后对该时间点上的关键帧属性进行调整，此时软件会自动在该时间点上创建一个关键帧。

3.2.3 删除关键帧

在自动添加关键帧时，相应图层动画并不会发生任何变化，当要删除一个关键帧时，就很有可能对相应的动画造成影响。例如制作了一个用3个关键点控制的三角形位置动画，如图3-31所示，如果要将中间的关键帧删除，动画就会变为具有两个关键点的直线动画，如图3-32所示。

删除关键帧的方法有很多种，最简单的方法为选中要删除的单个或多个关键帧，然后按【Delete】键，即可将选中的单个或多个关键帧进行删除。如果要删除一个属性的所有关键帧，可以在时间线中单击 按钮。

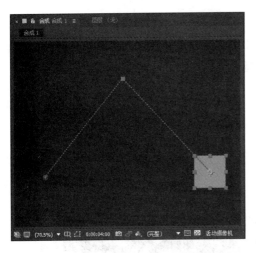

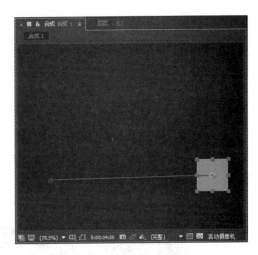

图3-31　用3个关键点控制的三角形位置动画　　　　　图3-32　删除中间关键帧的效果

3.2.4　关键帧导航器

当时间线中有多个关键帧时，往往为了设置关键帧参数而在这些关键帧之间频繁移动。为了便于操作，可以通过关键帧导航器来准确选中所需的关键帧。关键帧导航器位于时间线左侧，如图3-33所示，在关键帧导航器中单击◀（前一个）按钮，可以跳转到前一个关键帧，单击▶（后一个）按钮，可以跳转到后一个关键帧。

图3-33　关键帧导航器

3.2.5　选择关键帧

在制作视频动画的过程中，当要对一个关键帧进行各种编辑操作时，首先要选中相应的关键帧，After Effects CC 2015 提供了多种选择关键帧的方法。

1. 选择单个关键帧

选中单个关键帧的方法很简单，只要单击工具栏中的▶（选取工具），然后在时间线中直接单击相应的关键帧即可。

2. 选中多个关键帧

当要选择多个关键帧时，可以单击工具栏中的▶（选取工具），然后按住【Shift】键，依次单击要选择的关键帧即可。如果要选中一个区域中的所有关键帧时，可以采用拖动的方法，将要选中的关键帧框选起来，此时被选中的关键帧将呈浅蓝色，未选中的关键帧将呈灰色，如图3-34所示。

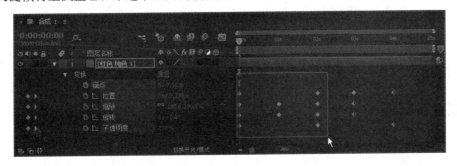

图3-34　框选一个区域中的所有关键帧

3. 选中所有的关键帧

当要选中一个属性的所有关键帧时，可以直接在时间线中单击该属性的名称；当要同时选中多个属性的关键帧时，可以在"时间线"面板左侧将相应属性的名称框选起来即可。

3.2.6　移动关键帧

移动关键帧的具体步骤如下：

① 在时间线中选中要调整时间位置的关键帧。

② 直接用鼠标拖动该关键帧的位置到相应的时间点，此时该关键帧的相应时间点和属性会显示在鼠标的下面，如图 3-35 所示。

图3-35　调整关键帧的位置

3.2.7　复制和粘贴关键帧

After Effects CC 2015 在合成制作时，有时有很多需要重复设置的参数，此时关键帧的复制和粘贴经常会使用到。关键帧的复制和粘贴，可以在图层的同一参数的不同时间点上进行，也可以在不同图层上进行。对于不同属性的参数，如果其类型不同，也可以进行关键帧的复制和粘贴。例如，定位点和位置之间，虽然参数的属性不通，但都是一个二维的数组，参数值可以相互复制和粘贴。

同时选择多个属性的不同关键帧时，也可以进行复制和粘贴。例如，选择了第 1 个图层的定位点、位置和比例 3 个属性的多个关键帧，按快捷键【Ctrl+C】进行复制，然后在第 2 个图层上将定位点、位置和比例 3 个属性选中，再确定好目标时间，按快捷键【Ctrl+V】进行粘贴，此时这几个属性的关键帧将同时粘贴到这个图层上。

3.3　控制关键帧

当在一个动画效果中确定了关键帧的属性后，关键帧之间的普通帧的属性将由软件自动调整。在默认的情况下，关键帧之间的普通帧的变化为线性运动，但在真实的物理现象中，基本上很少有绝对线性的运动，例如，再好的跑车也是从静止慢慢进行加速，不可能实现绝对线性的加速。所以在 After Effects CC 2015 中制作一些模拟现实情况的动画时，就要对关键帧之间的普通帧的变化进行控制，否则制作的动画效果会比较生硬。下面将具体讲解对普通帧进行控制的方法。

3.3.1　调整关键帧插值

当确定好关键帧后，可以通过控制运动的路径或时间的速率对关键帧之间软件自行添加的普通帧进行相应的干预。当要对一个关键帧附近的普通帧进行调整时，需要选中该关键帧，然后执行菜单中的"动画|关键帧插值"命令，此时会弹出图 3-36 所示的对话框。该对话框的主要参数解释如下：

① 临时插值：用于调整与时间有关的参数，控制关键帧和离开关键帧的速度变化。在右侧的下拉列表中有"当前设置""线性""贝塞尔曲线""连续贝塞尔曲线""自动贝塞尔曲线"和"定格"6 个选项可供选择。

图3-36 "关键帧插值"对话框

a．当前设置：选择该项后，将保持当前关键帧的时间设置。

b．线性：选择该项后，将采用匀速的运动方式，该选项也是软件默认的运动方式，关键帧图标为 。

c．贝塞尔曲线：选择该项后，可以分别调节关键帧入和出的速度变化，关键帧图标为 。

d．连续贝塞尔曲线：选择该项后，将在调整关键帧入速度的同时影响关键帧出的速度，关键帧图标为 。

e．自动贝塞尔曲线：选择该项后，将用自动方式调节速度变化，同时影响关键帧入和出的速度变化，关键帧图标为 。

f．定格：选择该项后，将实现突变的效果，前后关键帧之间将没有任何的速度过渡变化，关键帧图标为 。

② 空间插值：用于控制图层对象运动轨迹的种类，从而进一步控制运动路径的形态。在右侧的下拉列表中有"当前设置""线性""贝塞尔曲线""连续贝塞尔曲线"和"自动贝塞尔曲线"5 个选项可供选择。

a．当前设置：选择该项后，将保持当前关键帧的运动轨迹设置。

b．线性：选择该项后，将调整该关键帧左右两侧的运动路径为直线的运动方式，将关键帧与关键帧之间用直线连接起来。

c．贝塞尔曲线：选择该项后，将调整该关键帧左右两侧的运动路径为贝塞尔曲线的运动方式。该方式可以完全自由地控制关键帧两侧的手柄，调整关键帧一侧的曲线并不会影响另一侧的曲线，关键帧两侧的路径独立变化，可以更自由地改变运动路径曲线的形态。

d．连续贝塞尔曲线：选择该项后，将调整该关键帧左右两侧的运动路径为贝塞尔曲线的运动方式，并且当调整一侧的运动路径时，另一侧的运动路径也会随之发生变化。该运动路径的方式为软件默认的运动方式。

e．自动贝塞尔曲线：选择该项后，运动路径将变成平滑的曲线，关键帧的两侧将出现可以控制的手柄，当拖动手柄时可以改变运动路径曲线。

③ 漂浮：用于控制关键帧的漂浮方式。在右侧的下拉列表中有"锁定到时间"和"漂浮穿梭时间"两个选项可供选择。

3.3.2 调整贝塞尔曲线

1．贝塞尔曲线

在 After Effects 软件中控制运动路径的方式有两种，一种是简单的直线路径；另一种是被称为贝塞尔的曲线路径。贝塞尔曲线可以控制相应图层对象的运动轨迹、关键帧属性变化的速率，还可以绘制或修改矢量的图形形态。贝塞尔曲线由顶点和控制柄两部分组成，如图 3-37 所示。

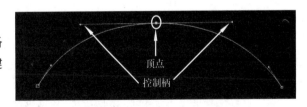

图3-37 贝塞尔曲线

（1）顶点

在贝塞尔曲线中顶点用于控制该曲线所经过的位置，在默认的情况下，通过创建相应的顶点，可以定义贝塞尔曲线的基本形态，当删除一个顶点时会直接影响到贝塞尔曲线的形态，但在已经存在的贝塞尔曲线上添加顶点则不会影响当前贝塞尔曲线的形态。

（2）控制柄

在默认的情况下，顶点和顶点之间是由直线连接的，当要将两个顶点之间的线型调整为贝塞尔曲线时，就需要调整相应顶点控制柄的位置和长度。控制柄的长度用于控制曲线的弯曲程度，而控制柄的角度用于控制曲线的角度，控制柄和相应控制的曲线会始终保持相切的状态。

2. "钢笔"工作组

工具栏中的"钢笔"工作组包括 (钢笔工具)、 (添加"顶点"工具)、 (删除"顶点"工具) 和 (转换"顶点"工具) 4 种工具，利用这些工具可以在贝塞尔曲线上进行添加、清除顶点和转换顶点的相关操作。

3.4 图表编辑器

图表编辑器以图表的形式显示了所用效果和动画的情况，如图 3-38 所示。利用图表编辑器可以很方便地查看和操作包括属性值、关键帧、关键帧插值、速率等信息和设置。

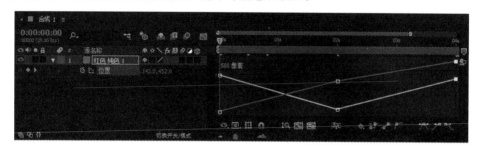

图3-38 图表编辑器

图表编辑器中主要按钮的含义如下：

① (选择具体显示在图表编辑器中的属性)：单击该按钮，会弹出图 3-39 所示的快捷菜单，通过选择不同的选项，可以在图表编辑器中显示所选择的属性。

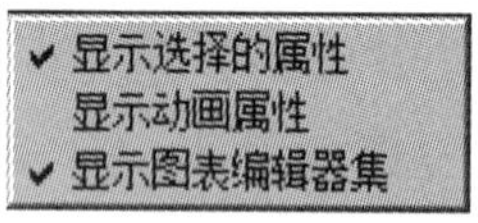

a.显示选择的属性：选择该项，将把选中的属性曲线显示在面板的右侧，反之将不进行显示。

图3-39 显示图表编辑器内所选定的属性的快捷菜单

b.显示动画属性：选择该项，将把拥有动画关键帧的属性曲线显示在面板中，而不管该属性是否被选中。

c.显示图表编辑器集：选择该项，将显示设置了"强制曲线"的属性曲线，反之该设置将失去其作用。

② (选择图表类型和选项)：单击该按钮，会弹出图 3-40 所示的快捷菜单，通过选择不同的选项，可以调整曲线的编辑类型和一些附加组件的显示方式。

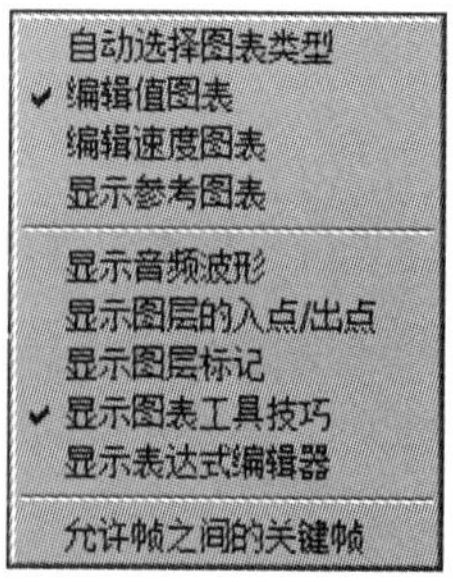

a.自动选择图表类型：选择该项，软件将按照不同的属性，自动定义显示为数值变化曲线还是速度变化曲线。

b.编辑值图表：选择该项，将在该面板右侧显示数值变化曲线。

c.编辑速度图表：选择该项，将在该面板右侧显示速度曲线，也就是速率曲线。

d.显示参考图表：选择该项，将同时在该面板右侧显示数值速率曲线和速度变化曲线。

e.显示音频波形：选择该项，将在该面板右侧的曲线位置上显示音频的波形。

f.显示图层的入点/出点：选择该项，将把当前素材的入点和出点标记显示在曲线中。

图3-40 选择图形类型和选项的快捷菜单

g.显示图层标记：选择该项，将把当前图层的标记显示在曲线中。

h.显示图表工具技巧：选择该项，将在编辑曲线时，在鼠标指针的右侧显示当前鼠标所在位置的精确属性信息。

i.显示表达式编辑器：选择该项，将在该面板右侧的底部显示表达式编辑器。

③ (选择多个关键帧时，显示"变换"框)：当同时选中多个顶点时，如果单击该按钮，将显示出相

应的变形框，反之将不进行显示。

④ 　（对齐）：单击该按钮，将在移动一个顶点时，自动吸附相应顶点的位置与其他的顶点对齐，并且出现相应的辅助线。

⑤ 　（自动缩放图表高度）：单击该按钮，软件将自动调整显示的尺寸，可以同时将所有顶点和曲线显示出来，否则将需要手动进行缩放调整。

⑥ 　（使选择适于查看）：单击该按钮，软件将自动调整视图，从而适合显示选中的顶点和曲线。

⑦ 　（使所有图表适于查看）：单击该按钮，软件将自动调整视图，从而适合把所有的顶点都显示出来。

⑧ 　（单独尺寸）：单击该按钮，将把当前属性中的参数分离开，例如二维的位置属性中拥有 X 和 Y 两个参数，单击该按钮后，可以将这两个参数分开。当一个属性参数被分离开后，相应的参数可以分别被选中，并可以分别进行关键帧的创建和编辑。

⑨ 　（编辑选定的关键帧）：单击该按钮，会弹出图 3-41 所示的快捷菜单，在该菜单中选择不同的命令，可以控制相应关键帧的属性和具体参数。

a. 580.0、430.0：显示的是当前选中的关键帧的坐标。

b. 编辑值：选择该项，将弹出相应属性的参数编辑对话框，如图 3-42 所示。在该对话框中可以对相应属性进行参数设定。

图3-41　编辑所选定关键帧的快捷菜单　　　　　　　　图3-42　相应属性的参数编辑对话框

c. 选择相同关键帧：选择该项，将选中和当前关键帧参数等值的关键帧。

d. 选择前面的关键帧：选择该项，将同时选中该属性当前关键帧之前的所有关键帧。

e. 选择跟随关键帧：选择该项，将同时选中该属性当前关键帧之后的所有关键帧。

f. 切换定格关键帧：选择该项，将调整当前关键帧的速率为静态。

g. 关键帧插值：选择该项，将弹出图 3-43 所示的"关键帧插值"对话框，在该对话框中可以对当前的关键帧进行相应设置。

h. 漂浮穿梭时间：选择该项，将转换当前的关键帧为浮动关键帧。

i. 关键帧速度：选择该项，将弹出图 3-44 所示的"关键帧速度"对话框，该对话框分为"进来速度"和"输出速度"两部分，可以分别控制相应部分的速率。

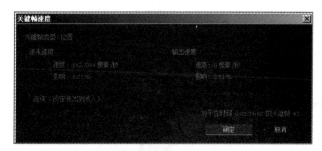

图3-43　"关键帧插值"对话框　　　　　　　　　图3-44　"关键帧速度"对话框

j. 关键帧辅助：用于设置关键帧的不同类型。

⑩ 　（将选定的关键帧转换为定格）：单击该按钮，将转换当前关键帧的速率为静态方式。

⑪ ▧（将选定的关键帧转换为"线性"）：单击该按钮，将转换当前关键帧的速率为线性方式。

⑫ ▧（将选定的关键帧转换为贝塞尔曲线）：单击该按钮，将转换当前关键帧的速率为自动贝塞尔方式曲线的变化。

⑬ ▧（缓动）：单击该按钮，将同时平滑当前关键帧入和出的速率，一般为减速入关键帧，加速出关键帧。

⑭ ▧（缓入）：单击该按钮，将平滑关键帧入时的速率，一般为减速入关键帧。

⑮ ▧（缓出）：单击该按钮，将平滑关键帧出时的速率，一般为加速出关键帧。

课 后 练 习

① 简述使用基本属性制作动画的方法。

② 简述添加、删除、移动、复制和粘贴关键帧的方法。

时间编辑与渲染输出 第4章

在 After Effects 中可以将素材调入到"时间线"面板中进行各种时间的编辑操作,并可以将编辑好的文件渲染输出为多种格式。通过本章的学习,读者应掌握在 After Effects 中进行时间编辑和渲染输出的方法。

4.1 素材图层的入点与出点

在 After Effects CC 2015 中将一个素材放置到"时间线"面板后,可以在时间线中根据需要任意调整素材的入点和出点位置。

1. 在时间线中定位素材的入点和出点

在时间线中定位素材的入点和出点有多种方法,下面就来介绍常用的两种:

① 在时间线中首先确定要插入素材的位置,然后按住【Shift】键的同时用鼠标将素材从"项目"面板中拖入时间线靠近时间指针的位置,再松开鼠标,此时素材的入点会自动吸附在目标时间点上。

② 单击"时间线"面板左下方的■按钮,显示出"入"和"出"栏,如图4-1所示。然后在素材图层的"入"栏的时间码处单击,接着在弹出的"图层入点时间"对话框中设置入点时间,如图4-2所示,单击"确定"按钮,此时素材在时间线中的入点会移至所需位置,如图4-3所示。同理,可对素材的出点位置进行相应设置。

图4-1 单击"时间线"面板左下方的■按钮

图4-2 "图层入点时间"对话框

图4-3　调整素材入点后的时间线

2．剪切素材的入点和出点

在时间线中剪切素材的入点，就是素材在时间线中的位置不变，而对其开始部分进行剪切。剪切素材的入点和出点的方法有很多种，下面就来介绍常用的两种：

①　在时间线中首先将时间线滑块定位到素材的目标时间入点处，如图4-4所示，然后用鼠标在素材原入点处单击并拖动，此时鼠标指针会变为左右方向的双向箭头。当拖动入点到靠近时间滑块的位置时，松开鼠标，此时素材的入点会自动吸附到目标时间入点处，如图4-5所示。同理，剪切素材的出点，如图4-6所示。

图4-4　将时间线滑块定位到素材的目标时间入点处

图4-5　素材的入点自动吸附到目标时间入点处

图4-6　剪切素材的出点

②　在时间线中双击素材图层，打开其"图层"视图面板，如图4-7所示。然后确定"入点"时间的位置，单击◀按钮即可剪切入点，如图4-8所示，接着确定"出点"时间的位置，单击▶按钮即可剪切出点，如图4-9所示。

图4-7 打开"图层"视图面板

图4-8 剪切入点

图4-9 剪切出点

4.2 素材的快放、慢放、静止和倒放

1. 视频素材的快慢调速

调节视频素材快慢速度的操作步骤如下：

① 在时间线中选择要调节速度的视频素材的图层。

② 执行菜单中的"图层 | 时间 | 时间伸缩"命令，然后在弹出的图 4-10 所示的"时间伸缩"对话框中设置"伸缩"功能的数值，其中数值为 100% 时，视频播放速度不变；数值小于 100% 时，视频播放速度加快；数值大于 100% 时，视频播放速度减慢。

③ 设置完成后单击"确定"按钮，即可完成设置。

图4-10 "时间伸缩"对话框

2．视频素材的倒放

对视频素材进行倒放，就是将原来从前往后播放的镜头变为由后往前播放的镜头。设置视频素材倒放的具体操作步骤如下：

① 在时间线中选择要进行倒放的视频素材的图层。

② 执行菜单中的"图层|时间|时间反向图层"命令，即可完成视频素材倒放设置。

3．视频画面的定格

在视频合成操作中，有时需要在动态视频画面中挑选出某一画面做定格处理，即不需要这段视频动态播放而只需要其中的一帧画面，让其静止不动。对视频画面进行定格的具体操作步骤如下：

① 在时间线中选择要进行视频画面定格的视频素材的图层。

② 将时间滑块定位到要进行定格的画面。

③ 执行菜单中的"图层|时间|冻结帧"命令，即可完成视频画面的定格设置。

4.3 预览动画效果

在进行合成制作的过程中或者制作结束时，需要对制作的效果进行随时预览。在 After Effects CC 2015 中可以通过"预览"面板和快捷键两种方法进行动画预览。

1．利用"预览"面板进行预览

"预览"面板如图 4-11（a）所示。如果该面板没有显示，可以通过执行菜单中的"窗口|预览"命令，调出该面板。

该面板中的参数解释如下：

① 第一帧：将时间标签移动到第一帧。

② 上一帧：将时间标签移动到前一帧。

③ 播放／暂停：在播放或者暂停时使用该按钮。但播放电影不是原来的速度，而是根据计算机的系统配置会有所不同。

④ 下一帧：将时间标签移动到下一帧。

⑤ 最后一帧：单击该按钮以后，时间标签会移动到最后一帧。

⑥ 单击更改循环选项：单击该按钮后可以反复播放电影，再次单击，将变成只播放一次。

⑦ 静音：只有单击该按钮，才能听到声音。如果不想听到声音，只要再次单击该按钮即可。

⑧ 快捷键：用于设置用于预览的快捷键。

⑨ 预览喜好：有"长度"和"帧速率"两个选项可供选择。

⑩ 范围：用于设置预览的范围。有"工作区""工作区域按当前区域延伸"和"整个持续时间"3 个选项可供选择。

⑪ 播放自：用于设置预览开始播放的时间。有"范围开头"和"当前时间"两个选项可供选择。

⑫ 图层控制：用于设置预览时是否使用原有的图层设置。有"使用当前设置"和"关"两个选项可供选择。

⑬ 帧速率：设置每秒播放的帧数。

⑭ 跳过：确定以几帧为间隔播放电影。如果计算机的内存不足，或者预览需要较长时间时，设定帧的间隔，可缩短预览的时间。

⑮ 分辨率：选择在播放电影时按照哪种品质进行显示，包括如图 4-11（b）所示的 5 种选择。

⑯ 全屏：勾选该项，播放时，电影的周围会变成黑色，会在显示器的中央播放电影。

(a)   (b)

图4-11 "预览"面板

2. 利用快捷键进行预览

按空格键，将只进行视频预览；按小键盘上的【.】键，只进行音频预览；按小键盘上的【0】键，将同时进行视频和音频的预览。

4.4 输出渲染

合成好的影片往往会因为输出设置不当，得到质量较差的影片，所以渲染输出设置也是很重要的。下面首先来认识"渲染设置模板"对话框。执行菜单中的"编辑 | 模板 | 渲染设置"命令，即可弹出该对话框，如图 4-12 所示。

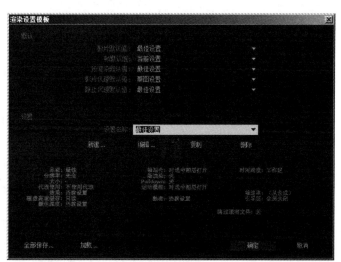

图4-12 "渲染设置模板"对话框

当对 After Effects 不是特别了解时，最好按照"最佳设置"操作，这基本上可以保证合成后的片子不会有太大的技术问题。

单击"渲染设置模板"对话框中的"编辑"按钮，弹出"渲染设置"对话框，如图 4-13 所示。下面以"最佳设置"为例说明渲染设置的具体情况。

① 品质："最佳"表示渲染时，素材的品质设置为最高。该选项一共有"最佳""草图"和"线框"3个选项可供选择，分别对应了 After Effects 中素材品质的 3 个档次。

② 分辨率："全屏"表示渲染时，将使用最高分辨率。该选项一共有"全屏""二分之一""三分之一""四分之一"和"自定义"5个选项可供选择，分辨率也依次降低。

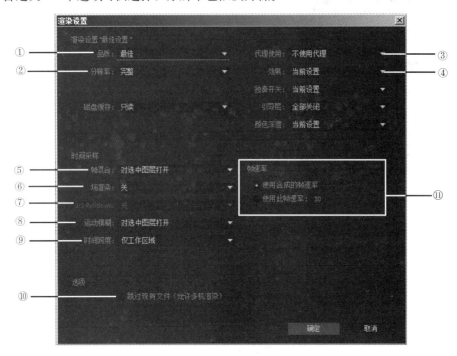

图4-13 "渲染设置"对话框

③ 代理使用：询问是否使用代理，该项可以操作习惯来决定。

④ 效果：对当前代理使用情况的设置。"当前设置"表示渲染时，保持当前滤镜的设置。

⑤ 帧融合：帧融合的设置。"对选中图层打开"表示渲染时，只针对检测到打开了"帧融合"开关的层进行帧融合处理。

⑥ 场渲染：场渲染的设置，只有在渲染隔行扫描的视频文件时才会使用它。

⑦ 3：2Pulldown：在电视与电影视频进行转换时使用的一种方式。

⑧ 动态模糊：运动模糊的设置。"打开已选中图层"表示渲染时，只针对检测到打开了"动态模糊"开关的层进行运动模糊处理。

⑨ 时间跨度：渲染时间范围的设置。"仅工作区域栏"表示只渲染工作区范围内的合成内容；"合成长度"将渲染全部"合成图像"时间长度范围内的内容。

⑩ 选中"跳过现有文件（允许多机渲染）"复选框，表示渲染时，如果文件已经存在就会跳过不渲染，建议大多数情况下使用该选项。在做网络联机渲染时，必须取消"使用存储溢出"复选框的勾选，并选中"跳过现有文件"复选框。

⑪ 帧速率：帧速率的设置。"使用合成的帧速率"将使用当前"合成图像"的帧速率作为渲染结果的帧速率；"使用此帧速率"可以自定义帧速率，此时应将30改为25帧／秒，以适应PAL制式。

执行菜单中的"编辑|模板|输出组件"命令，在弹出的如图4-14所示的对话框中单击"编辑"按钮，进入"输出模块设置"对话框，如图4-15所示。

"格式"下有很多格式可供选择，在向广播级目标输出时，如果机器有硬件输出卡，可以选择"Windows Media"格式，然后单击"格式选项"按钮，在弹出的对话框中可以看到机器的硬件输出卡显示在下拉列表中。如果没有硬件输出卡，就不要选择"Windows Media"，应选择"Targa序列"或"TIFF序列"这种比较通用的图片序列格式。若选择"Targa序列"，可以在弹出的如图4-16所示的对话框中选择输出分辨率。

如果还要对渲染出来的图像进行再次合成，则应选择"32位／像素"，保留其中的"Alpha"通道；如果渲染的是最终结果，则应选择"24位／像素"。"RLE压缩"是无损压缩，勾选后表示不会对图像有任何损伤。

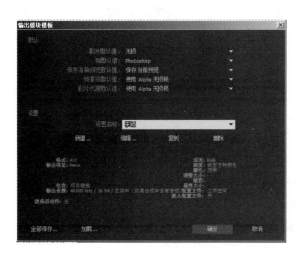

图4-14　"输出组件模板"对话框

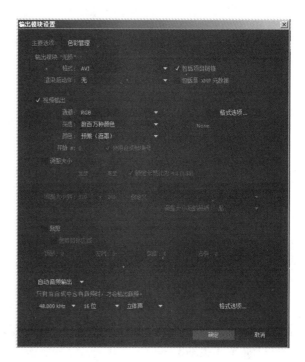

图4-15　"输出模块设置"对话框

图4-16　"Targa选项"对话框

课 后 练 习

① 简述在时间线中定位素材的入点和出点的方法。

② 简述设置素材的快放、慢放、静止和倒放的方法。

③ 简述设置渲染输出的方法。

图层的混合模式、遮罩与蒙版

第5章

本章重点

After Effects CC 2015 中的混合模式和 Photoshop 中的混合模式基本上是同一概念，只是 After Effects 中的混合模式选项更加繁多。通过 Alpha 蒙版或亮度蒙版对相应图层的透明区域进行相关设置。利用"遮罩"则可以对图层中的某些区域进行隐藏。通过本章的学习，读者应掌握 After Effects CC 2015 中的图层混合模式、蒙版与遮罩的相关知识。

5.1　图层的混合模式

与 Photoshop 类似，After Effects 对于图层模式的应用十分重要，图层之间可以通过图层模式来控制上层与下层的融合效果。After Effects 中混合模式都是定义在相关图层上的，而不能定义到置入的素材上，也就是说必须将一个素材置入到合成图像的"时间线"面板中，才能定义它的混合模式。定义图层混合模式的方法有以下两种：

① 在"时间线"面板中选中要定义混合模式的图层，然后执行菜单中的"图层|混合模式"命令，再在弹出的下拉菜单中选择相应的命令即可。

② 在"时间线"面板中选中要定义混合模式的图层，然后在其后的"混合模式"栏中直接指定相应的混合模式。

After Effects CC 2015 提供了 38 种混合模式，如图 5-1 所示，下面进行具体介绍。

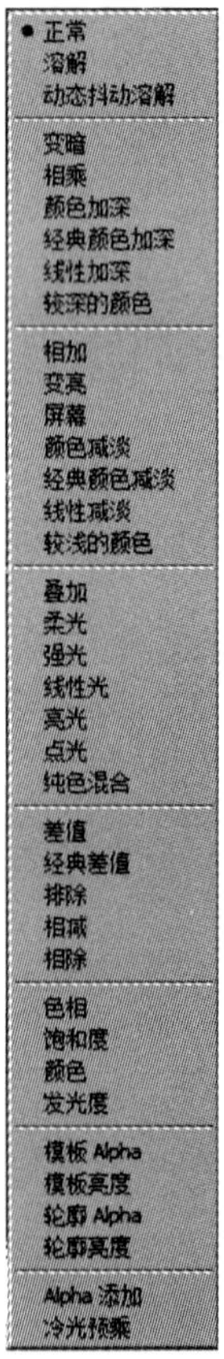

1. 正常

当不透明度为 100% 时，此混合模式将根据 Alpha 通道正常显示当前层，并且此层的显示不受到其他层的影响。当不透明度小于 100% 时，当前层的每一个像素点的颜色都将受到其他层的影响，会根据当前的不透明度值和其他层的色彩来确定显示的颜色。

2. 溶解

该混合模式用于控制层与层之间的融合显示，因此该模式对于有羽化边界的层会起到较大影响。如果当前层没有蒙版羽化边界，或该层设定为完全不透明，则该模式几乎是不起作用的。所以该混合模式的最终效果将受到当前层 Alpha 通道的羽化程度和不透明度的影响。图 5-2 为在带有 Alpha 通道的图层上选择"溶解"混合模式前后的效果比较。

3. 动态抖动溶解

该混合模式与"溶解"混合模式相同，只是对融合区域进行了随机动画。

图5-1　38种混合模式

图5-2　选择"溶解"混合模式前后的效果比较

4．变暗

当选中该混合模式后，软件将会查看每个通道中的颜色信息，并选择基色或混合色中较暗的颜色作为结果色，即替换比混合色亮的像素，而比混合色暗的像素保持不变。图 5-3 所示为选择"变暗"混合模式前后的效果比较。

图5-3　选择"变暗"混合模式前后的效果比较

5．相乘

当选中该混合模式后，软件将会查看每个通道中的颜色信息，并将基色和混合色进行相乘，结果色总是较暗的颜色。任何颜色与黑色相乘会显示为黑色，任何颜色与白色相乘后颜色保持不变。图 5-4 所示为选择"相乘"混合模式前后的效果比较。

图5-4　选择"相乘"混合模式前后的效果比较

6．颜色加深

当选择该混合模式时，软件将会查看每个通道中的颜色信息，并通过增加对比度使基色变暗以反映混合色，与白色混合不会发生变化。图 5-5 所示为选择"颜色加深"混合模式前后的效果比较。

图5-5 选择"颜色加深"混合模式前后的效果比较

7. 经典颜色加深

该混合模式其实就是 After Effects 5.0以前版本中的"颜色加深"模式，为了让旧版的文件在新版软件中打开时保持原始的状态，因此保留了这个旧版的"颜色加深"模式，并被命名为"经典颜色加深"模式。

8. 线性加深

当选择该混合模式时，软件将会查看每个通道中的颜色信息，并通过减小亮度使基色变暗以反映混合色，与白色混合不会发生变化。图 5-6 所示为选择"线性加深"混合模式前后的效果比较。

图5-6 选择"线性加深"混合模式前后的效果比较

9. 较深的颜色

这种混合模式可以使基色变暗以反映层的颜色，如果层的颜色为黑色则不产生变化。图 5-7 所示为选择"较深的颜色"混合模式前后的画面显示。

图5-7 选择"暗色"混合模式前后的效果比较

10. 相加

当选择该混合模式时，将比较混合色和基色的所有通道值的总和，并显示通道值较小的颜色。"相加"混合模式不会产生第 3 种颜色，因为它是从基色和混合色中选择通道最小的颜色来创建结果色的。图 5-8 所示为选择"相加"混合模式前后的效果比较。

图5-8　选择"相加"混合模式前后的效果比较

11. 变亮

当选中该混合模式后，软件将会查看每个通道中的颜色信息，并选择基色或混合色中较亮的颜色作为结果色，即替换比混合色暗的像素，而比混合色亮的像素保持不变。图 5-9 所示为选择"变亮"混合模式前后的效果比较。

图5-9　选择"变亮"混合模式前后的效果比较

12. 屏幕

该混合模式是一种加色混合模式，具有将颜色相加的效果。由于黑色意味着 RGB 通道值为 0，所以该模式与黑色混合没有任何效果，而与白色混合则得到 RGB 颜色的最大值白色。图 5-10 所示为选择"屏幕"混合模式前后的效果比较。

图5-10　选择"屏幕"混合模式前后的效果比较

13．颜色减淡

当选择该混合模式时，软件将会查看每个通道中的颜色信息，并通过减小对比度使基色变亮以反映混合色，与黑色混合则不会发生变化。图 5-11 所示为选择"颜色减淡"混合模式前后的效果比较。

图5-11　选择"颜色减淡"混合模式前后的效果比较

14．经典颜色减淡

该混合模式其实就是 After Effects 5.0 以前版本中的"颜色减淡"模式，为了让旧版的文件在新版软件中打开时保持原始的状态，因此保留了这个旧版的"颜色减淡"模式，并被命名为"经典颜色减淡"模式。

15．线性减淡

当选择该混合模式时，软件将会查看每个通道中的颜色信息，并通过增加亮度使基色变亮以反映混合色，与黑色混合不会发生变化。图 5-12 所示为选择"线性减淡"混合模式前后的效果比较。

图5-12　选择"线性减淡"混合模式前后的效果比较

16．较浅的颜色

这种混合模式可以使基色变亮以反映层的颜色，如果层的颜色为白色则不产生变化。图 5-13 所示为选择"较浅的颜色"混合模式前后的画面显示。

17．叠加

该混合模式可以根据底层的颜色，将当前层的像素相乘或覆盖。该模式可以导致当前层变亮或变暗。该模式对于中间色调影响较明显，对于高亮度区域和暗调区域影响不大。图 5-14 所示为选择"叠加"混合模式前后的效果比较。

18．柔光

该混合模式可以创造一种光线照射的效果，使亮度区域变得更亮，暗调区域将变得更暗。如果混合色比 50% 灰色亮，则图像会变亮；如果混合色比 50% 灰色暗，则图像会变暗。柔光的效果取决于层的颜色，用纯黑色或纯白色作为层颜色时，会产生明显较暗或较亮的区域，但不会产生纯黑色或纯白色。图 5-15 所示为选择"柔光"混合模式前后的效果比较。

图5-13　选择"较浅的颜色"混合模式前后的效果比较

图5-14　选择"叠加"混合模式前后的效果比较

图5-15　选择"柔光"混合模式前后的效果比较

19. 强光

该混合模式可以对颜色进行相乘或屏幕处理，具体效果取决于混合色。如果混合色比 50% 灰度亮，就是屏幕后的效果，此时图像会变亮；如果混合色比 50% 灰度暗，就是相乘效果，此时图像会变暗。使用纯黑色和纯白色绘画时会出现纯黑色和纯白色。图 5-16 所示为选择"强光"混合模式前后的效果比较。

20. 线性光

该混合模式可以通过减小或增加亮度来加深或减淡颜色，具体效果取决于混合色。如果混合色比 50% 灰度亮，则会通过增加亮度使图像变亮；如果混合色比 50% 灰度暗，则会通过减小亮度使图像变暗。图 5-17 所示为选择"线性光"混合模式前后的效果比较。

图5-16　选择"强光"混合模式前后的效果比较

图5-17　选择"线性光"混合模式前后的效果比较

21．亮光

该混合模式可以通过减小或增加对比度来加深或减淡颜色，具体效果取决于混合色。如果混合色比50%灰度亮，则会通过增加对比度使图像变亮；如果混合色比50%灰度暗，则会通过减小对比度使图像变暗。图 5-18 所示为选择"亮光"混合模式前后的效果比较。

图5-18　选择"亮光"混合模式前后的效果比较

22．点光

该混合模式可以根据混合色替换颜色。如果混合色比50%灰色亮，则会替换比混合色暗的像素，而不改变比混合色亮的像素；如果混合色比50%灰色暗，则会替换比混合色亮的像素，而比混合色暗的像素保持不变。图 5-19 所示为选择"点光"混合模式前后的效果比较。

23．纯色混合

当选中该混合模式后，将把混合颜色的红色、绿色和蓝色的通道值添加到基色的ＲＧＢ值中。如果通道值的总和大于或等于 255，则值为 255；如果小于 255，则值为 0。因此，所有混合像素的红色、绿色和蓝色通道值要么是 0，要么是 255，这会使所有像素都更改为原色，即红色、绿色、蓝色、青色、黄色、洋红色、白色或黑色。图 5-20 所示为选择"纯色混合"混合模式前后的效果比较。

图5-19　选择"点光"混合模式前后的效果比较

图5-20　选择"纯色混合"混合模式前后的效果比较

24. 差值

当选中该混合模式后，软件将会查看每个通道中的颜色信息，并从基色中减去混合色，或从混合色中减去基色，具体取决于哪一个颜色的亮度值更大。与白色混合将反转基色值，与黑色混合则不产生变化。图 5-21 所示为选择"差值"混合模式前后的效果比较。

图5-21　选择"差值"混合模式前后的效果比较

25. 经典差值

该混合模式其实就是 After Effects 5.0 以前版本中的"差值"模式，为了让旧版的文件在新版软件中打开时保持原始的状态，因此保留了这个旧版的"差值"模式，并被命名为"经典差值"模式。

26．排除

当选中该混合模式后，将创建一种与"差值"模式相似但对比度更低的效果，与白色混合将反转基色值，与黑色混合则不会发生变化。图 5-22 所示为选择"差值"混合模式前后的效果比较。

图5-22　选择"排除"混合模式前后的效果比较

27．相减

当选中该混合模式后，将从基础颜色中减去源颜色。如果源颜色是黑色，则结果颜色是基础颜色。

28．相除

当选中该混合模式后，将从基础颜色中除以源颜色。如果源颜色是白色，则结果颜色是基础颜色。

29．色相

当选中该混合模式后，将用基色的明亮度和饱和度以及混合色的色相创建结果色。图 5-23 所示为选择"色相"混合模式前后的效果比较。

图5-23　选择"色相"混合模式前后的效果比较

30．饱和度

当选中该混合模式后，将用基色的明亮度和色相以及混合色的饱和度创建结果色。在无饱和度（灰色）的区域使用此模式进行绘画将不会发生任何变化。图 5-24 所示为选择"饱和度"混合模式前后的效果比较。

31．颜色

当选中该混合模式后，将用基色的明亮度以及混合色的色相和饱和度创建结果色，这样可以保留图像中的灰阶，并且对于给单色图像上色或给彩色图像着色都会非常有用。图 5-25 所示为选择"颜色"混合模式前后的效果比较。

图5-24　选择"饱和度"混合模式前后的效果比较

图5-25　选择"颜色"混合模式前后的效果比较

32．发光度

当选中该混合模式后，将用基色的色相和饱和度以及混合色的明亮度创建结果色，此混色可以创建与"颜色"模式相反的效果。图 5-26 所示为选择"发光度"混合模式前后的效果比较。

图5-26　选择"发光度"混合模式前后的效果比较

33．模板 Alpha

当选中该混合模式时，将依据上层的 Alpha 通道显示以下所有层的图像，相当于依据上面层的 Alpha 通道进行剪影处理。图 5-27 所示为选择"模板 Alpha"混合模式前后的效果比较。

34．模板亮度

选中该混合模式时，将依据上层图像的明度信息来决定以下所有层的图像的不透明度信息，亮的区域会完全显示下面的所有图层；黑暗的区域和没有像素的区域则完全不显示以下所有图层；灰色区域将依据其灰度值决定以下图层的不透明程度。图 5-28 所示为选择"模板亮度"混合模式前后的效果比较。

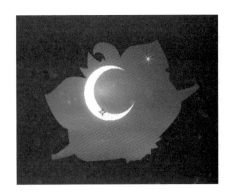

图5-27　选择"模板Alpha"混合模式前后的效果比较

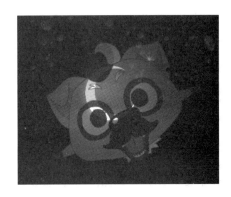

图5-28　选择"模板亮度"混合模式前后的效果比较

35．轮廓 Alpha

选中该混合模式时，得到的效果与"模板 Alpha"混合模式的效果正好相反。图 5-29 所示为选择"轮廓 Alpha"混合模式前后的效果比较。

图5-29　选择"轮廓Alpha"混合模式前后的效果比较

36．轮廓亮度

选中该混合模式时，得到的效果与"模板亮度"混合模式的效果正好相反。图 5-30 所示为选择"轮廓亮度"混合模式前后的效果比较。

37．Alpha 添加

当选中该模式时，上下层的 Alpha 通道将叠加在一起同时产生作用。

38．冷光预乘

当选中该模式时，可以将层的透明区域像素和基色作用在一起，赋予 Alpha 通道边缘透镜和光亮效果。

图 5-31 所示为选择 "冷光预乘" 混合模式前后的效果比较。

图5-30　选择"轮廓亮度"混合模式前后的效果比较

图5-31　选择"冷光预乘"混合模式前后的效果比较

5.2　图层的遮罩操作

After Effects CC 2015 可以使用遮罩功能，通过一个图层的 Alpha 通道或亮度值影响选中层的透明区域。图层选用遮罩类型只针对其上面的层，在应用了某种蒙版的同时会关闭上层的显示。图层的遮罩包括 5 个选项，如图 5-32 所示。

图5-32　图层蒙版的4个选项

① 没有轨道遮罩：选择该项后，将不使用任何遮罩设置，该项为默认选项。

② Alpha 遮罩：选择该项后，将使用上层图像的 Alpha 通道作为当前图层的遮罩。图 5-33 为原图像，图 5-34 为选择"Alpha 遮罩"后的效果。

③ Alpha 反转遮罩：选择该项后，将反转上层图像的 Alpha 通道作为当前图层的遮罩。图 5-35 为选择"Alpha 反转遮罩"后的效果。

④ 亮度遮罩：选择该项后，将使用上层图像的亮度作为当前图层的遮罩。图 5-36 为选择"亮度遮罩"后的效果。

⑤ 亮度反转遮罩：选择该项后，将反转上层图像的亮度作为当前图层的遮罩。图5-37为选择"亮度反转遮罩"后的效果。

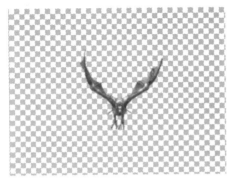 

图5-33　原图

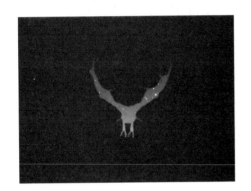 

图5-34　选择"Alpha遮罩"后的效果　　　图5-35　选择"Alpha反转遮罩"后的效果

图5-36　选择"亮度遮罩"后的效果　　　图5-37　选择"亮度反转遮罩"后的效果

5.3　蒙　版

在 After Effects CC 2015 中，可以利用遮罩将图层中某些部分进行隐藏。用户可以利用蒙版工具和钢笔工具对任何图层添加一个遮罩，并且通过相应的设置可以对遮罩进行各种属性的设置。

5.3.1　创建蒙版

蒙版的功能就是将图层中的一些部分显示出来，将其余部分隐藏起来。创建遮罩的具体操作步骤如下：

① 在"时间线"面板中选中要创建蒙版的图层，该图层可以是静态的图形，也可以是动态的视频。

② 在工具栏中选择相应的遮罩工具，包括■（矩形工具）、■（圆角矩形工具）、■（椭圆工具）、■

（多边形工具）和 （星形工具）5 种，然后在相应的图层对象上直接绘制出蒙版图形，此时蒙版图形区域中的对象将显示出来，而蒙版图形以外的区域将被隐藏，如图 5-38 所示。

图5-38 遮罩效果

5.3.2 修改蒙版形状

当一个蒙版绘制完毕后，可以通过形状的路径绘制工具对其进行重新调整。修改蒙版形状的具体步骤如下：

① 执行菜单中的"图层|蒙版|蒙版形状"命令，或者在"时间线"面板中展开"蒙版"选项，单击右侧的"形状"按钮。

② 在弹出的图 5-39 所示的"蒙版形状"对话框中对相应的蒙版图形的尺寸进行精确的调整，具体的选项含义如下：

a.约束编组：在该选项组中调整"上""左""右"和"下"的参数可以定义该蒙版图形和合成图像边界的距离。

b.单位：用于定义参数的单位。

c.形状：当勾选"重设为"选项后，可以在右侧的下拉列表中选择"矩形"或"椭圆"选项，从而将当前的蒙版图形转换为相应的形状，但相应的尺寸不产生变化。

③ 设置完毕后单击"确定"按钮，即可完成修改。

5.3.3 调整蒙版羽化

"蒙版羽化"就是将蒙版的边缘进行虚化处理。默认情况下，After Effects 的遮罩边缘不带有任何羽化处理。对蒙版进行羽化的具体操作步骤如下：

① 在"时间线"面板中选中要进行蒙版羽化的蒙版层。

② 执行菜单中的"图层|蒙版|蒙版羽化"命令，然后在弹出的图 5-40 所示的"蒙版羽化"对话框中进行相应的操作。具体的选项含义如下：

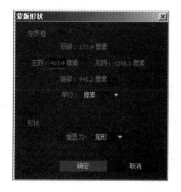

图5-39 "蒙版形状"对话框

图5-40 "蒙版羽化"对话框

a.水平：用于定义蒙版中水平方向的羽化程度，数值越大，蒙版羽化程度越大。

b. 垂直：用于定义蒙版中垂直方向的羽化程度，数值越大，蒙版羽化程度越大。

c. 锁定：当勾选"锁定"复选框后，将锁定羽化蒙版横向和纵向的比例。

提示

在"时间线"面板中展开"蒙版"选项，然后在"蒙版羽化"右侧也可以设置蒙版羽化的数值，如图5-41所示。

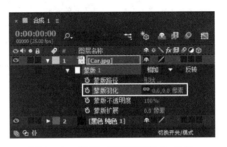

图5-41　设置"蒙版羽化"参数

③　设置完毕后单击"确定"按钮，即可看到对蒙版进行羽化的效果。图5-42所示为对蒙版进行羽化前后的效果比较。

"蒙版羽化"值为0　　　　　　　　　　　　　　　　　"蒙版羽化"值为200

图5-42　对蒙版进行羽化前后的效果比较

5.3.4　调整蒙版不透明度

默认情况下，当创建了一个图层蒙版后，蒙版内的图像会以100%的不透明度完全显示出来，而蒙版外的图像是不可见的。如果要调整蒙版的不透明度可以执行以下步骤：

①　在"时间线"面板中选中要调整蒙版不透明度的蒙版层。

②　执行菜单中的"图层|蒙版|蒙版不透明度"命令，然后在弹出的图5-43所示的"蒙版不透明度"对话框中进行相应的操作。

图5-43　"蒙版不透明度"对话框

提示

在"时间线"面板中展开"蒙版"选项，然后在"蒙版不透明度"右侧也可以设置蒙版透明度的数值，如图5-44所示。

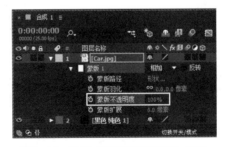

图5-44　设置"蒙版不透明度"参数

③ 设置完毕后单击"确定"按钮，即可看到效果。图5-45所示为设置不同"蒙版不透明度"数值的效果比较。

"蒙版不透明度"值为100　　　　　　　"蒙版不透明度"值为50

图5-45　设置不同"蒙版不透明度"数值的效果比较

5.3.5　扩展蒙版

当蒙版的形状确定后，如果要进行尺寸的修改或制作尺寸的动画，可以通过软件提供的"蒙版扩展"功能对蒙版的尺寸进行扩展。扩展蒙版的具体操作步骤如下：

① 在"时间线"面板中选中要进行蒙版扩展的蒙版层。

② 执行菜单中的"图层|蒙版|蒙版扩展"命令，然后在弹出的图5-46所示的"蒙版扩展"对话框中进行相应的操作。

图5-46　"蒙版扩展"对话框

提示

在时间线面板中展开"蒙版"选项，然后在"蒙版扩展"右侧也可以设置蒙版羽化的数值，如图5-47所示。

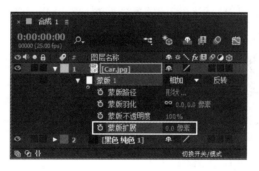

图5-47　设置"蒙版扩展"参数

③ 设置完毕后单击"确定"按钮，即可看到蒙版的扩展效果。图5-48所示为设置不同"蒙版扩展"数值的效果比较。

"蒙版扩展"值为0　　　　　　　　"蒙版扩展"值为100

图5-48　设置不同"蒙版扩展"数值的效果比较

5.3.6　自由变形蒙版

前面讲述的蒙版扩展功能，虽然可以对蒙版的尺寸进行扩展，但实际效果还是和真正的自由变形有一定区别的。如果要对蒙版进行自由变形可以执行以下步骤：

① 选择要进行自由变形的蒙版。

② 执行菜单中的"图层|蒙版与形状路径|自由变换点"命令（快捷键【Ctrl+T】），此时选择的蒙版四周会出现一个变形框，如图 5-49 所示。

③ 当要移动蒙版时，可以将鼠标指针放置到蒙版的中心，当指针变为 ▶ 时，单击并拖动鼠标可以移动当前的蒙版，如图 5-50 所示。

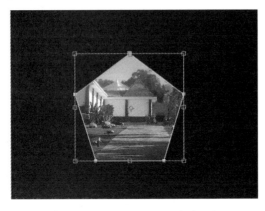

图5-49　蒙版四周出现一个变形框

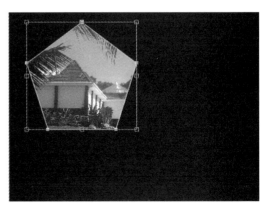

图5-50　移动蒙版

④ 当要进行蒙版缩放时，可以将鼠标指针放置到控制点的角点上，当指针变为双向箭头时，单击并拖动鼠标即可缩放当前的蒙版，如图 5-51 所示。

⑤ 当要进行蒙版旋转时，可以将鼠标指针放置到控制柄的外侧，当指针变成 ↱ 时，单击并拖动鼠标即可旋转当前的蒙版，如图 5-52 所示。

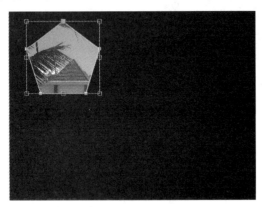

图5-51　缩放蒙版

图5-52　旋转蒙版

⑥ 设置完毕后，将鼠标放置到蒙版的内部，双击鼠标即可确定蒙版，也可以按【Enter】键确定蒙版。

5.3.7　调整蒙版属性

在 After Effects CC 2015 中，当一个图层上添加了多个蒙版后，可以在时间线中选择相应的蒙版，然后在其右侧的下拉列表中根据需要选择"无""相加""相减""交集""变亮""变暗"和"差值"蒙版属性，如图 5-53 所示，从而产生不同的最终效果。

下面就来具体介绍蒙版属性的类型。

1. 无

选择该项后，蒙版路径将不起任何蒙版的作用，只是将此路径作为一些动画辅助功能的依据。图 5-54 所示为选择"无"蒙版属性类型的效果。

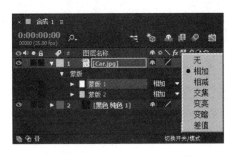

图5-53　选择相应的蒙版属性

图5-54　选择"无"蒙版属性类型的效果

2. 相加

选中该项后，蒙版中的图像将显示出来，蒙版外的区域将被隐藏，该类型是 After Effects CC 2015 默认的选项。当一个图层中拥有两个以上的蒙版时，蒙版区域将进行相加处理，多个蒙版中的图像将同时进行显示。如果蒙版的不透明度不是 100%，蒙版之间重叠部分的不透明度也将进行相加。图 5-55 所示为设置"相加"类型相同不透明度的效果比较。

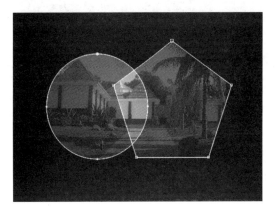

"蒙版不透明度"均为100%

"蒙版不透明度"均为50%

图5-55　设置"相加"类型相同不透明度的效果比较

3. 相减

选中该项后，蒙版中的图像将被隐藏，蒙版外的区域将被显示出来。当一个图层中拥有两个以上的蒙版时，蒙版区域将进行相减处理。如果蒙版之间有重叠，蒙版之间的透明度也将进行相减处理。图 5-56 所示为设置"相减"类型相同透明度的效果比较。

4. 交集

选中该项后，如果一个图层中只有一个蒙版，此属性的效果则和"相加"属性的效果相同。但当图层中拥有多个蒙版时，则只显示蒙版之间重叠的部分，其他的部分将被隐藏，如图 5-57 所示。

"蒙版不透明度"均为100%　　　　　　　　　　"蒙版不透明度"均为50%

图5-56　设置"相减"类型相同不透明度的效果比较

5. 变亮

选中该项后，对于可视区域范围，此属性与"相加"属性的效果相同。但是对于蒙版重叠处的不透明度则采用不透明度较高的那个值。图5-58所示为设置"变亮"类型不同不透明度的效果。

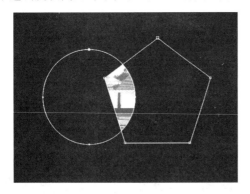
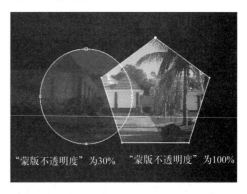

"蒙版不透明度"为30%　　　　　"蒙版不透明度"为100%

图5-57　设置"交集"类型的效果　　　　　　图5-58　设置"变亮"类型不同不透明度的效果

6. 变暗

选中该项后，对于可视区域范围，此属性与"交集"属性的效果相同。但是对于遮罩重叠处的不透明度则采用不透明度较低的那个值。图5-59所示为设置"变暗"类型不同透明度的效果。

7. 差值

选中该项后，对于可视范围采用的是并集减交集的方式。也就是说，先将当前蒙版与上面所有蒙版组合的结果进行并集运算，然后再将当前蒙版与上面的蒙版组合的结果的相交部分进行减去处理。图5-60所示为设置"差值"类型的效果。

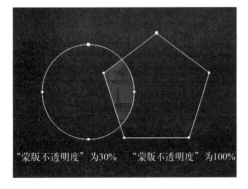

"蒙版不透明度"为30%　　　　"蒙版不透明度"为100%

图5-59　设置"变暗"类型不同不透明度的效果　　　　图5-60　设置"差值"类型的效果

5.3.8　调整蒙版的层次关系

在一般情况下，蒙版的层次关系并不会对蒙版的具体效果有任何影响。但是当蒙版设置了不同的属性时，蒙版的层次将直接影响到图像的最终效果。此时可以在"时间线"面板中手动调整蒙版之间的关系。也可以通过执行菜单中的"图层 | 排列"命令下的子命令来对蒙版的层次进行调整。菜单中的"图层 | 排列"命令下包括"使蒙版前移一层""使蒙版置于顶层""使蒙版后移一层"和"使蒙版置于底层"4 个子命令可供选择。

5.3.9　蒙版的其余功能

除了上面所说的蒙版功能外，After Effects CC 2015 对蒙版的处理还提供了一些其他命令来方便相关操作。当在"时间线"面板中选中一个图层蒙版选项时，可以通过执行菜单中的"图层 | 蒙版"下的相关子命令来实现这些操作。

① 重置蒙版：当选择该项时，将把当前的蒙版转换为一个矩形的蒙版，并且将所有的图像全部显示出来。

② 移除蒙版：当选择该项时，将把当前的蒙版删除。

③ 移除所有蒙版：当选择该项时，将把当前图像中的所有蒙版删除。

④ 模式：用于选择蒙版的模式。其中包括"无""相加""相减""交集""变亮""变暗"和"差值"7 个选项可供选择。

⑤ 反转：当选择该项时，将当前的遮罩效果进行反转。

⑥ 已锁定：当选择该项时，将锁定当前遮罩的效果。

⑦ 运动模糊：用于定义遮罩动态模糊的开启和关闭。

⑧ 解除所有蒙版：选择该项时，将解锁所有锁定的遮罩。

⑨ 锁定其他蒙版：选择该项时，将锁定所选遮罩之外的遮罩。

⑩ 隐藏锁定的蒙版：选中该项时，将隐藏处于锁定状态的遮罩。

5.4　实 例 讲 解

本节将通过4个实例来讲解After Effects CC 2015图层的混合模式、蒙版与遮罩在实际工作中的具体应用，旨在帮助读者能够理论联系实际，快速掌握利用图层的混合模式、蒙版与遮罩的相关知识。

5.4.1　胶片滑动效果

要点

本例将制作发光的胶片滑动的效果，如图 5-61 所示。通过本例的学习，应掌握"对齐"面板、层混合模式、"发光"特效的应用和"位置"关键帧的设置方法。

图5-61　胶片滑动的效果

操作步骤

1. 制作"胶片"合成图像

① 启动 After Effects CC 2015，执行菜单中的"合成 | 新建合成"命令，在弹出的"合成设置"对话框中保持默认参数，单击"确定"按钮，从而创建一个新的合成图像。

② 导入素材。方法为：执行菜单中的"文件 | 导入 | 文件"命令，导入"配套光盘 | 素材及结果 | 第 5 章图层的混合模式、蒙版与遮罩 | 5.4.1 胶片滑动效果 | （素材）| 胶片 .psd"图片。

提示

　　此时导入"胶片.psd"文件时，在弹出对话框的"素材尺寸"下拉列表中应选择"图层大小"，如图5-62所示，这样文件会以图层大小为依据导入图片，效果如图5-63所示；如果选择"文档大小"，文件会以文档大小为依据导入图片，效果如图5-64所示。

图5-62　选择"图层大小"选项

图5-63　选择"图层大小"选项导入的效果

图5-64　选择"文档大小"选项导入的效果

③ 同理，导入"配套光盘 | 素材及结果 | 第 5 章 图层的混合模式、蒙版与遮罩 | 5.4.1 胶片滑动效果 | （素材）| 背景 .jpg"和"胶片上的其他素材"图片，此时"项目"面板如图 5-65 所示。

④ 选择"项目"面板中的"Layer1/ 胶片 .psd"素材图片，然后将它拖到 ■（新建合成）图标上，从而生成一个尺寸与素材相同的合成图像。然后将其命名为"胶片"，效果如图 5-66 所示。

⑤ 将"项目"面板中胶片上的素材拖入"时间线"面板，然后按【S】键，显示"比例"属性，接着将数值设为"25%"，如图 5-67 所示，从而与胶片匹配。

⑥ 将胶片上的素材调整为等距。方法为：选择"时间线"面板中的所有素材图片（背景除外），然后调出"对齐"面板，单击 ■ 和 ■ 按钮，如图 5-68所示，效果如图 5-69 所示。

⑦ 为了使胶片上的素材与胶片有机地结合，下面将所有的素材层的层混合模式设为"叠加"，如图 5-70 所示，效果如图 5-71 所示。

图5-65　"项目"窗口

图5-66　生成一个尺寸与"Layer1/胶片.psd"素材图片相同的合成图像

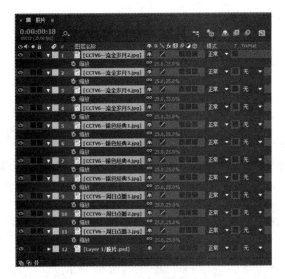

图5-67　将"缩放"设置为"25%"

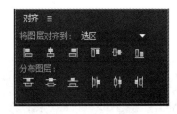

图5-68　单击 和 按钮

图5-69　素材等距分布效果

图5-70　将图层混合模式设为"叠加"

图5-71　"叠加"效果

2. 制作"运动的胶片"合成图像

① 将"项目"面板中的"背景 .jpg"拖到 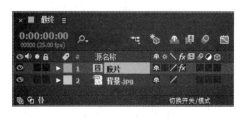（新建合成）上，从而生成一个尺寸与素材相同的合成图像，然后将其命名为"最终"。接着将"项目"面板中的"胶片"合成图像拖入"时间线"面板，放置在最顶层，如图 5-72 所示，效果如图 5-73 所示。

图5-72　将"胶片"图层放置在最顶层　　　　　　　　图5-73　画面效果

② 选择"胶片"层，执行菜单中的"效果|风格化|发光"命令，给它添加一个"发光"特效。然后在"效果控件"面板中设置参数如图 5-74 所示，效果如图 5-75 所示。

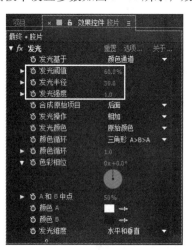

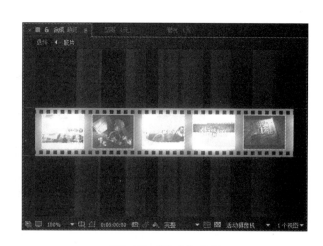

图7-74　设置"发光"参数　　　　　　　　　　　图7-75　"发光"效果

③ 设置胶片运动。方法为：在"时间线"面板中选择"胶片"层，按【P】键，显示"位置"设置，然后分别在第 0 帧和第 20 帧设置关键帧参数，如图 5-76 所示。接着按【0】键，预览动画，即可看到胶片从左运动到右的效果，如图 5-77 所示。

图5-76　分别在第0帧和第20帧设置关键帧参数

图5-77　胶片从左运动到右的效果

④　创建文字。方法为：在"时间线"面板中右击，在弹出的快捷菜单中执行"新建|文字"命令，如图 5-78 所示。然后输入文字"数字中国 www.Chinadv.com.cn"。

图5-78　选择"文本"命令

⑤　按【0】键，预览动画，效果如图 5-79 所示。

图5-79　最终效果

⑥　执行菜单中的"文件|保存"命令，将文件进行保存。然后执行菜单中的"文件|整理工程（文件）|收集文件"命令，将文件进行打包。

5.4.2　变色的汽车效果

要点

本例将制作变色的汽车动画，如图 5-80 所示。通过本例的学习，应掌握▦（矩形工具）和✐（钢笔工具）创建遮罩以及色相／饱和度特效的应用。

图5-80　变色的汽车

操作步骤

① 启动 After Effects CC 2015，然后执行菜单中的"文件｜导入｜文件"命令，导入"Car.jpg"素材图片。

② 创建与素材图像尺寸相同的合成图像。选择"项目"面板中的"Car.jpg"，然后将其拖到 （新建合成）图标上，如图 5-81 所示。此时 After Effects CC 2015 会自动生成尺寸与素材相同的合成图像。接着选择"项目"面板中的合成图像，按【Enter】键，将其重命名为"变色的汽车"，此时界面如图 5-82 所示。

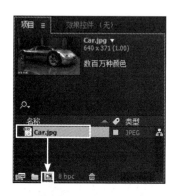

图5-81 将"Car.jpg"拖到按钮上

图5-82 界面布局

③ 绘制汽车选区。选择"Car.jpg"层，然后按快捷键【Ctrl+D】，从而复制一个"Car.jpg"层。接着选择该层，按【Enter】键，将其重命名为"变色"，如图 5-83 所示。接着单击工具栏中的 钢笔工具，在"变色"图层上绘制汽车的形状，效果如图 5-84 所示。

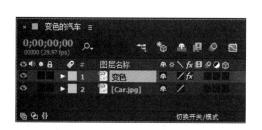

图5-83 复制并重命名图层

图5-84 绘制汽车选区

④ 调整汽车的颜色。选择"变色"层，然后执行菜单中的"效果｜色彩校正｜色相／饱和度"命令，给它添加一个"色相／饱和度"特效。接着在弹出的"效果控件"面板中设置参数，如图 5-85 所示，效果如图 5-86 所示。

⑤ 制作汽车变色动画。选择最下面的"Car.jpg"层，按快捷键【Ctrl+D】一次，从而再次复制一个"Car.jpg"图层。然后选择该层，按【Enter】键，将其重命名为"运动"。接着将其移动到最上层，效果如图 5-87 所示。

⑥ 单击工具栏中的 （矩形工具），然后在"运动"层上绘制矩形，如图 5-88 所示。然后选择"运动"图层，按快捷键【M】两次，展开"蒙版 1"属性。接着选择"蒙版扩展"，分别在第 0 帧和第 4 秒 24 帧处插入关键帧，并设置参数如图 5-89 所示。

图5-85 设置"色相/饱和度"参数

图5-86 调整"色相/饱和度"参数后的效果

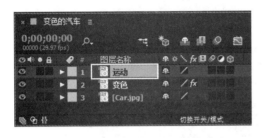

图5-87 将"运动"层移动到最上层

图5-88 绘制矩形蒙版

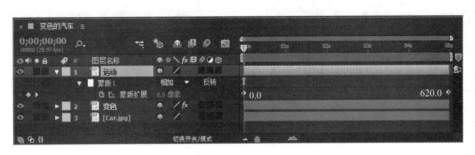

图5-89 插入关键帧并设置参数

⑦ 在"预览控制台"面板中单击▶（播放）按钮，预览动画，效果如图 5-90 所示。

图5-90 变色的汽车

⑧ 此时汽车是从绿色逐渐过渡到图片的颜色，而我们需要的是汽车从图片颜色逐渐过渡到绿色。下面就来解决这个问题。在"时间线"面板中勾选"运动"层"蒙版 1"中的"反转"选项，如图 5-91 所示，将遮罩反转即可。然后在"预览控制台"面板中单击▶（播放）按钮，预览动画，效果如图 5-92 所示。

⑨ 执行菜单中的"文件|保存"命令，将文件进行保存。然后执行菜单中的"文件|收集文件"命令，将文件进行打包。

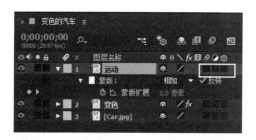

图5-91　勾选"反转"选项

图5-92　变色的汽车效果

5.4.3　手写字效果1

要点

　　本例将利用 T（横排文字工具）、 （钢笔工具）和 （矩形工具）制作一种手写字效果，如图 5-93 所示。通过本例的学习应掌握横排文字工具、钢笔工具和矩形工具的综合应用。

图5-93　手写字效果1

操作步骤

　　1. 输入文字"L"

　　① 启动 After Effects CC 2015，执行菜单中的"图像合成|新建合成"命令，在弹出的对话框中进行设置，如图 5-94 所示，单击"确定"按钮，新建一个合成图像。

　　② 单击工具栏中的 T（横排文字工具），在合成窗口中输入纯白色文字"L"，参数设置及效果如图 5-95 所示。

　　2. 制作手写字效果

　　① 单击工具栏中的 （矩形工具），在文字"L"的上方绘制一个矩形，如图 5-96 所示。

图5-94　"合成设置"对话框

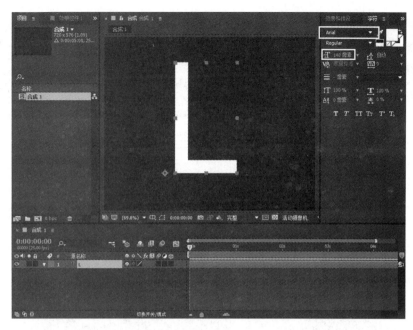

图5-95　输入文字"L"

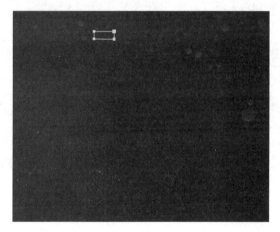

图5-96　在文字"L"的上方绘制一个矩形

提示

　　绘制的矩形遮罩要恰好遮挡住文字"L"的最上端。

　　② 在时间线中选择"L"层，然后按快捷键【M】，显示其蒙版属性，如图 5-97 所示。接着在第 0 帧记录"蒙版形状"的关键帧，如图 5-98 所示。

图5-97　显示蒙版属性

图5-98　在第0帧记录"蒙版形状"的关键帧

③　在第 3 秒记录关键帧，然后利用工具栏中的 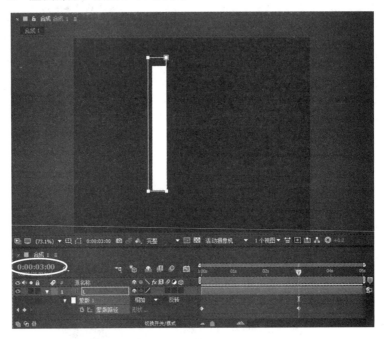（选取工具）调整矩形蒙版下方两个节点的位置，使其恰好完全显示出文字"L"左侧部分，如图 5-99 所示。

图5-99　在第3秒调整矩形蒙版下方两个节点的位置

④　在第 3 秒，利用工具栏中的 （钢笔工具）在矩形右下方添加两个节点，如图 5-100 所示。

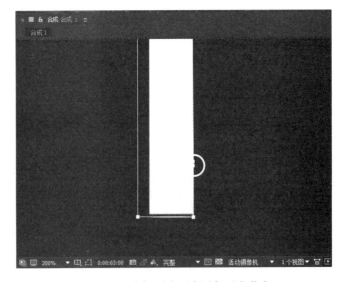

图5-100　在矩形右下方添加两个节点

⑤　在第 4 秒，利用 （选取工具）移动右下方两个节点的位置，使之恰好完全显示出文字"L"的右侧部分，

如图 5-101 所示。

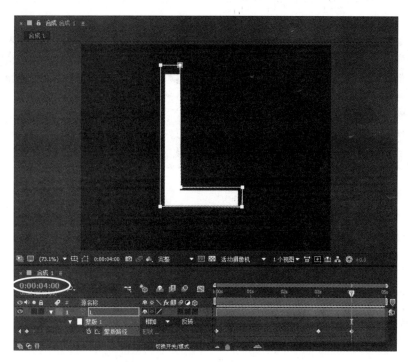

图5-101　在第4秒移动右下方的两个节点的位置

⑥ 至此，手写字效果制作完毕。按【0】键，预览动画，效果如图 5-102 所示。

图5-102　手写字效果

⑦ 执行菜单中的"文件｜保存"命令，将文件进行保存。然后执行菜单中的"文件｜整理工程（文件）｜收集文件"命令，将文件进行打包。

课 后 练 习

① 制作图 5-103 所示的手写字效果。参数可参考"练习 1.aep"素材文件。

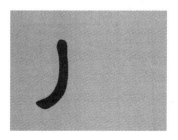

图5-103　练习1效果

② 制作图 5-104 所示的人物从树后跑出，穿过牛奶包装盒后变大的效果。参数可参考"练习 2.aep"素材文件。

图5-104　练习2效果

三维效果 第6章

本章重点

在 After Effects CC 2015 中可以将一个图层转换为三维图层，并且可以按照 X 轴、Y 轴和 Z 轴的关系进行相应的处理。另外，在三维的空间中还提供了摄像机和灯光的处理，从而使整个 After Effects 的操作环境可以转换到一个标准的三维编辑空间中。通过本章的学习，读者应掌握 After Effects CC 2015 中有关三维效果方面的相关知识和具体应用。

6.1 三维合成的概念

常规的二维图层有一个 X 轴和一个 Y 轴，X 轴定义图像的左右方向的宽度，Y 轴定义图像上下方向的高度。而三维图层中还有一个 Z 轴，X 轴和 Y 轴形成一个平面，而 Z 轴与这个平面垂直。这个 Z 轴并不能定义图像的厚度，三维图层仍然是一个没有厚度的平面，不过 Z 轴可以使这个平面图像在深度的空间中移动位置，也可以使这个平面图像在三维的空间中旋转任意角度。具有三维属性的图层可以很方便地制作空间透视效果、空间的前后位置、空间的旋转角度，或者由多个平面在空间组成盒状的形状。更重要的是，三维运动的场景效果也与二维的平面有很大区别，其可以有光照、阴影、三维摄像机的透视视角，可以表现出镜头焦距的变化、景深的变化等效果。

6.2 三维图层属性

1. 二／三维图层的转换

二／三维图层的转换方法有以下两种：

① 在"时间线"面板中单击 （3D 图层）按钮，可以将一个二维图层转换为三维图层。再次单击该按钮，又可将三维图层转换为二维图层。

② 在"时间线"面板中选中图层，然后执行菜单中的"图层|3D 图层"命令，即可将该图层定义为三维图层。再次选择该命令（取消勾选），即可将三维图层转换为二维图层。

2. 三维图层的变换属性

将图层定义为一个三维图层后，在"时间线"面板中可以看到其添加了三维属性的参数选项，如图 6-1 所示，此时可以对其进行三维属性的设置。

① 定位点的 Z 轴向：用于将轴心点移至图层平面的前后。

② 位置中的 Z 轴向：用于将图层画面在深度空间前后移动。

③ 比例中的 Z 轴向：由于三维图层仍然是一个平面，没有厚度，通常调整 Z 轴向的比例并不会对其产生影响，但将该图层轴心点的 Z 轴数值改变到图层的平面之外时，对 Z 轴向的比例缩放会对图层与轴心点的距离大小产生影响。

④ 方向：用于在 X、Y、Z 轴 3 个轴向设置旋转方向，取值范围为 0 ～ 360 之间。

⑤ X 轴旋转：用于设置 X 轴向的旋转角度。

⑥ Y 轴旋转：用于设置 Y 轴向的旋转角度。

⑦ Z 轴旋转：用于设置 Z 轴向的旋转角度。

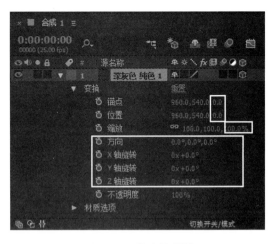

图6-1　三维变换属性

提示

可以利用三维图层在空间的位置和旋转制作由6个面组成的立方体，而此时的合成最好以方形像素的方式进行制作，减小由高宽比例带来的误差。

3. 三维图层的质感属性

三维图层的质感选项如图 6-2 所示。它是与灯光有关的设置，而灯光的投影设置需要与图层中的材质设置相配合。

① 投影：用于打开或关闭投影效果。投影即由灯光照射引起，在其他图层上产生投射阴影。

② 透光率：用于设置灯光穿过图层的百分比数值，通过这个参数设置可以用来模拟灯光穿过毛玻璃的效果。

③ 接受阴影：用于设置打开或关闭接受其他图层投射的阴影。

④ 接受灯光：用于设置打开或关闭接受灯光的照射。

⑤ 环境：用于设置层对环境灯光的反射率，数值为 100%时反射率最大，数值为 0% 时没有反射。

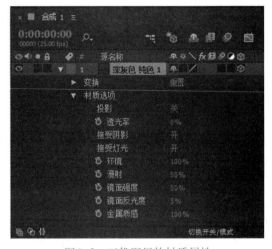

图6-2　三维图层的材质属性

⑥ 漫射：用于设置层上光的漫射率，数值为 100% 时漫射率最大，数值为 0% 时漫射率最小。

⑦ 镜面强度：用于设置层上镜面反射高光的强度，高光的反射强度随百分比数值大小的增减而增减。

⑧ 镜面反光度：用于设置层上高光的大小，其与百分比数值的变化相反，数值为 100% 时发光最小，数值为 0% 时发光最大。

⑨ 金属质感：用于设置层上镜面高光的颜色，当数值为 100% 时为层的颜色，当数值为 0% 时为光源的颜色。

6.3　摄　像　机

1. 创建不同预置的摄像机

创建自定义摄像机的操作步骤为：执行菜单中的"图层|新建|摄像机"命令，或者在"时间线"面板的空白处右击，从弹出的快捷菜单中选择"新建|摄像机"命令，然后在弹出的图 6-3 所示的"摄像机设置"对话框中设置相应参数后，单击"确定"按钮，即可建立一个摄像机图层。

① 名称：用于定义新建摄像机的名称。

② 预设：在右侧下拉列表中预设了多种透镜参数组合，每个预设都有不同的视角、距离、焦距和光圈等

参数组合。

　　③ 缩放：用于设置摄像机位置与视图面的距离。

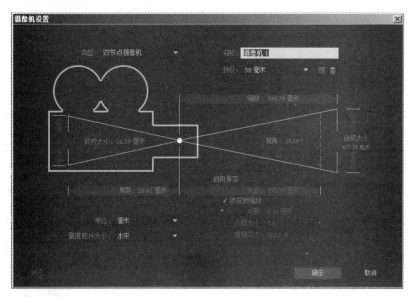

图6-3　"摄像机设置"对话框

　　④ 胶片大小：用于模拟摄像机所使用的胶片大小，从而与合成画面的大小相匹配。

　　⑤ 视角：视角的大小由焦距、胶片尺寸和变焦设置所决定，也可以自定义这个数值，使用宽的视角和窄的视角。

　　⑥ 启用景深：用于建立真实的摄像机调焦效果。勾选该项后，可以设置摄像机的"焦距"等与景深设置有关的参数，可以将焦点范围之外的图像模糊。

　　⑦ 焦距：用于设置胶片到摄像机的距离。

　　⑧ 锁定到缩放：勾选该项后，可以使焦距和缩放值的大小匹配。

　　⑨ 单位：在右侧的下拉列表中有"像素""毫米"和"英寸"3 个选项供选择。

　　⑩ 量度胶片大小：用于测量合成画面的水平宽度、垂直高度或对角线的大小。

　　⑪ 光圈：用于定义焦距到光圈的比例。该项只有在勾选"启用景深"复选框时有效。

　　⑫ 光圈大小：用于定义光圈。该项只有在勾选"启用景深"复选框时有效。在 After Effects 中光圈与曝光没有关系，仅仅影响景深。

　　⑬ 模糊层次：用于控制景深的模糊程度，数值越大，效果越模糊。该项只有在勾选"激活景深"复选框时有效。

　　2. 摄像机视图操作

　　在 After Effects CC 2015 中的合成预览视图的下方，有一个视图类型的下拉选项，可以从中选择不同的视图方式，也可以选择菜单中的"视图|3D 视图切换"命令中的子命令，来切换视图。

　　3. 摄像机的焦距调整

　　在"时间线"面板中展开"摄像机选项"，如图 6-4 所示，然后调整"缩放""景深""焦距""光圈"和"模糊层次"等数值，可以对摄像机的相关参数进行进一步设置。

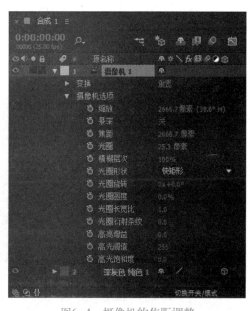

图6-4　摄像机的焦距调整

6.4 灯 光

1. 创建不同类型的照明灯光

在进行三维图层的合成时，可以通过建立灯光层为三维图层应用光照和阴影效果。创建灯光层的操作步骤为：执行菜单中的"图层|新建|灯光"命令，或者在"时间线"面板的空白处右击，从弹出的快捷菜单中选择"新建|灯光"命令，在弹出的图6-5所示的"灯光设置"对话框中设置相应参数后，单击"确定"按钮，即可建立一个灯光图层。

① 名称：用于设置灯光的名称。

② 设置：用于设置灯光的参数。

③ 灯光类型：用于选择灯光的类型。在右侧的下拉列表中有"聚光""平行""点"和"环境"4个选项可供选择。

④ 颜色：用于定义灯光的颜色。

⑤ 强度：用于定义创建的灯光亮度，数值越大，灯光越亮。

⑥ 锥形角度：用于定义灯光的范围。该项只有在选择"聚光"灯光类型下才可使用。

⑦ 锥形羽化：用于定义灯光边缘的羽化程度，数值越大，边缘越虚化。该项只有在选择"聚光"灯光类型下才可使用。

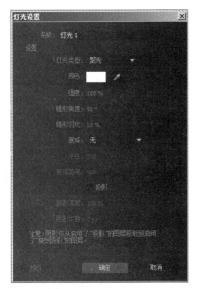

图6-5 "灯光设置"对话框

⑧ 投影：勾选该复选框后，给灯光后才能对图层对象产生投影效果，反之，图层将无法出现投影的效果。

⑨ 阴影深度：用于设置投影的黑暗程度。

⑩ 阴影扩散：用于定义阴影边缘的羽化程度。

在建立了灯光后，可以在"时间线"面板中查看照明层的相关参数，如图6-6所示。

① 变换：用于设置目标点、位置、方向和旋转角度等参数设置。

② 灯光选项：用于设置灯光的类型及相关设置。

不同的灯光类型，在"灯光"层下有不同的参数选项，如图6-7所示。在合成视图中显示的灯光图标也不同。其中"平行"显示为 ，"聚光"显示为 ，"点"显示为 ，"环境"无图标显示。当在同一场景中建立多个灯光时，需要适当降低灯光的强度，避免曝光。

图6-6 照明层的相关参数

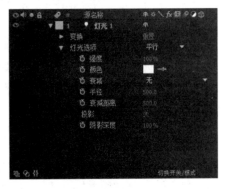

平行

聚光

图6-7 不同的灯光类型有不同的参数选项

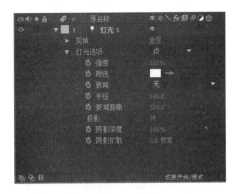
点

环境

图6-7 不同的灯光类型有不同的参数选项（续）

2. 灯光与三维图层的投影设置

灯光可以产生阴影效果，而默认情况下投影效果是不显现的，如果要产生投影效果需要设置以下 3 个参数：

① 将照明层中的"投影"设为"开"状态，如图 6-8 所示。

② 将产生阴影的三维图层的"接受阴影"和"接受灯光"设为"开"状态，如图 6-8 所示。

③ 将接收阴影的三维图层中的"接受阴影"和"接受灯光"设为"开"状态，如图 6-8 所示。

图 6-9 所示为设置投影相关参数后产生的投影效果。

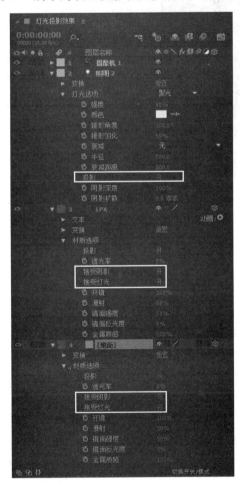

图6-8 设置投射阴影的参数

图6-9 投射阴影的效果

3. 三维场景的布光效果

在专业演播室中可以看到很多灯光设备，有主持人对面的主光灯，侧前方的辅光灯，头顶上的顶光灯，从背景向前反打的轮廓灯等。在三维场景中的灯光同样也需要有一定的布光技巧，通常可以使用一个主光灯、一个辅光灯加一个全局照明的模式，另外还可以根据需要增减灯光。

6.5　实　例　讲　解

本节将通过2个实例来讲解三维和灯光效果在实际工作中的具体应用，旨在帮助读者能够理论联系实际，快速掌握三维灯光层和灯光效果的相关知识。

6.3.1　灯光投影效果

要点

　　本例将制作文字和灯光的投影效果，如图6-10所示。通过本例的学习，应掌握摄像机、灯光和物体投影的综合应用。

图6-10　跳动的文字效果

操作步骤

1. 建立场景

　　① 启动 After Effects CC 2015，执行菜单中的"合成｜新建合成"命令，在弹出的对话框中设置参数，如图6-11所示，单击"确定"按钮。

　　② 创建文字。执行菜单中的"图层｜新建｜文本"命令，然后在合成图像中输入白色文字"LPX"，参数设置及效果如图6-12所示。

　　③ 创建地面。执行菜单中的"图层｜新建｜纯色"命令，在弹出的"纯色设置"对话框中输入"名称"为"地面"，"颜色"为RGB（175，175，175），单击"制作合成大小"按钮，如图6-13所示，再单击"确定"按钮，从而创建一个与合成图像等大的纯色层。

图6-11 设置合成图像参数

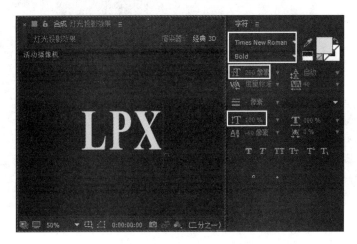

图6-12 输入文字"LPX"

图6-13 设置纯色层参数

④ 选择"地面"层，将其移动到"LPX"文字层下方，作为地面。然后打开这两个层的三维显示开关，如图 6-14 所示。接着展开它们的属性，设置它们的"X 轴旋转"均为"0x-90°。"，再分别设置"LPX"层"材质选项"下的"投影"为"打开"，"地面"层的"位置"为（360.0，400.0，0.0），如图 6-15 所示，

此时效果如图 6-16 所示。

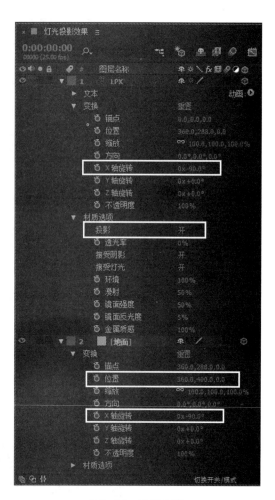

图6-14　打开三维显示开关　　　　　　　　　　图6-15　设置属性

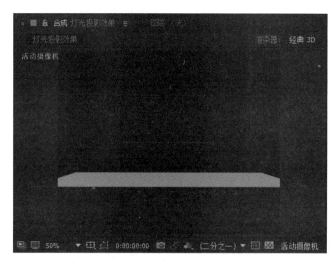

图6-16　调整三维图层参数后的显示效果

⑤　添加摄像机。执行菜单中的"图层|新建|摄像机"命令，然后在弹出的"摄像机设置"对话框中设置"预设"为 35 毫米，如图 6-17 所示。单击"确定"按钮。接着在时间线中展开"摄像机 1"的属性，设置"目标点"为（320，100，-200），"位置"为（150，-200，-1200），如图 6-18 所示，效果如图 6-19所示。

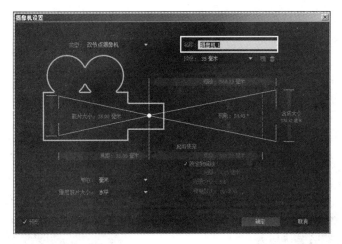

图6-17　设置"预置"为35毫米

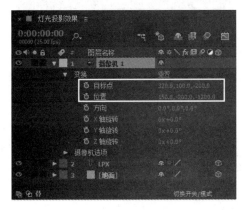

图6-18　设置摄像机的"目标点"和"位置"参数

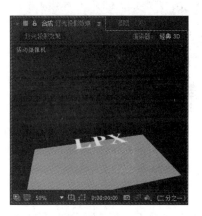

图6-19　调整参数后的效果

2．制作灯光效果

①　创建"照明1"灯光。执行菜单中的"图层|新建|灯光"命令，然后在弹出的"灯光设置"对话框中设置参数，如图 6-20 所示，单击"确定"按钮。接着在时间线中设置"照明 1"的位置为（100，-100，0），效果如图 6-21 所示。

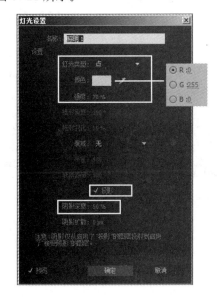

图6-20　设置"照明1"的参数

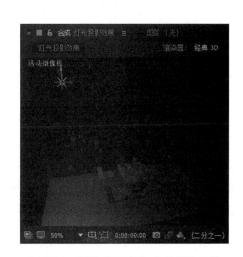

图6-21　设置"照明1"参数后的效果

② 创建"照明2"灯光。执行菜单中的"图层|新建|灯光"命令，然后在弹出的"灯光设置"对话框中设置参数，如图6-22所示，单击"确定"按钮。接着在时间线中设置"照明 2"的位置为（320，-100，0），效果如图6-23所示。

图6-22　设置"照明2"的参数

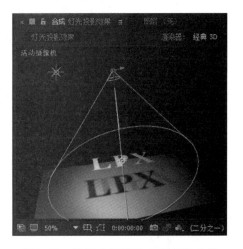

图6-23　设置"照明2"参数后的效果

③ 创建"照明 3"灯光。执行菜单中的"图层|新建|灯光"命令，然后在弹出的"灯光设置"对话框中设置参数，如图6-24所示，单击"确定"按钮。接着在时间线中设置"照明 3"的位置为（620，-100，0），效果如图6-25所示。

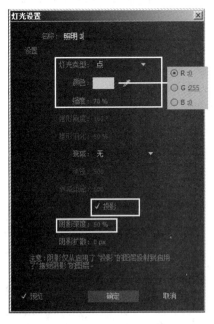

图6-24　设置"照明3"的参数

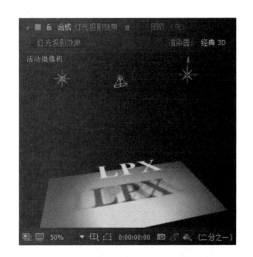

图6-25　设置"照明3"参数后的效果

④ 至此，灯光投影效果制作完毕。此时时间线分布如图6-17所示。执行菜单中的"文件|保存"命令，将文件进行保存。然后执行菜单中的"文件|整理工程（文件） | 收集文件"命令，将文件进行打包。

6.3.2　三维光栅

本例将制作变化的三维光栅效果，如图 6-26 所示。通过本例的学习，掌握"分形杂色""色阶""快速模糊""更改颜色""编号""发光"特效，摄像机动画，层模式，三维空间和嵌套层的应用。

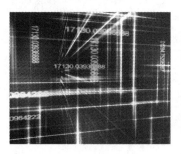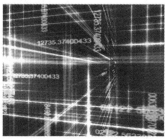

图6-26　三维光栅

操作步骤

1. 创建"光栅"合成图像

① 启动 After Effects CC 2015，执行菜单中的"合成 | 新建合成"命令，在弹出的"合成设置"对话框中设置参数，如图 6-27 所示，单击"确定"按钮，从而创建一个新的合成图像。

② 执行菜单中的"图层 | 新建 | 纯色"命令，在弹出的"纯色设置"窗口中设置参数，如图 6-28 所示，单击"确定"按钮，新建一个纯色层。

图6-27　设置合成图像参数

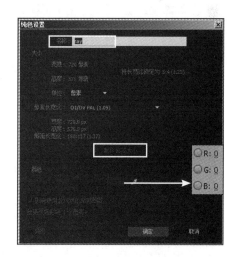

图6-28　设置纯色层参数

③ 制作灰度线条。在"时间线"面板中选择"ray"层，然后执行菜单中的"效果 | 杂色和颗粒 | 分形杂色"命令，给它添加一个"分形杂色"特效。接着在"效果控件"面板中设置参数，如图 6-29 所示，效果如图 6-30 所示。

④ 设置灰色线条水平方向的动画效果。分别在第 0 帧和第 9 秒 24 帧，设置"子位移"和"演化"属性关键帧参数，如图 6-31 所示，效果如图 6-32 所示。

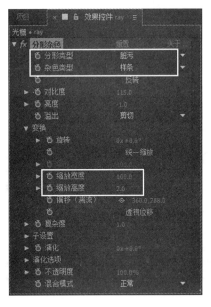

图6-29 设置"分形杂色"参数

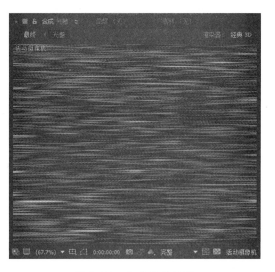

图6-30 灰度线条效果

图6-31 分别在第0帧和第9秒24帧设置"子位移"和"演化"属性关键帧参数

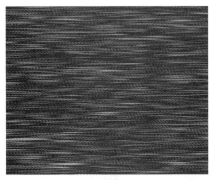

(a) 第0帧

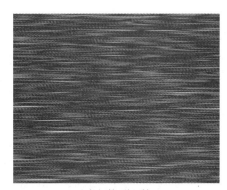

(b) 第9秒24帧

图6-32 不同帧的画面效果

提示

此步的目的是产生随机变化的灰度线条。

⑤ 此时黑白线条过于密集，下面将黑白线条变得稀疏一些。在"时间线"面板中选择"ray"层，执行菜单中的"效果 | 颜色校正 | 色阶"命令，给它添加"色阶"特效。然后在"色阶"效果控制面板中进行设置，参数设置及效果如图6-33所示。

⑥ 制作发光效果。在"时间线"面板中继续选择"ray"层，执行菜单中的"效果 | 风格化 | 发光"命令，给它添加一个"发光"特效。然后在"效果控件"面板中进行设置，参数设置及效果如图6-34所示。

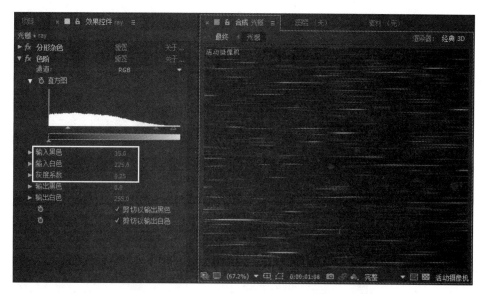

图6-33　"色阶"参数设置及效果

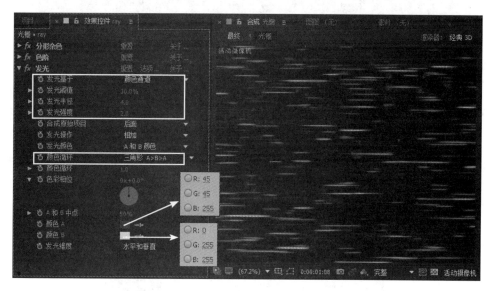

图6-34　"发光"参数设置及效果

> **提示**
>
> 在"时间线"面板中播放合成图像，光线即开始运动。

⑦　执行菜单中的"图层 | 新建 | 纯色"命令，在弹出的"纯色设置"对话框中设置参数，如图 6-35 所示，单击"确定"按钮，从而新建一个纯色层。

⑧　为了使画面看起来更加丰富多彩，下面使用"编号"特效，为其加上随机变化的数字。在"时间线"面板中选择"text"层，执行菜单中的"效果 | 文本 | 编号"命令，然后在弹出"编号"效果控制面板中进行设置，参数设置及效果如图 6-36 所示。

⑨　制作多个文字效果。在"编号"效果控制面板中，选择"编号"效果，然后按快捷键【Ctrl+D】，将"编号"效果再复制 5 次，这样就创建了 6 个"编号"效果。接着分别展开复制的 5 个"编号"效果，勾选"合成于原始素材之上"复选框，再分别改变"值 / 偏移 / 最大随机值"的值，依次将该值设为"20000""25000""5000""1500"和"4500"。最后改变这 6 个"编号"效果在合成窗口中的位置，效果如图 6-37 所示。

图6-35 设置纯色层参数

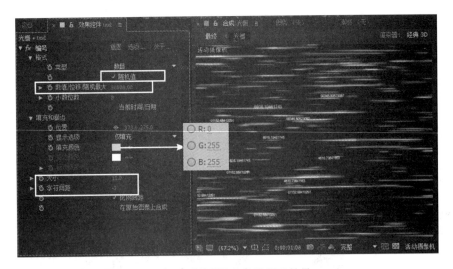

图6-36 "编号"参数设置及效果

图6-37 多个文字效果

⑩ 制作文字发光效果。在"时间线"面板的"text"图层中，执行菜单中的"效果|风格化|发光"命令，给它添加"发光"特效。然后在"效果控件"面板中进行设置，参数设置及效果如图6-38所示。

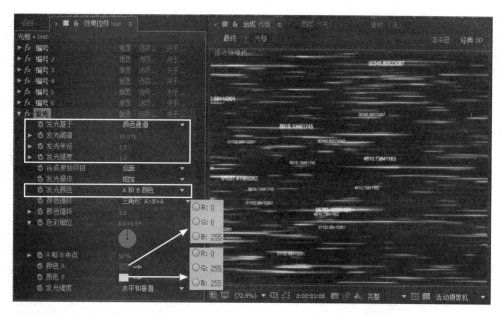

图6-38 "发光"参数设置及效果

💡 提示

　　为了使图层的立体感更强一些，需要将前面做过的"ray"图层及"text"图层各复制2个，并将所有图层的空间关系由二维变成三维，改变它们在Z轴方向上的坐标值，从而在纵深方向上有不同的位置。

　　⑪ 在"时间线"面板中，选择"ray"层及"text"层，按快捷键【Ctrl+D】，再复制两层。然后单击▣（3D图层）图标，将 1 ~ 5 层的层模式设为"添加"模式。接着按【P】键，显示并调整"位置"属性，如图 6-39 所示，从而形成多重文字和光线效果，如图 6-40 所示。

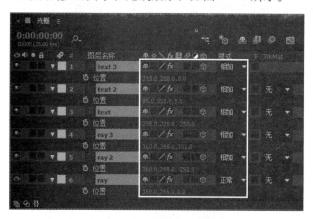

图6-39 将复制图层转换为三维图层并将图层模式设置为"相加"

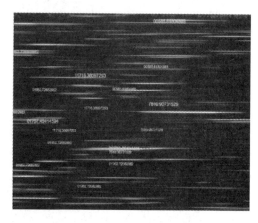

图6-40 "相加"效果

　　⑫ 制作文字位移动画。在"时间线"面板中分别选择"text""text1"和"text2"层，然后分别在第 0 帧和第 9 秒 24 帧设置"位置"关键帧并调整参数，如图 6-41 所示。接着按【0】键，预览动画，即可看到文字移动动画，如图 6-42 所示。

2. 创建"最终"合成图像

　　① 执行菜单中的"合成 | 新建合成"命令，创建一个新的合成图像，然后在弹出的"合成设置"对话框中设置参数，如图 6-43 所示，单击"确定"按钮，完成设置。

　　② 将"光栅"从"项目"面板中拖入"最终"面板中，使之成为"最终"的一个嵌套图层。

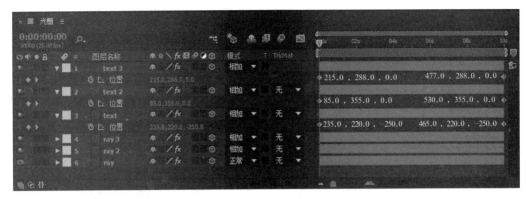

图6-41 分别在第0帧和第9秒24帧设置"位置"关键帧

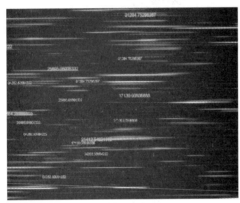

（a）第0帧

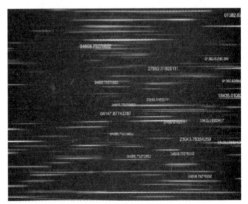

（b）第9秒24帧

图6-42 不同帧的画面效果

③ 将"光栅"嵌套层改名为"X"，然后选择"X"层，按快捷键【Ctrl+D】，从而将"X"图层再复制两个，分别改名为"Y""Z"。

④ 将"X"层"Y"层"Z"层的三维图层开关打开，使它们成为三维图层。

⑤ 在"时间线"面板中，将"Z"层的"Y轴旋转"设为90，将"Y"层的"Z轴旋转"设为90，其他属性保持不变，如图6-44所示。

图6-43 "合成设置"对话框

图6-44 设置旋转参数

⑥ 在"时间线"面板中，分别将"Y"层及"Z"层的层模式设为"相加"模式，效果如图6-45所示。

⑦ 执行菜单中的"文件｜导入｜文件"命令，导入"ray.jpg"素材文件，如图6-46所示。然后将"ray. jpg"图像从"项目"面板中拖入"最终"面板中，放在最底层，主要是丰富画面的色彩。

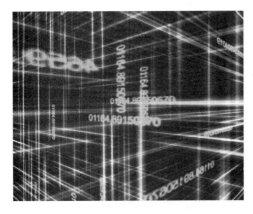

图6-45　"相加"效果

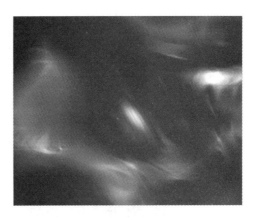

图6-46　"Ray.jpg"图像

⑧ 隐藏"Ray.jpg"以外的其他层，然后在"时间线"面板中选择"Ray.jpg"层，执行菜单中的"效果│颜色校正│ 更改颜色"命令，给它添加一个"更改颜色"特效。接着设置参数，如图 6-47 所示，效果如图 6-48 所示。

图6-47　设置"更改颜色"参数

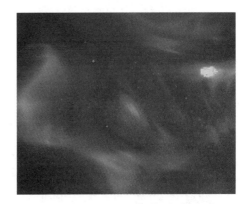

图6-48　"更改颜色"效果

⑨ 使用"模糊"命令将图像变得模糊，使色彩分布均匀一些。执行菜单中的"效果│ 模糊和锐化│ 快速模糊"命令，给它添加一个"快速模糊"特效。然后在"效果控件"面板中设置参数，如图 6-49 所示，效果如图 6-50 所示。接着重新显示出其他层，效果如图 6-51 所示。

⑩ 执行菜单中的"图层│ 新建│ 摄像机"命令，新建一部摄像机，设置如图 6-52 所示，单击"确定"按钮，完成设置。

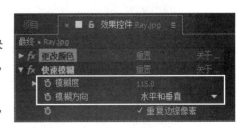

图6-49　设置"快速模糊"参数

图6-50　快速模糊效果

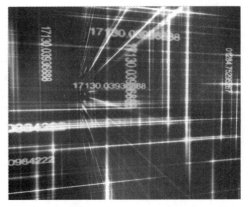

图6-51　显示其他层后的效果

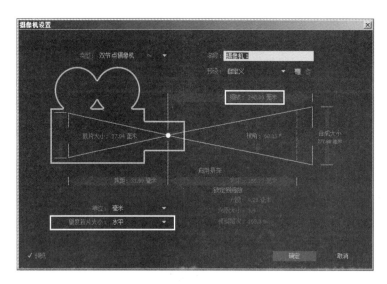

图6-52　设置摄像机参数

⑪ 在"时间线"面板中，展开"摄像机 1"中的"变换"属性，将时间线移至第 0 帧的位置，单击"目标点"及"位置"属性左侧的关键帧记录器，选取工具栏中的 ⊕ 跟踪 XY 摄像机工具，将鼠标指针放在"合成"面板中，按下鼠标的同时向右上角拖动，使摄像机的镜头焦点对准合成图像的左下角部分，摄像机镜头将从左下角开始；将时间线移至第 9 秒 24 帧的位置，再次使用 ⊕ 跟踪 XY 摄像机工具，按住鼠标的同时向左下角移动。此时时间线关键帧分布，如图 6-53 所示。

⑫ 按【0】键预览动画，效果如图 6-54 所示。

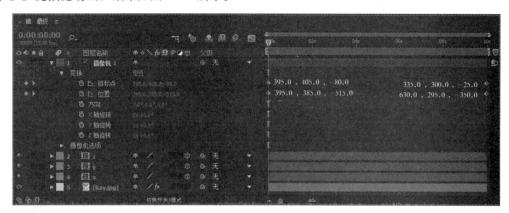

图6-53　关键帧分布

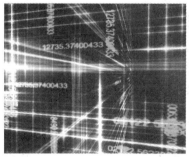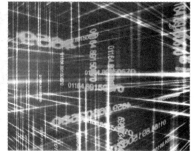

图6-54　最终效果

⑬ 执行菜单中的"文件|保存"命令，将文件进行保存。然后执行菜单中的"文件|整理工程（文件）|收集文件"命令，将文件进行打包。

课 后 练 习

① 制作图 6-55 所示的三维光环效果。参数可参考"练习 1.aep"素材文件。

图6-55　练习1效果

② 制作图 6-56 所示的动态的灯光投影效果的效果。参数可参考"练习 2.aep"素材文件。

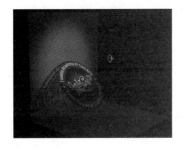  

图6-56　练习2效果

调色效果 第7章

 **本章重点**

在视频制作过程中，对于画面颜色的调色处理是一项很重要的内容，有时直接影响效果的成败。利用 After Effects CC 2015 中颜色校正的相关命令，可以对色彩不好的画面进行颜色的修补，也可以对色彩正常的画面进行调整，使其更加出彩。通过本章的学习应掌握 After Effects CC 2015 调色方面的相关知识和具体应用。

7.1 颜色校正特效

"颜色校正"特效组包括"CC Color Neutralizer""CC Color Offset""CC Kernel""CC Toner""PS 任意映射""保留颜色""更改为颜色""更改颜色""广播颜色""黑色和白色""灰度系数／基值／增益""可选颜色""亮度和对比度""曝光度""曲线""三色调""色调""色调均化""色光""色阶""色阶（单独控件）""色相／饱和度""通道混合器""颜色链接""颜色平衡""颜色平衡(HLS)""颜色稳定器""阴影／高光""照片滤镜""自动对比度""自动色阶""自动颜色"和"自然饱和度"33 种特效，如图 7-1 所示。可以工作根据需要，可以利用"颜色校正"特效组中的相关特效，对视频画面进行各种调色处理。下面就来讲解其中常用的有代表性的几种特效。

1. "CC Toner"特效

"CC Toner"特效可以对图像中的亮调、中间调和暗调进行颜色的重新匹配。当将"CC Toner"特效添加到一个图层中时，在"效果控件"面板中会出现"CC Toner"特效的相关参数，如图 7-2 所示。

图7-1 "颜色校正"特效组

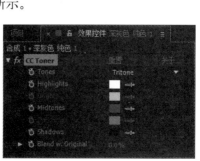

图7-2 "CC Toner"特效的参数面板

"CC Toner" 特效的主要参数解释如下：

① Tones：用于定义图像中的可调整的颜色。在右侧下拉列表框中有"Duotone""Tritone""Pentone"和"Solid"4 个选项供选择。

② Hightlights：用于定义图像中高光部分的颜色。单击右侧的颜色按钮，从弹出的"颜色"对话框中可以选择高光的颜色。也可以单击右侧的 🔲（吸管工具）在屏幕中直接吸取要使用的颜色。

③ Brights：用于定义图像明亮部分的颜色。单击右侧的颜色按钮，从弹出的"颜色"对话框中可以选择明亮的颜色。也可以单击右侧的 🔲（吸管工具）在屏幕中直接吸取要使用的颜色。

④ Midtones：用于定义图像中中间调部分的颜色。单击右侧的颜色按钮，从弹出的"颜色"对话框中可以选择中间调的颜色。也可以单击右侧的 🔲（吸管工具）在屏幕中直接吸取要使用的颜色。

⑤ Darktones：用于定义图像中暗调部分的颜色。单击右侧的颜色按钮，从弹出的"颜色"对话框中可以选择暗调的颜色。也可以单击右侧的 🔲（吸管工具）在屏幕中直接吸取要使用的颜色。

⑥ Shadows：用于定义图像中阴影部分的颜色。单击右侧的颜色按钮，从弹出的"颜色"对话框中可以选择阴影的颜色。也可以单击右侧的 🔲（吸管工具）在屏幕中直接吸取要使用的颜色。

⑦ Blend w.Original：用于设置调整后的图像和原图像的混合比例。

图 7-3 所示为对图像使用"CC Toner"特效进行调色前后的效果比较。

图7-3　对图像使用"CC Toner"特效进行调色前后的效果比较

2."CC Color Offset"特效

"CC Color Offset"特效可以对图像中各个通道的信息进行颜色色相的偏移调整。当将"CC Color Offset"特效添加到一个图层中时，在"效果控件"面板中会出现"CC Color Offset"特效的相关参数，如图 7-4 所示。

图7-4　"CC Color Offset"特效的参数面板

"CC Color Offset"特效的主要参数解释如下：

① Red Phase：用于调整红色通道的偏移角度。

② Green Phase：用于调整绿色通道的偏移角度。

③ Blue Phase：用于调整蓝色通道的偏移角度。

④ Overflow：用于定义当颜色出现溢出现象时进行处理的方法。在右侧的下拉列表中有"Solarize""Wrap"和"Polarize"3个选项供选择。

图7-5所示为对图像使用"CC Color Offset"特效进行调色前后的效果比较。

图7-5　对图像使用"CC Color Offset"特效进行调色前后的效果比较

3."PS任意映射"特效

"PS任意映射"特效主要用来调整图像色调的亮度级别，可以通过调用 Photoshop 软件中的图像文件来调节图层的亮度值，或重新映射一个专门的亮度区域来调整明暗的色调。该特效主要用来兼容被早期版本 After Effects 软件中的任意贴图特效处理过的文件。当将"PS任意映射"特效添加到一个图层中时，在"效果控件"面板中会出现"PS任意映射"特效的相关参数，如图7-6所示。

图7-6　"PS任意映射"特效的参数面板

"PS任意映射"特效的主要参数解释如下：

① 相位：用于定义要调整的图像颜色相位。

② 应用相位映射到 Alpha：勾选复选框，将应用外部的相位图到该层的 Alpha 通道中。如果不包含 Alpha 通道，则系统将对 Alpha 通道使用默认设置。

图7-7所示为对图像使用"PS任意映射"特效进行调色前后的效果比较。

图7-7　对图像使用"PS任意映射"特效进行调色前后的效果比较

4."色光"特效

"色光"特效可以可以将图像中的取样颜色转换为多种颜色，并且能够用关键帧来控制色彩变化，实现彩光、霓虹灯的效果。当将"色光"特效添加到一个图层中时，在"效果控件"面板中会出现"色光"特效的相关参数，如图 7-8 所示。

　　"色光"特效的主要参数解释如下：

　　① 获取相位，自：用于选择以哪个图像通道的数值来产生彩色部分。在右侧的下拉列表中有"强度""红""绿""蓝""色调""亮度""饱和度""值""Alpha"和"零"10 个选项供选择。

　　② 添加相位：用于选择素材层与原图像合成出新色彩。

　　③ 添加相位，自：用于选择需要添加色彩的通道类型。在右侧的下拉列表中有"强度""红""绿""蓝""色调""亮度""饱和度""值""Alpha"和"零"10 个选项供选择。

　　④ 添加模式：用于选择色彩的添加模式。

　　⑤ 相移：用于设置相位的位移量。

　　⑥ 输出循环：用于定义色彩输出风格化类型。After Effects CC 2015 自带了 33 种预置调色板，此外还可以通过"输出循环"色彩调节圆盘对色彩与区进行更细致的调整。

　　⑦ 循环重复次数：用于定义设置颜色的混合次数。

　　⑧ 插值调板：当勾选该复选框时将按照 256 种颜色来选取颜色范围。

　　⑨ 修改：可以针对各个通道来调整颜色。该项中的选项可以控制影响色彩的通道。

图 7-8　"色光"特效的参数面板

　　⑩ 像素选区：用于整体上设置合成颜色部分的某个色彩对原图像的影响程度。

　　⑪ 匹配颜色：用于定义匹配色彩的像素颜色。

　　⑫ 匹配容差：用于定义匹配像素的容差值，数值越大，影响范围越大。

　　⑬ 匹配柔和度：用于定义受特效影响的像素与未受影响的像素之间的过渡，数值越大，效果越柔和。

　　⑭ 匹配模式：用于定义匹配的相关模式。在右侧下拉列表中有"关""RGB""色调"和"色度"4 个选项供选择。

　　⑮ 蒙版图层：用于定义一个蒙版图层。

　　⑯ 蒙版模式：用于定义蒙版的模式，从而控制色彩的影响范围。在右侧的下拉列表中有"关""强度""Alpha""反转强度"和"反转 Alpha"5 个选项供选择。

　　⑰ 与原始图像混合：用于定义效果图层与原图层的混合程度。

　　图 7-9 所示为对图像使用"色光"特效进行调色前后的效果比较。

图 7-9　对图像使用"色光"特效进行调色前后的效果比较

5. "色阶（单独控件）"特效

　　"色阶（单独控件）"特效与"色阶"特效的功能基本相同，只不过将参数分散到了各个通道。当将"色阶（单独控件）"特效添加到一个图层中时，在"效果控件"面板中会出现"色阶（单独控件）"特效的相关参数，如图 7-10 所示。

　　"色阶（单独控件）"特效的主要参数解释如下：

　　① 通道：用于定义要编辑的通道。在右侧的下拉列表中有"RGB""红""绿""蓝"和"Alpha"5 个选项供选择。

　　② 直方图：用于显示当前画面的色阶属性。通过调整相应的滑块可对该图像进行调整。

　　③ 输入黑色：用于设置输入图像黑色数值的极限值。默认的数值范围为 0.0 ~ 255.0。

　　④ 输入白色：用于设置输入图像白色数值的极限值。

　　⑤ 灰度系数：用于设置灰色系统的数值。默认的数值范围为 0.00 ~ 5.00。

　　⑥ 输出黑色：用于定义输出图像黑色数值的极限值。

　　⑦ 输出白色：用于定义输出图像白色数值的极限值。

　　⑧ 红色／绿色／蓝色／Alpha 输入黑色：用于定义输入红色／绿色／蓝色通道黑场数值的极限值。

　　⑨ 红色／绿色／蓝色／Alpha 输入白色：用于定义输入红色绿色／蓝色通道白场数值的极限值。

图7-10 "色阶（单独控件）"特效的参数面板

　　⑩ 红色／绿色／蓝色／灰度系数：用于定义红色／绿色／蓝色通道灰度系统的数值。

　　⑪ 红色／绿色／蓝色／Alpha 输出黑色：用于定义输出红色／绿色／蓝色通道黑场数值的极限值。

　　⑫ 红色／绿色／蓝色／Alpha 输出白色：用于定义输出红色绿色／蓝色通道白场数值的极限值。

　　⑬ 剪切为输出黑色：用于定义消减输出黑场的方式。

　　⑭ 剪切为输出白色：用于定义消减输出白场的方式。

图 7-11 所示为对图像使用"色阶（单独控件）"特效进行调色前后的效果比较。

图7-11　对图像使用"色阶（单独控件）"特效进行调色前后的效果比较

6. "保留颜色"特效

　　"保留颜色"特效用于消除颜色，或者删除图层中的其他颜色。当将"保留颜色"特效添加到一个图层中时，在"效果控件"面板中会出现"保留颜色"特效的相关参数，如图 7-12 所示。

"保留颜色"特效的主要参数解释如下：

①　脱色量：用于定义消除颜色的程度。当数值为 100% 时，消除的颜色将会显示为灰色。

②　要保留的颜色：用于定义在屏幕中要保留的颜色。

图7-12　"保留颜色"特效的参数面板

③　容差：用于定义保留颜色的容差量，数值越大，可以包含的颜色越多。

④　边缘柔和度：用于定义变化边缘的柔化程度，数值越大，边缘越柔和。

⑤　匹配颜色：用于定义进行颜色匹配的方式。在右侧的下拉列表中有"使用 RGB"和"使用色相"两个选项可供选择。

图 7-13 所示为对图像使用"保留颜色"特效进行调色前后的效果比较。

图7-13　对图像使用"保留颜色"特效进行调色前后的效果比较

7. "更改颜色"特效

"更改颜色"特效的主要功能是改变图像中颜色区域的色调、饱和度和亮度。可以通过指定某一个基色和设置相似值来确定需要改变颜色的区域，相似值包括 RGB 色彩、色调和色彩浓度的相似值。当将"更改颜色"特效添加到一个图层中时，在"效果控件"面板中会出现"更改颜色"特效的相关参数，如图 7-14 所示。

"更改颜色"特效的主要参数解释如下：

①　视图：用于定义在合成窗口中查看效果的方式。在右侧的下拉列表中有"校正的图层"和"颜色校正蒙版"两个选项可供选择。如果选择"校正的图层"，将显示颜色校正后的图层效果；如果选择"颜色校正蒙版"，将显示颜色校正的蒙版部分。

图7-14　"更改颜色"特效的参数面板

②　色相变换：用于定义所选颜色区域的颜色校正度。其取值范围为 -1800 ～ 1800。

③　饱和度变换：用于定义所选颜色区域的饱和度。其取值范围为 -100 ～ 100。

④　要更改的颜色：用于定义图像中要替换的颜色。

⑤　匹配容差：用于定义进行颜色匹配时的容差范围。数值越大，可以匹配的颜色区域就越大。

⑥　匹配柔和度：用于定义匹配颜色边缘的柔化程度。

⑦　匹配颜色：用于定义进行颜色匹配的方式。在右侧的下拉列表中有"使用 RGB""使用亮度"和"使用色调"3 个选项供选择。

⑧ 反转颜色校正蒙版：勾选该复选框，将对当前颜色调整蒙版的区域进行反转。

图 7-15 所示为对图像使用"更改颜色"特效进行调色前后的效果比较。

图7-15　对图像使用"更改颜色"特效进行调色前后的效果比较

8."广播颜色"特效

"广播颜色"特效用于将视频素材制作成播出节目时，校正广播级的颜色和亮度。由于电视信号发射带宽的限制，如我国使用的 PAL 制式发射信号为 8 Mhz 带宽，美国和日本使用的 NTSC 发射信号为 6 Mhz，其中还包括音频的调制信号，进一步限制了带宽的应用。所以我们在计算机上看到的所有颜色和亮度并不是都可以反映在最终的电视信号上，而且一旦亮度和颜色超标，会干扰到电视信号中的音频而出现杂音。使用"广播颜色"特效则可以解决这个问题。当将"广播颜色"特效添加到一个图层中时，在"效果控件"面板中会出现"广播颜色"特效的相关参数，如图 7-16 所示。

图7-16　"广播颜色"特效的参数面板

"广播颜色"特效的主要参数解释如下：

① 广播区域设置：用于定义需要的广播标准制式。在右侧的下拉列表中有"PAL"和"NTSC"两个选项供选择。

② 确保颜色安全的方式：用于定义减小信号幅度的方式。在右侧的下拉列表中有"降低明亮度""降低色饱和度""抠出不安全区域"和"抠出安全区域"4 个选项供选择。如果选择"降低亮度"选项，将减少素材的相应亮度；如果选择"降低色饱和度"选项，将减少素材的相应饱和度；如果选择"抠出不安全区域"选项，将会使不安全的像素变为透明；如果选择"抠出安全区域"选项，将会使安全的像素变为透明。

③ 最大信号振幅（IRE）：用于定义信号振幅的最大数值。其取值范围为 90 ～ 120。

9."亮度和对比度"特效

"亮度和对比度"特效用于调整画面的亮度和对比度，可以同时调整所有像素的高亮、暗部和中间色，不能对单一通道进行调节，对画面的调节简单而有效。当将"亮度和对比度"特效添加到一个图层中时，在"效果控件"面板中会出现"亮度和对比度"特效的相关参数，如图 7-17 所示。

"亮度和对比度"特效的主要参数解释如下：

① 亮度：用于定义图像中的亮度。数值越大，亮度越高。

② 对比度：用于定义图像中的对比度。数值越大，对比度越强。

图 7-18 所示为对图像使用"亮度和对比度"特效进行调色前后的效果比较。

图7-17　"亮度和对比度"特效的参数面板

图7-18　对图像使用"亮度和对比度"特效进行调色前后的效果比较

10. "曝光度"特效

"曝光度"特效用于调节画面曝光程度，可以对 RGB 通道分别曝光。当将"曝光度"特效添加到一个图层中时，在"效果控件"面板中会出现"曝光度"特效的相关参数，如图 7-19 所示。

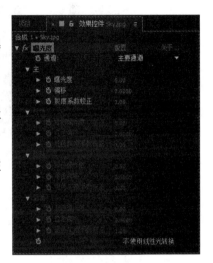

"曝光度"特效的主要参数解释如下：

① 通道：用于定义要进行调整的通道。在右侧的下拉列表中有"主要通道"和"个别通道"两个选项供选择。

② 主：用于对图层中的所有通道统一进行调整。该项只有在选择"主要通道"选项的情况下才可用。

　a. 曝光：用于定义图像中整体的曝光率。

　b. 偏移：用于定义图像中整体色相的偏移量。

　c. 灰度系数校正：用于调整图像中整体灰度值。

图7-19　"曝光度"特效的参数面板

③ 红色／绿色／蓝色：用于对图层中的红色／绿色／蓝色通道进行单独的调整。该项只有在选择"个别通道"选项的情况下才可用。其下的参数可分别对单个通道中的曝光度、偏移和灰度系数校正参数进行设置。

图 7-20 所示为对图像使用"曝光度"特效进行调色前后的效果比较。

图7-20　对图像使用"曝光度"特效进行调色前后的效果比较

11. "色调"特效

"色调"特效用于调整图像中包含的颜色信息，在图像的最亮和最暗处之间确定融合度。图像中的黑色像

素被映射到"将黑色映射到"项指定的颜色，白色像素被映射到"将白色映射到"项指定的颜色，介于两者之间的颜色被赋予对应的颜色值。当将"色调"特效添加到一个图层中时，在"效果控件"面板中会出现"色调"特效的相关参数，如图 7-21 所示。

图7-21 "色调"特效的参数面板

"色调"特效的主要参数解释如下：

① 将黑色映射到：用于定义要映射到黑场部分的颜色。

② 将白色映射到：用于定义要映射到白场部分的颜色。

③ 着色数量：用于定义特效的强度。

图 7-22 所示为对图像使用"色调"特效进行调色前后的效果比较。

图7-22 对图像使用"色调"特效进行调色前后的效果比较

12. "曲线"特效

"曲线"特效用于调整图像的色调曲线，与 Photoshop 中的曲线控制功能十分相似，可对图像的各个通道进行控制，可用 0 ~ 255 级灰阶调节图像的色调范围。使用"色阶"特效也可完成同样的工作，但是"曲线"的控制能力更强。当将"曲线"特效添加到一个图层中时，在"效果控件"面板中会出现"曲线"特效的相关参数，如图 7-23 所示。

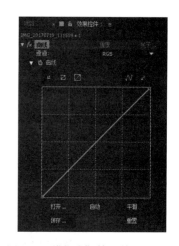

图7-23 "曲线"特效的参数面板

"曲线"特效的主要参数解释如下：

① 通道：用于定义要控制的色彩通道。在右侧的下拉列表中有"RGB""红""绿""蓝"和"Alpha"5 个选项供选择。

② ▨：激活该按钮后，使用鼠标在线段上拖动可修改相应的曲线形态，改变图像通道的颜色信息。

③ ▨：激活该按钮，使用鼠标直接在相应的图表中进行绘制，可以更加随意地调整曲线的形态。

④ 打开…：激活该按钮，将弹出图 7-24 所示的"打开"对话框，从中选择相应的曲线文件，单击"打开"按钮，即可将曲线的设置读取到该图层设置中。

⑤ 保存…：激活该按钮，将弹出图 7-25 所示的"保存贴图设置"对话框，从中选择要保存曲线的位置，单击"保存"按钮，即可将其保存。

⑥ 平滑：激活该按钮，可以将当前绘制的曲线进行平滑处理，每一次单击都会进行一定幅度的平滑处理。

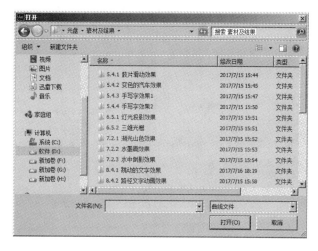

图7-24 "打开"对话框

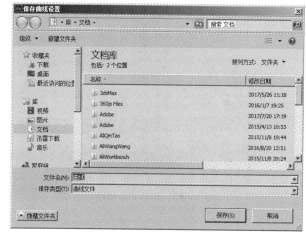

图7-25 "保持曲线设置"对话框

⑦ **重置**：激活该按钮，可以将已经调整后的曲线恢复为默认的直线。

图 7-26 所示为对图像使用"曲线"特效进行调色前后的效果比较。

图7-26 对图像使用"曲线"特效进行调色前后的效果比较

13. "三色调"特效

"三色调"特效的主要功能是对原图中亮调、暗调和中间调的像素做映射来改变不同的色彩层的颜色信息。"三色调"特效和"色调"特效非常相似，但增加了对中间调的控制。当将"三色调"特效添加到一个图层中时，在"效果控件"面板中会出现"三色调"特效的相关参数，如图 7-27 所示。

图7-27 "三色调"特效的参数面板

"三色调"特效的主要参数解释如下：

① 高光：用于定义要调整到亮调部分的颜色。

② 中间色：用于定义要调整到中间调部分的颜色。

③ 投影：用于定义要调整到暗调部分的颜色。

④ 与原始图像混合：用于设置效果和原图之间的混合程度。

图 7-28 所示为对图像使用"三色调"特效进行调色前后的效果比较。

图7-28　对图像使用"三色调"特效进行调色前后的效果比较

14."色彩均化"特效

"色彩均化"特效用于对图像的色调平均化，自动以白色取代图像中最亮的像素，以黑色取代图像中最暗的像素，中间色的像素被平均分布在白色和黑色之间的色调中。当将"色彩均化"特效添加到一个图层中时，在"效果控件"面板中会出现"色彩均化"特效的相关参数，如图7-29所示。

图7-29　"色彩均化"特效的参数面板

"色彩均化"特效的主要参数解释如下：

①　均衡均化：用于定义不同的均衡方式。在右侧的下拉列表中有"RGB""亮度"和"Photoshop样式"3个选项供选择。

②　均衡均化量：用于定义重新分布亮度值的百分比。

图7-30所示为对图像使用"色彩均化"特效进行调色前后的效果比较。

图7-30　对图像使用"色彩均化"特效进行调色前后的效果比较

15."颜色链接"特效

"颜色链接"特效可根据周围的环境改变素材的颜色，这对于将合成进来的素材与周围环境光进行统一非常有效。比如，在蓝屏前拍的人物素材可以通过抠像技术将蓝幕处理为透明，但将这个素材放置到一个新的背景时，由于两个素材拍摄的光源不同，因此看起来有些不和谐，此时可以利用"颜色链接"特效将两个光源不同的素材进行匹配。当将"颜色链接"特效添加到一个图层中时，在"效果控件"面板中会出现"颜色链接"特效的相关参数，如图7-31所示。

图7-31　"颜色链接"特效的参数面板

"颜色链接"特效的主要参数解释如下：

① 源图层：用于定义用来运算平均值的图层。

② 示例：用于定义不同的过滤方式。在右侧的下拉列表中有"平均值""中间值""最亮值""最暗值""RGB 最大值""RGB 最小值""Alpha 中间值"、"Alpha 平均值"、"Alpha 最大值"和"Alpha 最小值"10 个选项可供选择。

③ 剪切（%）：用于定义最大或最小的取样范围。该项只有在"示例"下拉列表中选择"最亮值""最暗值""RGB 最大值""RGB 最小值""Alpha 最大值"和"Alpha 最小值"6 个选项时才可用。

④ 模板原始 Alpha：勾选该复选框时，将在新的数值上添加一个效果层的 Alpha 通道的蒙版。未勾选该复选框时，将用原图像的平均值来填充整个效果层。

⑤ 不透明度：用于定义效果的不透明度。

⑥ 混合模式：用于定义效果层和原图层之间的混合模式。

图 7-32 所示为对图像使用"颜色链接"特效进行调色前后的效果比较。

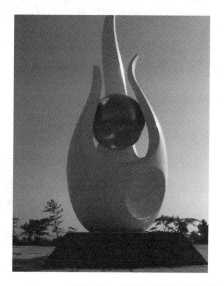

图7-32 对图像使用"颜色链接"特效进行调色前后的效果比较

16. "颜色平衡"特效

"颜色平衡"特效是通过调整图层通道中的红、绿、蓝的颜色值来为高亮区域和阴影区域之间添加自然过渡的效果。默认的色彩值为 0，取值范围为 -100 ~ 100。当数值为 -100 时，该通道颜色不可见，当数值为 100 时，色彩强度最大。当将"颜色平衡"特效添加到一个图层中时，在"效果控件"面板中会出现"颜色平衡"特效的相关参数，如图 7-33 所示。

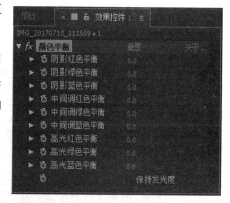

图7-33 "颜色平衡"特效的参数面板

"颜色平衡"特效的主要参数解释如下：

① 阴影红色平衡：用于定义红色通道中阴影部分的平衡程度。

② 阴影绿色平衡：用于定义绿色通道中阴影部分的平衡程度。

③ 阴影蓝色平衡：用于定义蓝色通道中阴影部分的平衡程度。

④ 中间调红色平衡：用于定义红色通道中中间调部分的平衡程度。

⑤ 中间调绿色平衡：用于定义绿色通道中中间调部分的平衡程度。

⑥ 中间调蓝色平衡：用于定义蓝色通道中中间调部分的平衡程度。

⑦ 高光红色平衡：用于定义红色通道中高光部分的平衡程度。

⑧ 高光绿色平衡：用于定义绿色通道中高光部分的平衡程度。

⑨ 高光蓝色平衡：用于定义蓝色通道中高光部分的平衡程度。

⑩ 保持放光度：勾选该复选框，将设置一个图像的整体平均亮度，保持图像的整体平衡。

图 7-34 所示为对图像使用"颜色平衡"特效进行调色前后的效果比较。

图7-34　对图像使用"颜色平衡"特效进行调色前后的效果比较

17. "颜色平衡（HLS）"特效

"颜色平衡（HLS）"特效通过调整色调、饱和度和明度对颜色的平衡度进行调节。该特效主要是为了和以前版本的 After Effects 兼容。当将"颜色平衡（HLS）"特效添加到一个图层中时，在"效果控件"面板中会出现"颜色平衡（HLS）"特效的相关参数，如图 7-35 所示。

"颜色平衡（HLS）"特效的主要参数解释如下：

① 色相：用于对图像中的色相进行调整。

② 亮度：用于对图像中的亮度进行调整。

③ 饱和度：用于对图像中的饱和度进行调整。

图7-35　"颜色平衡（HLS）"
特效的参数面板

图 7-36 所示为对图像使用"颜色平衡（HLS）"特效进行调色前后的效果比较。

图7-36　对图像使用"颜色平衡（HLS）"特效进行调色前后的效果比较

18. "颜色稳定器"特效

"颜色稳定器"特效可以根据周围的环境改变素材的颜色，可以设定采样颜色，整体调整画面颜色。当将"颜色稳定器"特效添加到一个图层中时，在"效果控件"面板中会出现"颜色稳定器"特效的相关参数，如图7-37所示。

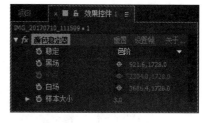

图7-37　"颜色稳定器"特效的参数面板

"颜色稳定器"特效的主要参数解释如下：

① 设置帧：将时间滑块定位在要设置"颜色稳定器"特效的帧上，单击该按钮即可设置"轴心帧"的位置。

② 稳定：用于定义不同的稳定类型。在右侧的下拉列表中有"亮度""色阶"和"曲线"3个选项供选择。选择"亮度"选项，将调整图层中所有帧的亮度平衡；选择"色阶"选项，将调整图层中所有帧的色阶平衡；选择"曲线"选项，将以曲线形式调整图层中所有帧的平衡。

③ 黑场：用于定义黑场（最暗的地方）所在 X 轴和 Y 轴的位置。

④ 中点：用于定义中间调所在 X 轴和 Y 轴的位置。

⑤ 白场：用于定义白场（最亮的地方）所在 X 轴和 Y 轴的位置。

⑥ 样本大小：用于定义取样的半径，单位为像素。

19. "色阶"特效

"色阶"特效用于将输入的颜色范围重新映射到输出的颜色范围，还可以改变灰度校正曲线，是所有用来调整图像通道的特效中最精确的工具。"色阶"特效调节灰度的好处是可以在不改变阴影区和高亮区的情况下改变灰度中间范围的亮度值。当将"色阶"特效添加到一个图层中时，在"效果控件"面板中会出现"色阶"特效的相关参数，如图 7-38 所示。

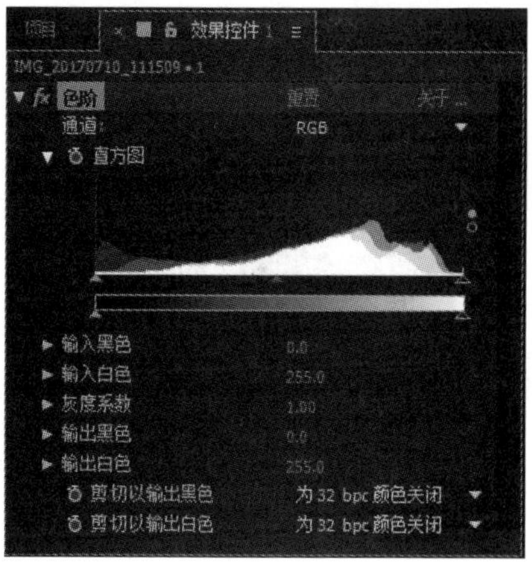

"色阶"特效的主要参数解释如下：

① 通道：用于定义要编辑的通道。在右侧下拉列表中有"RGB""红色""绿色""蓝色"和"Alpha"5 个通道供选择。

② 直方图：用于显示当前画面的色阶属性。

③ 输入黑色：用于定义输入图像黑场的极限值。

④ 输入白色：用于定义输入图像白场的极限值。

⑤ 灰度系数：用于定义输入图像 Gamma 数值的极限值。

⑥ 输出黑色：用于定义输出图像黑场的极限值。

⑦ 输出白色：用于定义输出图像白场的极限值。

⑧ 剪切以输出黑色：用于定义消减黑场的方式。

⑨ 剪切以输出白色：用于定义消减白场的方式。

图 7-39 所示为对图像使用"色阶"特效进行调色前后的效果比较。

图7-38　"色阶"特效的参数面板

20. "色相 / 饱和度"特效

"色相 / 饱和度"特效用于调整单个颜色分量的色相、饱和度和亮度。其效果与"颜色平衡"一样，但利用的是颜色相位调整轮进行控制。当将"色相 / 饱和度"特效添加到一个图层中时，在"效果控件"面板中会出现"色相／饱和度"特效的相关参数，如图 7-40 所示。

图7-39　对图像使用"色阶"特效进行调色前后的效果比较

"色相／饱和度"特效的主要参数解释如下：

① 通道控制：用于定义要进行控制的通道。在右侧下拉列表中有"主""红色""黄色""绿色""青色""蓝色"和"洋红"7 个选项供选择。

② 通道范围：用于设置色彩的范围。上面的色条表示调节前的延伸，下面的色条表示在全饱和度下调整后所对应的颜色。

③ 主色调：用于定义主色调的属性。

④ 主饱和度：用于定义主饱和度的属性。

⑤ 主亮度：用于定义主亮度的属性。

⑥ 彩色化：勾选该项，图像将被转换为单色效果。

⑦ 着色色相：用于调整转换为单色后的色相。该项只有在勾选"彩色化"复选框时才起作用。

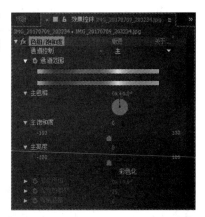

图7-40　"色相/饱和度"特效的参数面板

⑧ 着色饱和度：用于调整转换为饱和度后的色相。该项只有在勾选"彩色化"复选框时才起作用。

⑨ 着色亮度：用于调整转换为亮度后的色相。该项只有在勾选"彩色化"复选框时才起作用。

图 7-41 所示为对图像使用"色相／饱和度"特效进行调色前后的效果比较。

图7-41　对图像使用"色相/饱和度"特效进行调色前后的效果比较

21."通道混合器"特效

"通道混合器"特效可以用当前通道的值来修改一个彩色通道，从而产生其他颜色调整工具不易产生的效

果。"通道混合器"特效是通过设置每个通道的数据来产生高质量的灰
阶图，或者产生高质量的棕色调和其他色调的图像，而且可以在通道间
交换、复制信息。当将"通道混合器"特效添加到一个图层中时，在"效
果控件"面板中会出现"通道混合器"特效的相关参数，如图7-42所示。

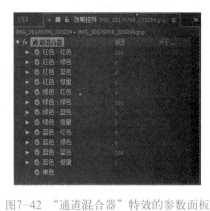

"通道混合器"特效的主要参数解释如下：

① X-X：左边和右边的 X 代表来自 RGB 通道的色彩信息，通过
不同组合可以调整图像的色彩。

② X-恒量：用于调整通道的对比度。

③ 单色：勾选该复选框后，图像将转换为灰阶图，也就是单色图像。

图7-42 "通道混合器"特效的参数面板

图 7-43 所示为对图像使用"通道混合器"特效进行调色前后的效果比较。

图7-43 对图像使用"通道混合器"特效进行调色前后的效果比较

22. "阴影/高光"特效

"阴影/高光"特效的功能与 Photoshop 中的"阴影/高光"
滤镜一样，专门处理画面的阴影和高光部分。当遇到强光照的环境时，
拍摄的画面因为取景的问题可能造成大面积逆光，如果使用别的调色
命令对暗部进行校正时，很可能会把画面已经很亮的地方调得更亮。
使用"阴影/高光"特效则可以很好地保护这些不需要调节的区域，
而只针对阴影和高光进行调整。当将"阴影/高光"特效添加到一个
图层中时，在"效果控件"面板中会出现"阴影/高光"特效的相关
参数，如图7-44所示。

"阴影/高光"特效的主要参数解释如下：

① 自动数量：勾选该复选框后，将使用软件自动计算的数值解
决图像背光的问题。

图7-44 "阴影/高光"特效的参数面板

② 阴影数量：用于定义图像中阴影部分的数量，数值越大，阴影部分越亮。其取值范围为 0 ~ 100。该
项只有在取消勾选"阴影数量"复选框时才可使用。

③ 高光数量：用于定义图像中高光部分的数量，数值越大，高光部分越暗。其取值范围为 0 ~ 100。该
项只有在取消勾选"阴影数量"复选框时才可使用。

④ 瞬时平滑（秒）：用于定义临时平衡，其取值范围为 0.00 ~ 10.00。该项只有在勾选"阴影数量"复

选框时才可使用。

⑤ 场景检测：用于对场景进行探测。该项只有在"临时平衡（秒）"不为0时才可使用。

⑥ 阴影色调宽度：用于定义阴影部分的色调范围，其取值范围为0～100。

⑦ 阴影半径：用于修改阴影部分影像的半径，数值越大，阴影部分就越亮。其取值范围为0～100。

⑧ 高光色调宽度：用于定义高光部分的色调范围，其取值范围为0～100。

⑨ 高光半径：用于修改高光部分影像的半径，数值越大，高光部分就越亮。其取值范围为0～100。

⑩ 颜色校正：用于对调整区域做彩色修改，该调整只作用于彩色图像。其数值越大，作用范围也越大。其取值范围为-100～100。

⑪ 中间调对比度：用于定义中间调的对比度，其取值范围为-100～100。

⑫ 修剪黑色：用于对图像中的黑场部分进行色阶的调整。数值越大，图像的对比度越大。其取值范围为0.0%～50.00%。

⑬ 修剪白色：用于对图像中的白场部分进行色阶的调整。数值越大，图像的对比度越大。其取值范围为0.0%～50.00%。

⑭ 与原始图像混合：用于定义效果和原图之间的混合程度。

图7-45所示为对图像使用"阴影／高光"特效进行调色前后的效果比较。

图7-45　对图像使用"阴影/高光"特效进行调色前后的效果比较

23. "灰度系数／基准／增益"特效

"灰度系数／基准／增益"特效用来调整每一个RGB独立通道的对应曲线值，这样可以分别对每种颜色进行输出曲线的控制。对于控制图像本身、图像与图像之间的色彩平衡能起到很好的效果。当将"增益"特效添加到一个图层中时，在"效果控件"面板中会出现"灰度系数／基准／增益"特效的相关参数，如图7-46所示。

图7-46　"灰度系数/基准/增益"特效的参数面板

"灰度系数／基准／增益"特效的主要参数解释如下：

① 黑色伸缩：用于重新设置黑色（暗调）的强度，其取值范围为1.0～4.0。

② 红色／绿色／蓝色灰度系数：用于定义红色／绿色／蓝色通道的灰度系数曲线值，其取值范围为0.0～32000.0。

③　红色／绿色／蓝色基值：用于定义红色／绿色／蓝色通道的最低输出值，其取值范围为 −32000.0 ～ 32000.0。

④　红色／绿色／蓝色增益：用于定义红色／绿色／蓝色通道的最大输出值，其取值范围为 −32000.0 ～ 32000.0。

图 7-47 所示为对图像使用"增益"特效进行调色前后的效果比较。

图7-47　对图像使用"增益"特效进行调色前后的效果比较

24. "照片滤镜"特效

"照片滤镜"特效用于校正色彩偏差，精确调整图层中轻微的颜色偏差。当拍摄时，如果需要特定的光线感觉，往往需要为摄像器材的镜头上加适当的滤光镜或偏正镜。如果在拍摄素材时没有合适的滤镜，则可以在后期利用"照片滤镜"特效进行补偿。当将"照片滤镜"特效添加到一个图层中时，在"效果控件"面板中会出现"照片滤镜"特效的相关参数，如图 7-48 所示。

"照片滤镜"特效的主要参数解释如下：

①　滤镜：用于定义要过滤掉的颜色。在右侧的下拉列表中有 18 种类型可供选择，如图 7-49 所示。

图7-48　"照片滤镜"特效的参数面板

图7-49　滤镜类型

②　颜色：用于在屏幕中选择要过滤掉的颜色。

③　密度：用于定义重新着色的强度，数值越大，重新着色的强度越大。

④　保持发光度：勾选该复选框后，将对图像中的亮度进行保护。此时可以在滤色的同时维持原来的明暗分布层次。

图 7-50 所示为对图像使用"照片滤镜"特效进行调色前后的效果比较。

图7-50 对图像使用"照片滤镜"特效进行调色前后的效果比较

25."更改为颜色"特效

"更改为颜色"特效的主要功能是用新的颜色来替换原始的颜色，并使用图像的色调、亮度和饱和度来调节色彩。当将"更改为颜色"特效添加到一个图层中时，在"效果控件"面板中会出现"更改为颜色"特效的相关参数，如图 7-51 所示。

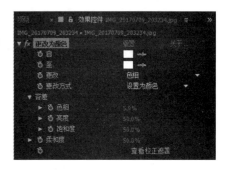

"更改为颜色"特效的主要参数解释如下：

① 自：用于定义图像中要替换的颜色。

② 至：用于定义图像中要替换到的颜色。

③ 更改：用于定义替换的方式，定义哪一个通道受特效的影响。

图7-51 "更改为颜色"特效的参数面板

在右侧的下拉列表中有"色调""色调与亮度""色调与饱和度"和"色调、亮度和饱和度"4 个选项供选择。如果选择"色相"选项，则色调通道受特效的影响，保持亮度和饱和度通道不变；如果选择"色相与亮度"选项，则色调和亮度通道受特效的影响，保持饱和度通道不变；如果选择"色相与饱和度"选项，则色调和饱和度通道受特效的影响，保持亮度通道不变；如果选择"色调、亮度和饱和度"选项，则色调、亮度和饱和度通道均受特效的影响。

④ 更改方式：用于定义替换颜色的方式。在右侧的下拉列表中有"设置为颜色"和"变换为颜色"两个选项供选择。如果选择"设置为颜色"选项，则会将原图中的像素颜色直接转换为目标颜色；如果选择"变换为颜色"选项，则会调用 HLS 的插值信息来将原图像的色彩转换为新的色彩。

⑤ 色相：用于定义色调调整时的容差范围。

⑥ 亮度：用于定义亮度调整时的容差范围。

⑦ 饱和度：用于定义饱和度调整时的容差范围。

⑧ 柔化：用于定义容差边缘的柔化程度。

⑨ 查看校正遮罩：勾选该复选框，将使用更改后颜色的灰度蒙版来观察色彩的变化程度和范围。

图 7-52 所示为对图像使用"更改为颜色"特效进行调色前后的效果比较。

26."自动色阶"特效

"自动色阶"特效可以自动设置高光和阴影，通过在每个存储白色和黑色的色彩通道中定义最亮和最暗的像素，可以按比例分布中间像素值。该特效能自动独立地分析每个色彩通道。当将"自动色阶"特效添加到一个图层中时，在"效果控件"面板中会出现"自动色阶"特效的相关参数，如图 7-53 所示。

图7-52　对图像使用"更改为颜色"特效进行调色前后的效果比较

"自动色阶"特效的主要参数解释如下：

① 瞬时平滑（秒）：用于设置围绕当前帧的持续时间，然后根据这个时间再去设置一系列对与周围帧有联系的当前帧的校正操作，单位为秒。例如，将"瞬时平滑（秒）"设为2秒，After Effects将针对当前帧的前面和后面1秒进行分析，然后确定一个适当色阶来调整当前帧。

② 场景侦测：勾选该项后，将根据"瞬时平滑（秒）"的数值忽略不同的场景中的帧。该项只有在"时间线定向平滑"数值不为0的情况下才可使用。

图7-53　"自动色阶"特效的参数面板

③ 修剪黑色：用于设置黑色像素的减弱程度，取值范围为0%～10%，默认为0.1%。

④ 修剪白色：用于设置白色像素的减弱程度，取值范围为0%～10%，默认为0.1%。

⑤ 与原始图像混合：用于设置调整后的图像和原图像的混合比例。

图7-54所示为对图像使用"自动色阶"特效进行调色前后的效果比较。

图7-54　对图像使用"自动色阶"特效进行调色前后的效果比较

27."自动对比度"特效

"自动对比度"特效可以自动分析图像中所有的对比度和混合的颜色，然后把最亮和最暗的像素点映射到图像中的白色和黑色中，从而使高光部分更亮，阴影部分更暗。该特效不能独立地分析各个通道的信息，也不能引入或移除颜色数值。当将"自动对比度"特效添加到一个图层中时，在"效果控件"面板中会出现"自动对比度"特效的相关参数，如图7-55所示。

图7-55　"自动对比度"特效的参数面板

"自动对比度"特效的参数与"自动色阶"特效的参数的解释相同，这里不再赘述。图 7-56 所示为对图像使用"自动对比度"特效进行调色前后的效果比较。

图7-56 对图像使用"自动对比度"特效进行调色前后的效果比较

28."自动颜色"特效

"自动颜色"特效的主要功能是分析图像的高光、中间色和阴影部分的颜色数值，然后对画面的颜色进行自动化处理。当将"自动颜色"特效添加到一个图层中时，在"效果控件"面板中会出现"自动颜色"特效的相关参数，如图 7-57 所示。

"自动颜色"特效与"自动色阶"特效的参数大体相同，只是增加了一个"对齐中性中间调"的参数选项。当勾选该复选框后，将确定一个接近中性色调的平均值，然后分析亮度数值，从而使整个图像色彩适中。

图 7-58 所示为对图像使用"自动对比度"特效进行调色前后的效果比较。

图7-57 "自动颜色"特效的参数面板

图7-58 对图像使用"自动颜色"特效进行调色前后的效果比较

7.2 实例讲解

本节将通过 3 个实例来讲解颜色校正特效在实际工作中的具体应用，旨在帮助读者能够理论联系实际，快速掌握利用颜色校正特效进行调色的相关知识。

7.2.1　湖光山色效果

要点

本例将利用图片调色制作出湖光山色的效果，如图 7-59 所示。通过本例的学习，应掌握亮度和对比度、曲线、色阶、色相 / 饱和度、色彩平衡、边角固定特效的综合应用。

(a) 原图　　　　　　　　　　　　　　　(b) 结果图

图7-59　湖光山色效果

操作步骤

① 启动 After Effects CC 2015，执行菜单中的"文件 | 导入 | 文件"命令，导入"原图 .jpg"和"Sky. jpg"素材图片。

② 创建一个与"原图 .jpg"图片等大的合成图像。将它拖到 ▣（新建合成）图标上，从而生成一个尺寸与素材相同的合成图像，然后将其重命名为"湖光山色"，如图 7-60 所示。

图7-60　"湖光山色"合成图像

③ 提高素材的对比度。选择"原图"层，执行菜单中的"效果 | 颜色校正 | 亮度和对比度"命令，给它添加一个"亮度和对比度"特效。然后在"效果控件"面板中设置参数，如图 7-61 所示，效果如图 7-62 所示。

图7-61　设置"亮度和对比度"参数　　　　　图7-62　设置"亮度和对比度"参数后的效果

④　通过"曲线"特效调整图像的色调。选择"原图"层，执行菜单中的"效果 | 颜色校正 | 曲线"命令，给它一个"曲线"特效。然后在"效果控件"面板中设置参数，如图 7-63 所示，效果如图 7-64 所示。

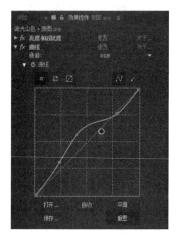

图7-63　调整"曲线"参数　　　　　　　图7-64　调整"曲线"参数后的效果

⑤　通过"四色渐变"特效调整图像不同位置的颜色。选择"原图"层，执行菜单中的"效果 | 生成 | 四色渐变"命令，给它一个"四色渐变"特效。然后在"效果控件"面板中设置参数，如图 7-65 所示，效果如图 7-66所示。

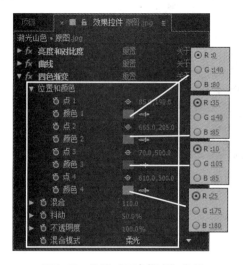

图7-65　设置"四色渐变"参数　　　　　图7-66　设置"四色渐变"参数后的效果

⑥　通过"色相／饱和度"特效调整细致调整图像的色彩。选择"原图"层，执行菜单中的"效果 | 颜色

校正｜色相／饱和度"命令，给它一个"色相／饱和度"特效。然后在"效果控件"面板中设置"主饱和度"为 −30，如图 7−67 所示，效果如图 7−68 所示。

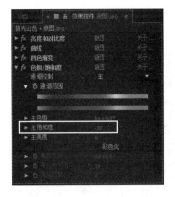

图7−67 设置"色相/饱和度"参数　　　　　　　　图7−68 设置"色相/饱和度"参数 后的效果

⑦ 利用"颜色平衡"特效，调整红色、绿色、蓝色的颜色值来为高亮区域和阴影区域之间添加自然过渡的效果。选择"原图"层，执行菜单中的"效果｜颜色校正｜色彩平衡"命令，给它一个"颜色平衡"特效。然后在"效果控件"面板中设置参数，如图 7−69 所示，效果如图 7−70 所示。

图7−69 设置"颜色平衡"参数　　　　　　　　图7−70 设置"颜色平衡"参数 后的效果

2. 调整出水的效果

① "选择"原图"层，然后按快捷键【Ctrl+D】，复制出一个副本。接着将其重命名为水，如图 7−71 所示。最后利用工具栏中的 （钢笔工具）绘制出水的区域，如图 7−72 所示。

图7−71 复制出"水"层　　　　　　　　图7−72 利用 （钢笔工具）绘制出水的区域

② 选择"水"层，然后在"效果控件"面板中调整"亮度和对比度""曲线"和"颜色平衡"的参数如图 7-73 所示，效果如图 7-74 所示。

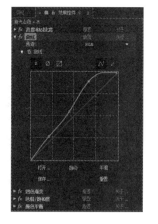

图7-73 调整"亮度和对比度""曲线"和"颜色平衡"的参数

图7-74 调整"亮度和对比度""曲线"和"颜色平衡"参数后的效果

3. 制作天空效果

① 从项目面板中将"Sky.jpg"拖入时间线面板，然后放置到"水"层的上方，并重命名为"天空"。

② 选择"天空"层，执行菜单中的"效果 | 扭曲 | 边角定位"命令，给它一个"边角定位"特效。然后在"效果控件"面板中设置参数，如图 7-75 所示，效果如图 7-76 所示。

图7-75 设置"边角定位"参数　　　　图7-76 设置"边角定位"参数后的效果

③ 调整蓝天的色调，使之与背景的色彩更好地融合。选择"天空"层，执行菜单中的"效果 | 颜色校正 |

曲线"命令，然后在"效果控件"面板中设置参数，如图 7-77 所示，效果如图 7-78 所示。

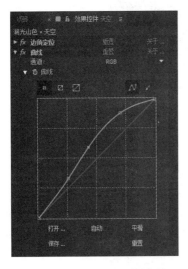

图7-77　调整"曲线"参数

图7-78　调整"曲线"参数后的效果

④　使用蒙版使蓝天与背景融合成与一个整体。选择"天空"层，　然后利用工具栏中的 （钢笔工具）绘制一个形状作为天空遮罩，如图 7-79 所示。接着按快捷键【M】两次，显示出"蒙版 1"属性，再将"蒙版羽化"值设为 60.0 像素，如图 7-80 所示，效果如图 7-81 所示。最后将"天空"层的混合模式改为"相乘"，如图 7-82 所示，效果如图 7-83 所示。

图7-79　利用 （钢笔工具）绘制一个形状作为天空蒙版

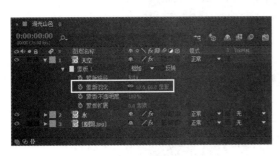

图7-80　将"蒙版羽化"值设为60.0像素

图7-81　调整"蒙版羽化"值后的效果

图7-82 将"天空"层的混合模式设为"相乘"

图7-83 将"天空"层的混合模式设为"相乘"后的效果

4. 制作水中的天空倒影效果

① 选择"天空"层，按快捷键【Ctrl+D】，复制出一个副本，然后将其重命名为"天空倒影"。

② 选择"天空倒影"层，按快捷键【S】，显示出"缩放"属性，然后将其比例设置为（100%，−100%），从而翻转天空。接着将"天空倒影"层的混合模式设置为"柔光"，如图7-84所示，效果如图7-85所示。

图7-84 将"天空倒影"层的混合模式设置为"柔光"

图7-85 将"天空倒影"层的混合模式设置为"柔光"后的效果

③ 至此，利用调色制作出的湖光山色制作完毕。执行菜单中的"文件 | 保存"命令，将文件进行保存。然后执行菜单中的"文件 | 整理工程（文件） | 收集文件"命令，将文件进行打包。

7.2.2 水墨画效果

要点

本例将利用一副彩色图片制作水墨画效果，如图 7-86 和图 7-87 所示。通过本例的学习，应掌握色阶、中间值、色相 / 饱和度、查找边缘、线性颜色键、发光、亮度和对比度特效、遮罩和图层混合模式的应用。

图7-86　原图　　　　　　　　　　　图7-87　水墨画效果

操作步骤

1. 制作"水墨画"合成图像

① 启动 After Effects CC 2015，执行菜单中的"文件 | 导入 | 文件"命令，导入"原图 .jpg"图片。

② 创建一个与"原图 .jpg"图片等大的合成图像。将它拖到 ▣（新建合成）图标上，从而生成一个尺寸与素材相同的合成图像，如图 7-88 所示。

③ 重命名合成图像。在"项目"面板中选择该合成图像，如图 7-88 所示，然后按【Enter】键，将其命名为"水墨画"，如图 7-89 所示。

图7-88　选择合成图像　　　　　　　　图7-89　重命名合成图像

④ 提高素材的对比度。选择"原图"层，执行菜单中的"效果 | 颜色校正 | 色阶"命令，给它添加一个"色阶"特效。然后在"效果控件"面板中设置参数，如图 7-90 所示，效果如图 7-91 所示。

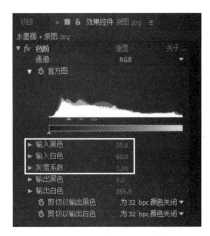

图7-90　设置"色阶"参数

图7-91　调整"色阶"参数后的效果

⑤ 使画面呈现色块的效果。执行菜单中的"效果｜杂色和颗粒｜中间值"命令，给它添加一个"中间值"特效。然后在"效果控件"面板中设置参数如图7-92所示，效果如图7-93所示。

图7-92　设置"中间值"参数

图7-93　调整"中间值"参数后的效果

提示

该步骤十分关键，水墨画的最终水墨效果主要靠这一步来实现。

⑥ 再次提高素材的对比度。再次执行菜单中的"效果｜颜色校正｜色阶"命令，给它添加一个"色阶"特效。然后在"效果控件"面板中设置参数如图7-94所示，效果如图7-95所示。

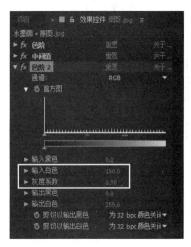

图7-94　设置"色阶"参数

图7-95　调整"色阶"参数后的效果

⑦　调整饱和度，形成淡彩效果。执行菜单中的"效果 | 颜色校正 | 色相 / 饱和度"命令，给它添加一个"色相 / 饱和度"特效。然后在"效果控件"面板中设置参数如图 7-96 所示，效果如图 7-97 所示。

图7-96　设置"色相/饱和度"参数

图7-97　调整 "色相/饱和度"参数后的效果

⑧　制作线描效果。将"项目"面板中的"原图 .jpg"拖入"时间线"面板，放置到最上方，并将该层命名为"原图 2"。然后执行菜单中的"效果 | 风格化 | 查找边缘"命令，给它添加一个"查找边缘"特效。接着在"效果控件"面板中设置参数，如图 7-98 所示，效果如图 7-99 所示。

图7-98　设置"查找边缘"参数

图7-99　调整"查找边缘"参数后的效果

⑨　制作图层混合效果。将"原图 2"层的混合模式改为"相乘"，如图 7-100 所示，效果如图 7-101 所示。

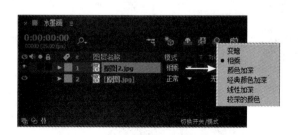

图7-100　将"原图2"的层混合模式设为"相乘"

图7-101　"相乘"效果

⑩ 降低图像的色相饱和度。选择"原图 2"层，执行菜单中的"效果|颜色校正|色相／饱和度"命令，给它添加一个"色相／饱和度"特效。然后在"效果控件"面板中设置参数如图 7-102 所示，效果如图 7-103 所示。

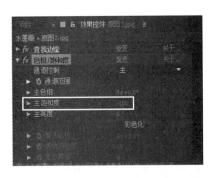

图7-102　设置"色相/饱和度"参数　　　　　　图7-103　调整"色相/饱和度"参数后的效果

⑪ 对画面进行抠白处理，只留下黑色线条。选择"原图 2"层，执行菜单中的"效果|键控|线性颜色键"命令，给它添加一个"线性颜色键"特效。然后在"效果控件"面板中设置参数如图 7-104 所示，效果如图 7-105 所示。

图7-104　设置"线性颜色键"参数　　　　　　图7-105　调整"线性颜色键"参数后的效果

⑫ 制作线条周围水晕效果。选择"原图 2"层，执行菜单中的"效果|风格化|发光"命令，给它添加一个"发光"特效。然后在"效果控件"面板中设置参数如图 7-106 所示，效果如图 7-107 所示。

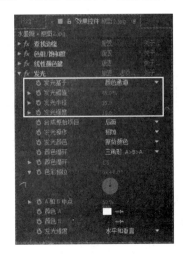

图7-106　设置"发光"参数　　　　　　　　图7-107　调整"发光"参数后的效果

⑬ 此时水晕效果不明显，需要增强此效果。选择"原图 2"层，按快捷键【Ctrl+D】，从而复制一个"原图 2"层，然后将其命名为"水晕"层，接着在"效果控件"面板中调整"发光"特效参数，如图 7-108 所示，效果如图 7-109 所示。此时"时间线"面板如图 7-110 所示。

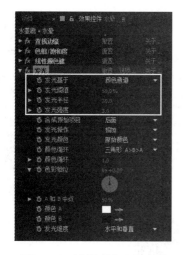

图7-108　设置"发光"参数

图7-109　调整"发光"参数后的效果

图7-110　"时间线"面板

2. 制作"最终效果"合成图像

① 选择"项目"面板中的"水墨画"合成图像，将它拖到 ▣（新建合成）图标上，从而生成一个尺寸与素材相同的合成图像，然后将其命名为"最终效果"。

② 执行菜单中的"文件 | 导入 | 文件"命令，导入"宣纸 .jpg""印章 .jpg"和"题词 .jpg"素材图片，然后将它们拖入"时间线"面板，调整位置并设置它们的图层混合模式均为"相乘"，如图 7-111 所示，效果如图 7-112 所示。

图7-111　"时间线"面板

图7-112　组合图像

 提示

将图层混合模式设置为"相乘"是为了去除图片上的白色区域。

③ 制作画面的羽化效果。选择"水墨画"图层，单击工具栏中的 （钢笔工具），绘制蒙版图形，如图 7-113 所示。然后在"时间线"面板中调节蒙版的参数，如图 7-114 所示，效果如图 7-115 所示。

图7-113　绘制蒙版图形

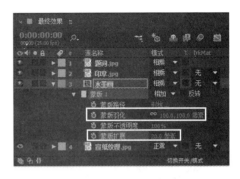

图7-114　设置蒙版参数

图7-115　羽化蒙版效果

④ 调节画面对比度，使画面更加清晰。选择"水墨画"图层，执行菜单中的"效果|颜色校正| 亮度和对比度"命令，给它添加一个"亮度和对比度"特效。然后在"效果控件"面板中设置参数，如图 7-116 所示，效果如图 7-117 所示。

图7-116　设置"亮度和对比度"参数

图7-117　调整"亮度和对比度"参数后的效果

⑤ 执行菜单中的"文件|保存"命令，将文件进行保存。然后执行菜单中的"文件|收集文件"命令，将

文件进行打包。

提示

单帧图片的水墨画效果在Photoshop中同样可以完成，而After Effects CC 2015的优势在于可以制作动画的水墨画效果。

7.2.3　水中倒影效果

要点

本例将利用 After Effects CC 2015 自身的特效，制作天空中飘动的白云以及动态的水中倒影效果，如图 7-118 所示。通过本例的学习，应掌握"分形杂色""色阶""色调""线性颜色键""快速模糊"和"置换图"特效的综合应用。

图7-118　水中倒影效果

操作步骤

1. 制作天空中飘动的白云效果

① 启动 After Effects CC 2015，执行菜单中的"合成|新建合成"命令，在弹出的对话框中设置参数，如图 7-119 所示，单击"确定"按钮。

② 创建"黑色 固态层 1"。执行菜单中的"图层|新建|纯色"命令，在弹出的"纯色设置"对话框中设置"名称"为"黑色 固态层 1"，单击"制作合成大小"按钮，如图 7-120 所示，单击"确定"按钮，从而新建一个与合成图像等大的固态层。

图7-119　设置合成图像参数　　　　　　　　　图7-120　设置纯色参数

③ 选择新建的"黑色 固态层1"，然后执行菜单中的"效果|杂色和颗粒|分形杂色"命令，在"效果控件"面板中设置相关参数，并在第0帧记录"偏移（湍流）"和"演化"的关键帧参数，如图7-121所示，效果如图7-122所示。接着在第4秒24帧设置"偏移（湍流）"和"演化"的关键帧参数，如图7-123所示，效果如图7-124所示。此时时间线中的关键帧分布如图7-125所示。

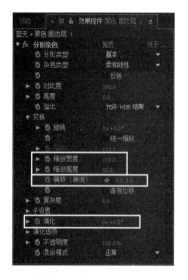

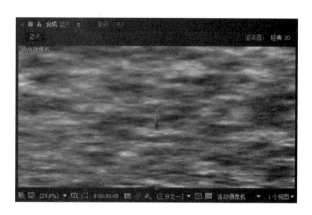

图7-121　在第0帧记录"偏移（湍流）"和"演化"的关键帧　　　图7-122　在第0帧的"分形杂色"效果

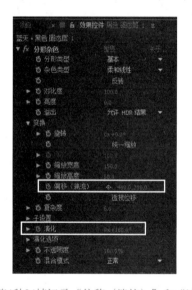

图7-123　在第4秒24帧记录"偏移（湍流）"和"演化"的关键帧　　图7-124　在第4秒24帧的"分形杂色"效果

图7-125　关键帧分布

④ 增强噪波的明暗对比度。执行菜单中的"效果|颜色校正|色阶"命令，然后在"效果控件"面板中设置参数，如图7-126所示，效果如图7-127所示。

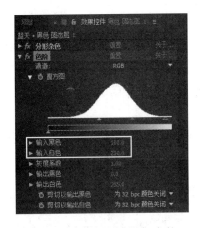

图7-126　设置"色阶"参数

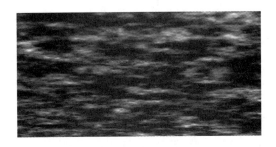

图7-127　设置"色阶"参数后的效果

⑤ 调整出蓝天的颜色。执行菜单中的"效果|颜色校正|色调"命令，然后在"效果控件"面板中设置参数，如图 7-128 所示，效果如图 7-129 所示。

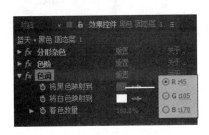

图7-128　设置"色调"参数

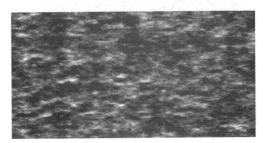

图7-129　设置"色调"参数后的效果

⑥ 在时间线中打开"黑色 固态层 1"的三维显示开关，然后设置"位置"为（1000，500，−1500），"X 轴旋转"为 0x+52.5，如图 7-130 所示，效果如图 7-131 所示。

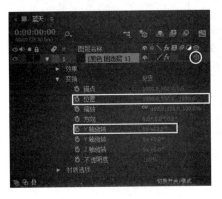

图7-130　设置"位置"和"X轴旋转"参数

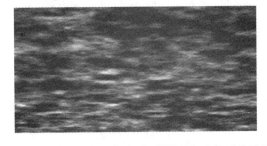

图7-131　设置"位置"和"X轴旋转"参数后的效果

⑦ 此时按【0】键，预览动画，即可看到天空中飘动的白云效果，如图 7-132 所示。

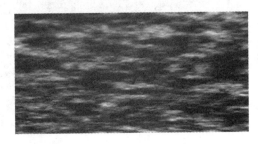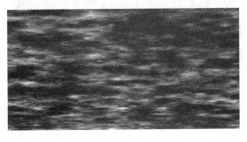

图7-132　天空中飘动的白云效果

2. 制作飘动的白云下的别墅效果

① 在"项目"面板中将"蓝天"合成图像拖动到 ■（新建合成）按钮上，从而复制出一个合成图像，然后将复制后的合成图像重命名为"蓝天下的别墅"。

② 导入别墅素材。执行菜单中的"文件|导入|文件"命令，在弹出的对话框中选择"背景.jpg"图片，单击"打开"按钮，将其导入到"项目"面板中。

③ 从"项目"面板中将"背景.jpg"图片拖入"时间线"面板，并放置到顶层，如图7-133所示，此时画面效果如图7-134所示。

图7-133 将"背景.jpg"图片拖入时间线，并放置到顶层

图7-134 画面效果

④ 去除素材中的蓝色天空。选择"背景.jpg"层，执行菜单中的"效果|键控|线性颜色键"命令，然后在"效果控件面板"中单击 ■ 按钮，如图7-135所示，再在素材的蓝色位置处单击，即可去除天空中的蓝色部分，如图7-136所示。此时透过去除后的天空可以看到底层飘动的白云，效果如图7-137所示。

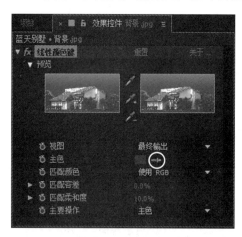

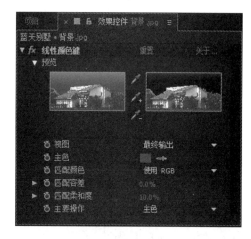

图7-135 将"背景.jpg"图片拖入时间线，并放置到顶层

图7-136 去除素材中的蓝色天空

图7-137 透过去除后的天空看到底层的白云效果

3. 制作"水波参考"合成图像

① 执行菜单中的"合成 | 新建合成"命令，在弹出的对话框中设置参数，如图 7-138 所示，单击"确定"按钮。

② 创建"黑色固态层 2"。执行菜单中的"图层|新建|纯色"命令，在弹出的"纯色设置"对话框中，设置"名称"为"黑色 固态层 2"，"宽"为"5000 像素"，"高"为"2000 像素"，如图 7-139 所示，单击"确定"按钮。

图7-138 设置合成图像参数

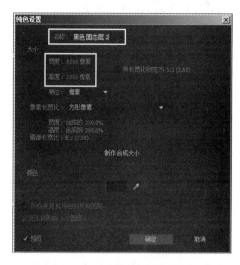

图7-139 设置固态层参数

③ 选择"黑色 固态层 2"，执行菜单中"效果|杂色和颗粒|分形杂色"命令，然后在"效果控件"面板中设置参数，并记录第 0 帧的关键帧参数，如图 7-140 所示，效果如图 7-141 所示。接着记录第 4 秒 24 帧的关键帧参数，如图 7-142 所示，效果如图 7-143 所示。此时"时间线"面板中的关键帧分布如图 7-144 所示。

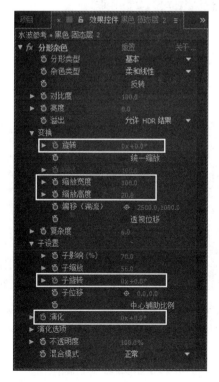

图7-140 在第0帧设置关键帧参数

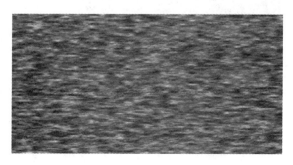

图7-141 在第0帧设置关键帧参数后的效果

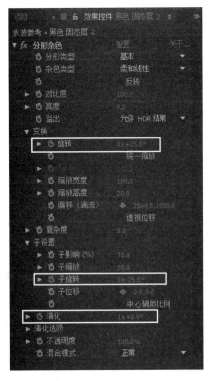

图7-142　在第4秒24帧设置关键帧参数

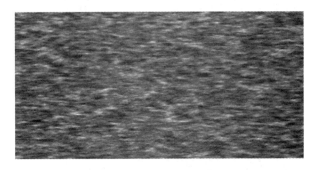

图7-143　在第4秒24帧设置关键帧参数后的效果

图7-144　"时间线"面板中的关键帧分布

④ 在时间线中打开"黑色 固态层 2"的三维显示开关，然后设置"位置"为（1000，690，−900），"缩放"为（100%，55%，100%），"X 轴旋转"为 0x−50.0°，如图 7-145 所示，效果如图 7-146 所示。

图7-145　设置"位置"、"缩放"和"X轴旋转"参数

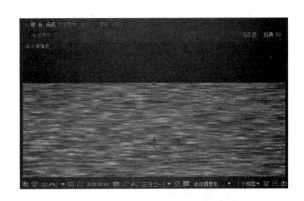

图7-146　设置"位置"、"缩放"和"X轴旋转"参数后的效果

4. 制作水中倒影

① 执行菜单中的"合成｜新建合成"命令，在弹出的对话框中设置参数，如图 7-147 所示，单击"确定"

按钮。

图7-147　设置合成图像参数

②　从"项目"面板中将"水波参考"和"蓝天别墅"拖入"水中倒影"合成图像中，如图 7-148 所示。然后将"蓝天别墅"适当上移，使其底部与"水波参考"相连接，效果如图 7-149 所示。

图7-148　时间线分布

图7-149　调整"水波参考"和"蓝天别墅"的位置关系

③　选择"蓝天别墅倒影"层，按快捷键【Ctrl+D】复制一个副本。然后将其重命名为"蓝天别墅倒影"，接着按快捷键【S】，显示出"缩放"属性，再将其比例调整为（100%，-100%），如图 7-150 所示，从而颠倒图像。最后将颠倒后的图像向下移动到合适的位置，效果如图 7-151 所示。

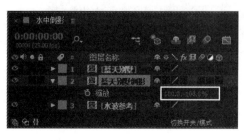

图7-150　调整缩放属性

图7-151　颠倒图像后的效果

④ 制作倒影垂直方向上的模糊效果。选择"蓝天别墅倒影"层，执行菜单中的"效果 | 模糊和锐化 | 快速模糊"命令，然后在"效果控件"面板中设置参数，如图 7-152 所示，效果如图 7-153 所示。

图7-152　设置"快速模糊"参数　　　　　　　　图7-153　设置"快速模糊"参数后的效果

⑤ 制作水中倒影在水波中的扭曲效果。选择"蓝天别墅倒影"层，执行菜单中的"效果 | 扭曲 | 置换图"命令，然后在"效果控件"面板中设置参数，如图 7-154 所示，效果如图 7-155 所示。

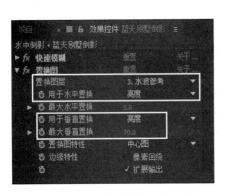

图7-154　设置"置换图"参数　　　　　　　　图7-155　设置"置换图"参数后的效果

⑥ 至此，动态的水中倒影效果制作完毕。按【0】键，预览动画，效果如图 7-156 所示。

图7-156　跳动的文字效果

⑦ 执行菜单中的"文件 | 保存"命令，将文件进行保存。然后执行菜单中的"文件 | 整理工程（文件）| 收集文件"命令，将文件进行打包。

课 后 练 习

① 利用图 7-157 所示的 "image.tif" 图片，制作图 7-158 所示的调色效果。参数可参考 "练习 1.aep" 文件。

图7-157　image.tif

图7-158　练习1效果

② 利用图 7-159 所示的 "练习 2" 中的相关素材制作图 7-160 所示的水墨画效果。参数可参考 "练习 2.aep" 文件。

图7-159　素材

图7-160　练习2效果

文字效果 **第8章**

在 After Effects CC 2015 中，利用软件提供的比较完整的文字功能，基本上可以对文字进行较为专业的处理。 同时 After Effects CC 2015 还提供了相当专业的动画处理功能。通过本章的学习，读者应掌握文字的输入、编辑和动画处理的方法。

8.1 文字工具和面板

在多媒体制作方面，文字是一个重要的对象。After Effects CC 2015 有很强的文字创建功能，并能对文字添加特效，从而制作出创意文字效果。在 After Effects CC 2015 中创建的文字是以层的形式存在的，创建文字层有以下两种方法：

① 执行菜单中的"图层|新建|文本"命令，建立文字层。

② 利用工具栏中的 T （横排文字工具）或 IT （直排文字工具）在"合成"面板中单击，建立文字层。

与文字层设置的相关面板有"字符"面板 和"段落"面板，如图 8-1 所示。利用"字符"面板可以对文字的属性进行相应的调整，其中包括调整文字的字体、字号等；利用"段落"面板可以对文字段落的对齐方式和缩进方式进行调整。

图8-1 "字符"面板 和"段落"面板

8.2　路 径 文 字

在 After Effects CC 2015 中采用普通的文字编辑状态，只能进行水平和垂直文字的编排，这种文字编排方式并不能适应所有的效果要求，而利用 After Effects CC 2015 提供了路径文本的功能则可以使文字沿着路径的形态进行编排。

8.2.1　创建路径文字

创建路径文字的具体操作步骤如下：

① 在"合成"面板中输入相应的文字，如图 8-2 所示。

② 在"时间线"面板中找到该文字对象的"路径选项"，然后选择"路径"选项，如图 8-3 所示。

图8-2　在"合成"面板中输入文字　　　　　　　图8-3　选择"路径"选项

③ 利用工具栏中的 ✐（钢笔工具）在"合成"面板中绘制路径，如图 8-4 所示。

图8-4　绘制路径

④ 在"时间线"面板中找到"路径"选项，然后在右侧的下拉列表中选择"蒙版 1"，如图 8-5 所示，此时文字将会吸附在路径上，如图 8-6 所示。

图8-5　选择"蒙版1"　　　　　　　　　　　　图8-6　路径文字效果

8.2.2　调整路径文字

创建路径文字的方式比较简单，所使用的路径可以是开放路径也可以是封闭的路径。当给文字添加了相应的路径后，可以在"路径选项"中查看并调整相应的设置属性。

1. 重新定义路径

重新定义路径的具体操作步骤如下：

① 在"时间线"面板中选择"路径"选项。

② 在"合成"面板中重新绘制一个路径，如图8-7所示。

图8-7　重新绘制一个路径

③ 在"时间线"面板"路径"选项的下拉列表中选择"蒙版2"，如图8-8所示，即可将文字定义到新的路径上，如图8-9所示。

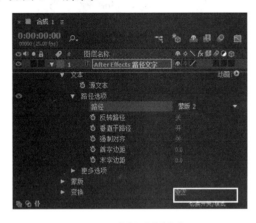

图8-8　选择"蒙版2"

图8-9　将文字定义到新的路径上

2. 反转路径

在一般情况下，路径文本中的文字将被放置在路径的上方，如图8-10所示。如果要将文字放置到路径的下方，可以在"时间线"面板中找到"反转路径"选项，单击"关"参数，使之变为"开"状态，如图8-11所示，此时文字和路径的关系将发生反转，如图8-12所示。

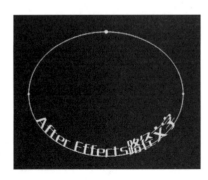

图8-10　文字位于路径的上方

图8-11　使"反转路径"处于"开"状态

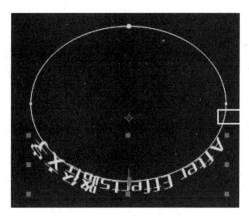

图8-12　"反转路径"的效果

3．调整文字角度

在默认情况下，路径文字中每一个文字的角度都是按照路径的形态进行分布的，如图 8-13 所示。如果要调整文字的角度，使文字始终处于垂直状态，则可以在"时间线"面板中找到"垂直于路径"选项，单击"开"参数，使之变为"关"状态，如图 8-14 所示，此时文字将处于垂直状态，如图 8-15 所示。

图8-13　文字按照路径的形态进行分布

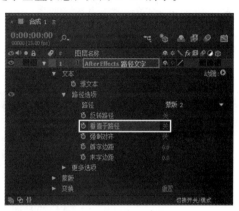

图8-14　使"垂直于路径"处于"关"状态

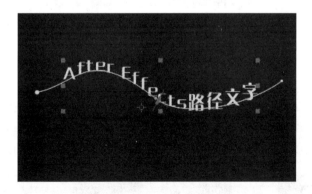

图8-15　文字将处于垂直状态

4．对齐路径

在一般情况下，路径文字中的文字间距是按照默认数值进行设定的，是不铺满整个路径的，如果要让路径中的文字铺满整个路径，则可以在"时间线"面板中找到"强制对齐"选项，单击"关"参数，使之变为"开"状态，如图 8-16 所示，此时文字将自动调整间距铺满整个路径，如图 8-17 所示。

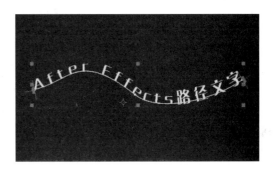

图8-16　使"强制对齐"处于"开"状态　　　　图8-17　文字铺满整个路径

5．调整文字开始和结束的位置

在默认的情况下，路径文字的开始位置是与相应路径的开始结点对齐的。如果需要自由调整路径文字在路径上的分布，可以在"时间线"面板中找到"开始留白"和"最后留白"两个选项，调整相应的参数，即可精确控制文字在路径上的位置。此外还可以在"合成"面板中拖动鼠标来调整文字的起始位置。

8.2.3　路径文字的高级设置

在 After Effects CC 2015中，除了可以设置上述的一般路径文字的属性，还可以在图 8-18 所示的"更多选项"中设置"锚点分组"等高级属性。

图8-18　"更多选项"参数

1．设置锚点分组类型

默认情况下，路径中的文字是按照单个字符进行位置变换的，从而实现了每个字符都贴近路径的效果。但为了实现一些特殊效果，After Effects CC 2015 还提供了不同锚点分组的设置，从而使文字贴近路径的方式多样化。在"时间线"面板的"更多选项"下"锚点分组"右侧有"字符""词""行"和"全部"4个选项可供选择，图 8-19 所示为选择不同选项的效果比较。

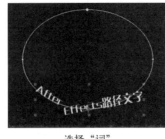
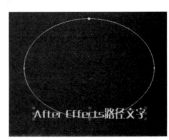

选择"字符"　　　　　　　　　　选择"词"　　　　　　　　选择"行"和"全部"

图8-19　选择不同的"锚点分组"的效果比较

2．设置锚点位置

在默认情况下，锚点都是在相应的分组的中心位置上，在设置了路径文字的锚点分组后，如果要调整锚点的位置，可以在"时间线"面板中调整"分组对齐"选项的两个百分比参数，从而重新定义相应的锚点位置，如图 8-20 所示。

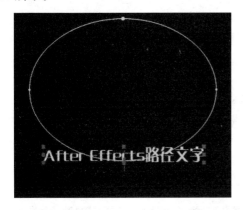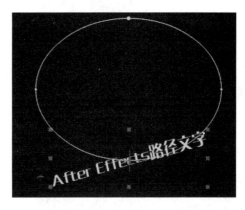

图8-20　调整锚点位置前后的效果比较

3．调整填充和描边

当路径文字定义了描边颜色和宽度后，可以通过在"时间线"面板中展开"更多选项"，找到"填充和描边"，然后在右侧的下拉列表中调整填充与描边属性。该下拉列表中有"每字符调板""全部描边在全部填充之上"和"全部填充在全部描边之上"3 个选项供选择。

4．调整字符的混合模式

当要调整路径文字中的字符混合模式时，可以在"时间线"面板中展开"更多选项"，找到"字符间混合"，然后在右侧的下拉列表中选择不同的混合模式即可。

8.3　文字动画模块操作

在 After Effects CC 2015 中为文字提供了一系列的动画属性，如图 8-21 所示。用户通过简单的设置即可完成绚丽的动画效果。

8.3.1　添加文字动画属性

下面以添加"位置"属性为例，讲解一下添加文字动画属性的方法。添加文字"位置"动画属性的具体操作步骤如下：

① 在"合成"面板中创建文字"Adobe After Effects CC"，如图 8-22 所示。

② 在"时间线"面板中选择文字层，然后在文字层的"文字"项右侧单击"动画"后的■按钮，从弹出的快捷菜单中选择"位置"选项，如图 8-23 所示，此时在"时间线"面板中会出现一个"动画 1"动画属性，如图 8-24 所示。

③ 单击"动画 1"右侧"添加"右侧的■按钮，从弹出的快捷菜单中选择"选择器|摆动"命令，如图 8-25 所示，此时在"动画 1"下会添加一个"摆动选择器 1"的属性，如图 8-26 所示。

④ 将"摆动选择器"下的"位置"右侧的参数调整为（0.0,100.0），如图 8-27 所示，此时预览动画，即可看到相应的位置动画效果，如图 8-28 所示。

图8-21　动画属性

图8-22　创建文字"Adobe After Effects CC"

图8-23　选择"位置"选项

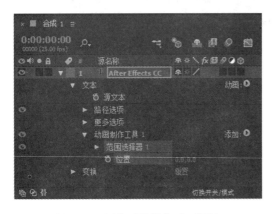

图8-24　添加"位置"动画属性

图8-25　选择"选择器|摆动"命令

图8-26　添加"摆动控制器1"的属性

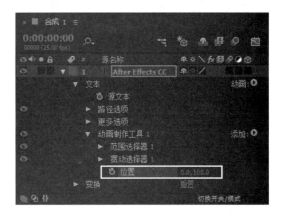

图8-27　将"位置"右侧的参数调整为（0.0，100.0）

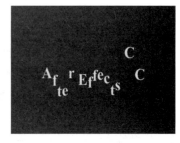

图8-28　添加"位置"动画属性后的动画效果

8.3.2　文字动画预设

在 After Effects CC 2015 中预置了多种文字动画，用户可以方便的调用这些预置，从而快速制作出相应的动画效果。调用文字动画预置的具体操作步骤如下：

① 在"时间线"面板中选择文字层。

② 执行菜单中的"动画 | 将动画预设应用于"命令，然后在弹出的图 8-29 所示的"打开"对话框中选择要预置的动画文件，单击"打开"按钮即可（这些文件位于 After Effects CC 2015 软件安装目录下"Presets|Text"中）。

图8-29　选择要预置的动画文件

8.4　实 例 讲 解

本节将通过 3 个实例来讲解颜色校正特效在实际工作中的具体应用，旨在帮助读者能够理论联系实际，快速掌握利用颜色校正特效进行调色的相关知识。

8.4.1　跳动的文字效果

　要点

本例将利用 After Effects CC 2015 自身的特效，制作多个散乱的带有光效的字母在屏幕中晃动，然后逐渐减小晃动幅度直至停止，整齐排列成一行，同时光效消失的效果，如图 8-30 所示。通过本例的学习，应掌握"文字"工具、"动画"命令以及"分形杂色""CC 放射状快速模糊"和"色阶"特效的综合应用。

图8-30　跳动的文字效果

操作步骤

1. 制作文字跳动的动画

① 启动 After Effects CC 2015，执行菜单中的"合成 | 新建合成"命令，在弹出的对话框中设置参数，如图 8-31 所示，单击"确定"按钮。

② 创建文字。执行菜单中的"图层 | 新建 | 文本"命令，然后在"字符"面板中设置参数，如图 8-32 所示，接着在合成图像中输入白色文字"After Effects CC"，如图 8-33 所示。

③ 制作文字从右下方逐一移动到画面中央的效果。方法：展开"After Effects CC"文字层，然后单击"动画"右侧的 按钮，从弹出的快捷菜单中选择"位置"命令，如图 8-34 所示，从而为其添加一个"动画 1"动画属性。然后将"位置"设置为（200.0,260.0）。接着在第 1 秒处，单击"位置"前的 按钮，记录动画关键帧，将"偏移"设置为 0%，如图 8-35 所示。最后在第 3 秒，将"偏移"设置为 100%，如图 8-36 所示。此时预览动画，会看到文字从右下方逐一移动到画面中央的效果，如图 8-37 所示。

图8-31　设置合成图像参数

图8-32　设置字符参数

图8-33　输入白色文字"After Effects CC"

图8-34　选择"位置"命令

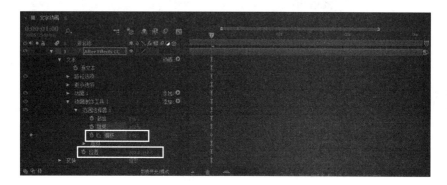

图8-35　将"偏移"设置为0%

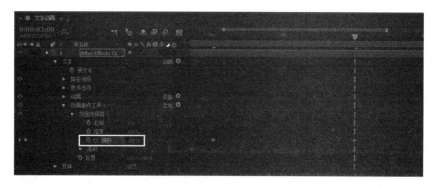

图8-36　将"偏移"设置为100%

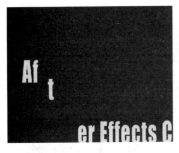

图8-37　文字从右下方逐一移动到画面中央的效果

④ 制作文字的晃动效果。单击"添加"右侧的 按钮，从弹出的快捷菜单中选择"选择器 | 摆动"命令，如图 8-38 所示，从而为其添加一个"摆动"动画属性。然后设置参数如图 8-39 所示。此时预览即可开到文字在开始时被打乱并在屏幕中部和下部晃动，然后在第 3 秒"偏移"为 100% 时，才从左到右移动到画面中部并停止晃动，如图 8-40 所示。

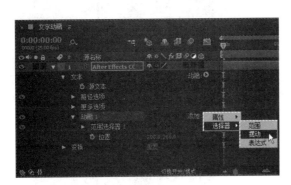

图8-38　选择"摆动"命令

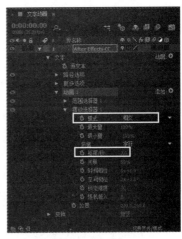

图8-39　设置"摆动"参数

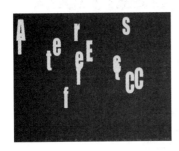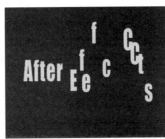

图8-40　设置"摆动"参数后的预览效果

⑤ 为了增强动感效果，选择"After Effects CC 2015"层，按快捷键【Ctrl+D】，复制出一个文字层，再将其"位置"修改为（200.0，-260.0）。此时预览动画，会看到文字在屏幕的中部和下部晃动，然后逐渐移动到画面中部停止晃动的效果，如图 8-41 所示。

2. 制作文字光芒的动画

① 创建"最终"合成图像。执行菜单中的"合成 | 新建合成"命令，在弹出的对话框中设置参数，如图 8-42 所示，单击"确定"按钮。

② 创建背景。执行菜单中的"图层 | 新建 | 纯色"命令，新建一个"名称"为"背景"，"颜色"为黑色，大小与合成图像等大的固态层。然后执行菜单中的"效果 | 杂色和颗粒 | 分形杂色"命令，在"效果控件"面

板中设置参数，如图 8-43 所示，效果如图 8-44 所示。

 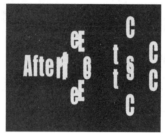 

图8-41　复制文字层后的预览效果

图8-42　设置合成图像参数

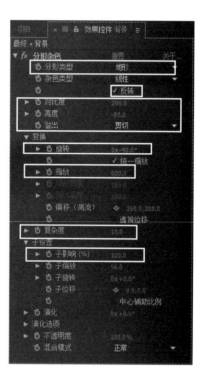

图8-43　设置"分形杂色"的参数

图8-44　设置"分形杂色"参数后的效果

③　从"项目"面板中将"文字动画"拖入"最终"合成图像中，然后执行菜单中的"效果|模糊和锐化|CCRadial Fast Blur"命令，在"效果控件"中将"数量"设置为95，如图 8-45 所示，效果如图 8-46 所示。

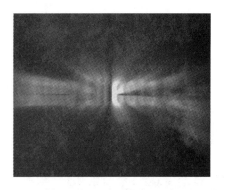

图8-45 设置"CCRadial Fast Blur"的参数　　　　图8-46 设置"CCRadial Fast Blur"参数后的效果

④ 选择"文字动画"层，然后执行菜单中的"效果|颜色校正|色阶"命令，然后在"效果控件"中设置参数如图 8-47 所示，效果如图 8-48 所示。

图8-47 设置"色阶"的参数　　　　　　　图8-48 设置"色阶"参数后的效果

⑤ 执行菜单中的"图层|新建|纯色"命令，新建一个"名称"为"噪波"，"颜色"为黑色，大小与合成图像等大的固态层。然后将"文字动画"层重命名为"文字光效蒙版"，再将"噪波"层放置到"文字光效蒙版"层的下方，设置"模式"为"相加"，"轨道蒙版"为"Alpha 遮罩'文字光效蒙版'"，如图 8-49 所示。接着从项目面板中将"文字动画"拖入"最终"合成图像中，并放置到顶层，如图 8-50 所示。

图8-49 设置"噪波"层的"模式"和"轨道蒙版"属性

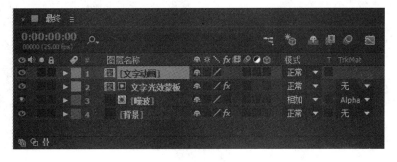

图8-50 将"文字动画"拖入"最终"合成图像中，并放置到顶层

⑥ 选择"噪波"层，然后执行菜单中的"效果|杂色和颗粒|分形杂色"命令，在"效果控件"面板中设置相关参数，并在第0帧记录"旋转""偏移（湍流）""复杂度""子旋转""子位移"和"演化"的关键帧，如图8-51所示，效果如图8-52所示。接着在第4秒24帧记录"旋转""偏移（湍流）""复杂度""子旋转""子位移"和"演化"的关键帧，如图8-53所示，效果如图8-54所示。此时"时间线"面板分布如图8-55所示。

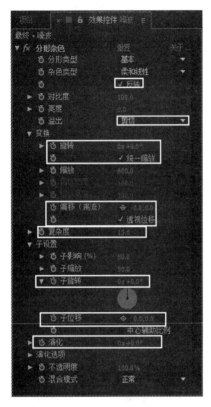

图8-51　在第0帧设置"分形杂色"的参数

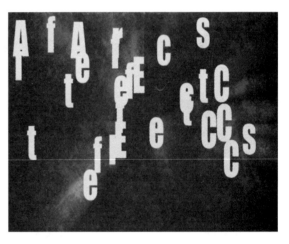

图8-52　在第0帧设置"分形杂色"的参数后的效果

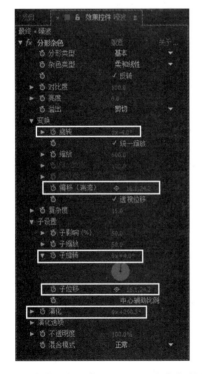

图8-53　在第4秒24帧设置"分形杂色"的参数

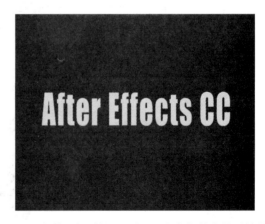

图8-54　在第4秒24帧设置"分形杂色"的参数后的效果

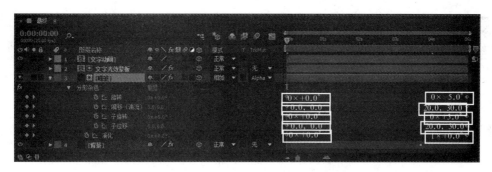

图8-55 "时间线"面板

⑦ 此时播放动画会发现光芒的颜色为白色，下面将光芒调整为蓝色。选择"噪波"层，然后执行菜单中的"效果｜颜色校正｜三色调"命令，在"效果控件"面板中设置参数，如图8-56所示，此时预览动画即可看到蓝色的光芒，效果如图8-57所示。

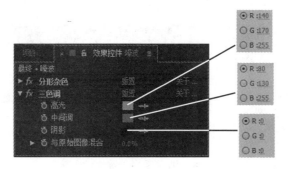

图8-56 设置"三色调"的参数

 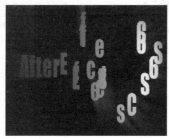 

图8-57 预览效果

⑧ 此时文字四周的蓝色光芒自始至终存在，而我们需要蓝色光芒在文字停止跳动后逐渐消失，下面就来制作这个效果。选择"噪波"层，然后按快捷键【T】，显示出其"透明度"属性，接着分别在第3秒和第4秒记录关键帧，将第3秒的"透明度"设置为100%，第4秒的"透明度"设置为0%，如图8-58所示。此时预览动画即可看到第3秒之后光芒逐渐消失的效果，如图8-59所示。

图8-58 设置透明度

第3秒

第3秒15帧

第4秒

图8-59　预览效果

3. 添加灯光效果

① 将所有图层的三维开关打开，如图8-60所示。然后执行菜单中的"图层|新建|摄像机"命令，在弹出的对话框中进行设置，如图8-61所示，单击"确定"按钮。此时"时间线"面板分布如图8-62所示。

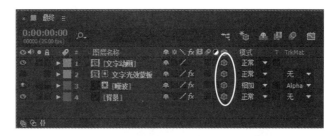

图8-60　打开三维开关

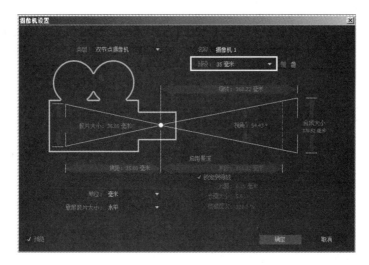

图8-61　设置摄像机参数

图8-62　"时间线"面板

② 执行菜单中的"图层 | 新建 | 照明"命令，然后在弹出的"照明设置"对话框中设置参数，如图8-63所示，单击"确定"按钮，新建"照明1"灯光。接着在"时间线"面板中设置"照明1"的"目标兴趣点"和"位置"参数，如图8-64所示。

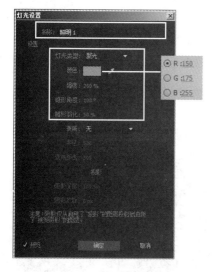

图8-63　设置照明参数

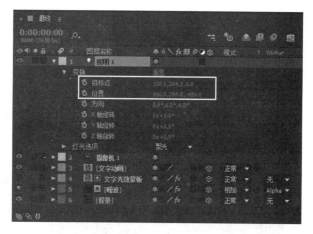

图8-64　设置"目标兴趣点"和"位置"参数

③ 至此，跳动的文字效果制作完毕。按【0】键，预览动画，效果如图8-65所示。

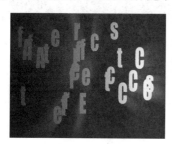

图8-65　跳动的文字效果

④ 执行菜单中的"文件 | 保存"命令，将文件进行保存。然后执行菜单中的"文件 | 整理工程（文件）| 收集文件"命令，将文件进行打包。

8.4.2　路径文字动画效果

要点

本例制作跳动的文字效果，如图 8-66 所示。通过本例的学习，应掌握 After Effects CC 2015 自身的"路径文字""残影"特效、Light Factory 外挂特效和图层混合模式的应用。

www.chinadv.com.cn

图8-66　跳动的文字

操作步骤

1. 制作"路径文字"合成图像

① 启动 After Effects CC 2015，执行菜单中的"合成│新建合成"命令，创建一个新的合成图像。然后在弹出的"合成设置"对话框中设置参数，如图 8-67 所示，单击"确定"按钮，完成设置。

② 绘制文字运动的路径。执行菜单中的"图层│新建│纯色"命令，新建一个固态层。然后使用工具栏中的 （钢笔工具）绘制如图 8-68 所示的路径。

图8-67 设置合成图像参数

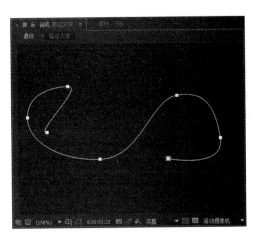

图8-68 创建文字运动的路径

提示

一定要保证图8-68中所标记的结点的贝兹曲线是水平的，而且方向是水平向右的，这样才可以保证文字最后是从左到右水平排列的。

③ 创建路径文本。选择固态层，执行菜单中的"效果│过时│路径文本"命令，给它添加一个"路径文本"特效。然后在弹出的"路径文本"对话框中输入文字"www.chinadv.com.cn"，如图 8-69 所示。然后在"效果控件"面板中调节字符的颜色、大小、字间距等参数，如图 8-70 所示。

图8-69 输入文字

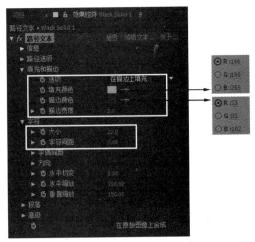

图8-70 设置文字属性

④ 将刚才绘制的路径指定给文字。展开"路径选项"，参数设置如图 8-71 所示，效果如图 8-72 所示。

⑤ 拖动时间线，此时文字是静止的，下面制作文字沿路径运动动画。展开"段落"选项，分别在第 0 帧和第 30 帧设置"左边距"关键帧参数，如图 8-73 所示。

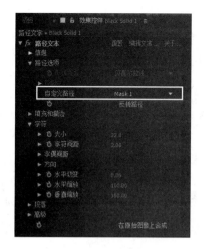

图8-71　设置"自定义路径"为"Mask1"

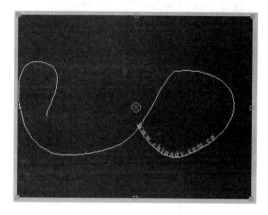

图8-72　将绘制的路径指定给文字效果

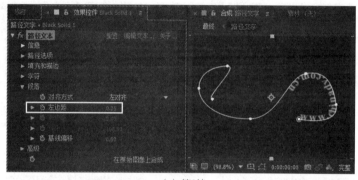

(a) 第0帧

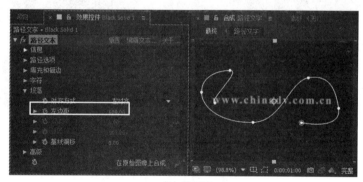

(b) 第30帧

图8-73　分别在第0帧和第30帧设置"左边距"关键帧参数

⑥ 设置文字的起伏变化。展开"高级"选项，设置"抖动设置"的参数，如图 8-74 所示，效果如图 8-75 所示。

 提示

　　"抖动设置"共有4个参数设置，各参数作用如下：

　　• 基线抖动最大值：定义字母键上下错位的最大数值。

　　• 字偶间距抖动最大值：定义字母间字间距的最大数值。

　　• 旋转抖动最大值：定义字母旋转的最大数值。

　　• 缩放抖动最大值：定义字母缩放的最大数值。

　　⑦ 此时文字从开始到结束一直抖动，而我们需要的是文字开始抖动，最后水平静止。分别在第 30 帧（即 1 秒）和第 35 帧设置"抖动设置"中相应关键帧参数，如图 8-76 所示，效果如图 8-77 所示。

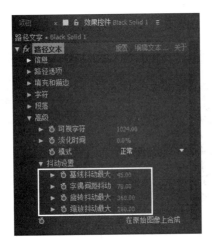

图8-74　设置抖动参数

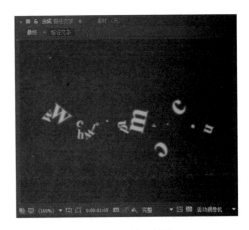

图8-75　抖动效果

图8-76　分别在第30帧和第35帧设置"抖动设置"关键帧参数

(a) 第30帧

(b) 第35帧

图8-77　在第30帧和第35帧的文字效果

⑧ 此时文字出现有些唐突，下面制作文字由小变大逐渐出现的效果。展开"字符"选项，在第0帧设置"大小"的数值为"0.0"，如图 8-78 所示。然后在第 30 帧设置"大小"的数值为"22.0"，如图 8-79 所示。

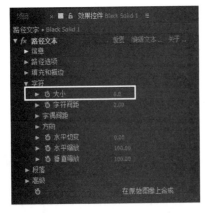

图8-78　在第0帧设置"大小"的数值为0

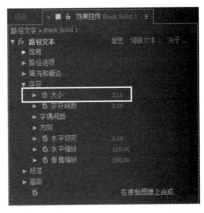

图8-79　在第30帧设置"大小"的数值为22

⑨　在"预览"面板中单击▶（播放）按钮（按【0】键），预览动画，效果如图 8-80 所示。

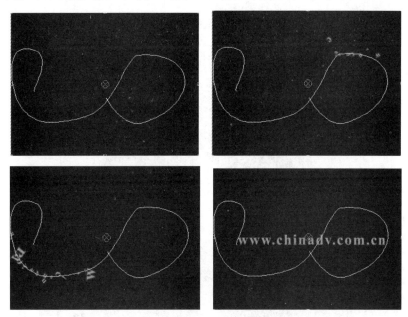

图8-80　预览效果

⑩　为了真实，下面制作文字的运动模糊效果。在"时间线"面板上激活运动模糊按钮，然后打开运动模糊开关，如图 8-81 所示，效果如图 8-82 所示。

图8-81　打开运动模糊开关

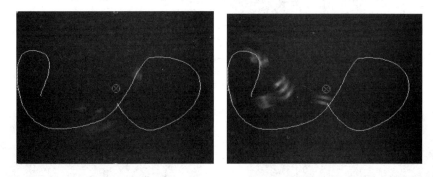

图8-82　运动模糊效果

2. 制作 Comp2 合成图像

①　新建合成图像。执行菜单中的"合成｜新建合成"命令，创建一个 320 像素 ×240 像素，持续时间为 2 秒，名称为"最终"的合成图像。

②　新建固态层。执行菜单中的"图层｜新建｜纯色"命令，新建一个 320×240 像素的固态层。

③　选择该固态层，执行菜单中的"效果｜knoll light factory｜Light Factory"命令，给它添加一个

Light Factory 特效，效果如图 8-83 所示。

图8-83　默认的Light Factory EZ（EZ光工厂）效果

④ 此时光效不是我们所需要的，下面调整参数将光照中心点放置到固态层中心位置，如图 8-84 所示。

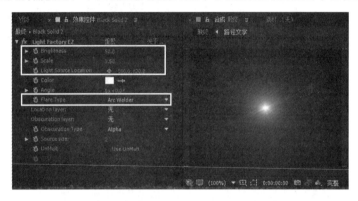

图8-84　将光照中心点调整固态层中心位置

⑤ 为了增加背景的动感，下面制作光芒旋转一周的效果。分别在第 0 秒和第 2 秒设置"Angle（角度）"的关键帧，如图 8-85 所示，效果如图 8-86 所示。

图8-85　设置"Angle(角度)"的关键帧

(a) 第0帧　　　　　　　　　　　　　　　　(b) 第30帧

图8-86　不同关键帧的效果

⑥　将"路径文字"合成图像从"项目"面板中拖入"时间线"面板，选择"路径文字"图层，然后在图层混合模式下拉列表中选择"相加"模式，设置如图 8-87 所示，效果如图 8-88 所示。

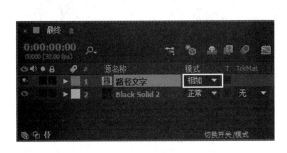

图8-87　将层混合模式设为"相加"　　　　　　图8-88　"相加"模式效果

⑦　制作文字运动过程中的拖影效果。选择"时间线"面板中的"路径文字"图层，执行菜单中的"效果 | 时间 | 残影"命令，给它添加一个"残影"特效。然后在弹出的"效果控件"面板中设置参数，如图 8-89 所示，效果如图 8-90 所示。

图8-89　设置"残影"参数　　　　　　图8-90　残影效果

> **提示**
>
> 　　"残影"特效在层的不同时间点上合成关键帧，对前后帧进行混合，产生拖影或运动模糊的效果。该特效对静止图片没有效果。其参数作用如下：
>
> - 残影时间（秒）：以秒为单位值控制两个反射波间的时间，负值是在时间方向上向后退；正值向前移动。绝对值越大，反射的帧范围也就越广。需要注意的是，一般情况下，我们只在前后几帧间进行融合，该数值不宜设置过高。
> - 残影数量：该控制反射波效果组合的帧数。
> - 起始强度：该参数控制反射波序列中，开始帧的强度。
> - 衰减：该控制后续反射波的强度比例。
> - 残影运算符：反射方式。指定用于反射的运算方式。
> - 缩放抖动最大值：定义字母缩放的最大数值。

⑧　按【0】键，预览动画，效果如图 8-91 所示。

⑨　执行菜单中的"文件 | 保存"命令，将文件进行保存。然后执行菜单中的"文件 | 整理工程（文件） | 收集文件"命令，将文件进行打包。

图8-91　最终效果

8.4.3　金属字和玻璃字效果

要点

本例将制作金属字的动画效果，如图 8-92 所示。通过本章学习应掌握利用 "字符" 面板设置文字参数，"梯度渐变" "斜面 Alpha" "曲线" 特效，关键帧动画和图层混合模式的应用。

图8-92　金属字和玻璃字效果

操作步骤

1. 创建金属文字效果

① 启动 After Effects CC 2015，执行菜单中的 "合成 | 新建合成" 命令，创建一个新的合成图像，然后在弹出的 "合成设置" 对话框中设置参数，如图 8-93 所示，单击 "确定" 按钮，完成设置。

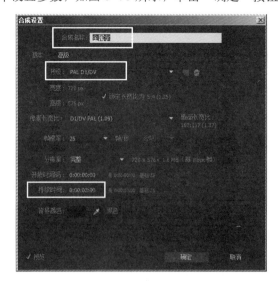

图8-93　设置合成图像参数

② 创建文字。执行菜单中的 "图层 | 新建 | 文本" 命令，然后在 "合成" 面板中输入 "原创动画"，接着在 "字符" 面板中设置参数，如图 8-94 所示，效果如图 8-95 所示。

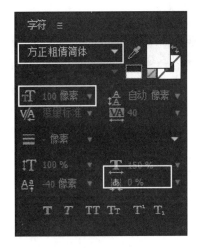

图8-94　设置文本参数　　　　　　　　　图8-95　输入文字

③　对文字进行渐变处理。在"时间线"面板中，选择上一步新建的文字图层，执行菜单中的"效果｜生成｜梯度渐变"命令，给它添加一个"梯度渐变"特效。然后在"效果控件"面板中设置参数，如图 8-96 所示，效果如图 8-97 所示。

图8-96　设置"梯度渐变"参数　　　　　图8-97　设置"梯度渐变"参数后的效果

提示

这一步的目的是给字制作金属质感明暗关系变化。因为金属表面的反射率很高，用此效果来模拟反射高线的明暗程度。

④　对文字进行立体处理。选择"原创动画"层，执行菜单中的"效果｜透视｜斜面 Alpha"命令，给它添加一个"斜面 Alpha"特效。然后在"效果控件"面板中设置参数，如图 8-98 所示，效果如图 8-99 所示。

图8-98　设置"斜面Alpha"参数　　　　　图8-99　调整"斜面Alpha"后的效果

🖳 提示

使用 "斜面Alpha" 效果的目的使字变得立体感强一些，在效果属性控制中，可以调整用来模拟现实世界中的灯光的强度、灯光照射的方向、凸起的厚度，以此来实现三维效果。

⑤ 对文字进行曲线处理。选择 "原创动画" 层，执行菜单中的 "效果｜颜色校正｜曲线" 命令，给它添加一个 "曲线" 特效；然后在 "效果控件" 面板中，展开曲线栏，在值图中增加 3 个控制点，并调整控制点的位置，如图 8-100 所示，效果如图 8-101 所示。

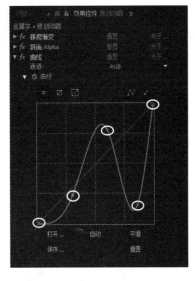

图8-100　调整控制点的位置

图8-101　调整 "曲线" 后的效果

⑥ 在 "时间线" 面板中，选择 "原创动画" 层，按快捷键【Ctrl+D】两次，从而复制出 "原创动画 2" 和 "原创动画 3"，如图 8-102 所示。

图8-102　复制出 "原创动画2" 和 "原创动画3"

⑦ 选择 "原创动画 3" 层，然后在 "效果控件" 面板中调整 "梯度渐变" 参数，如图 8-103 所示，效果如图 8-104 所示。

图8-103　调整 "梯度渐变" 参数

图8-104　调整 "梯度渐变" 参数后的效果

⑧ 选择 "原创动画 3" 层，在 "效果控件" 面板中调整 "斜面 Alpha" 参数，如图 8-105 所示。然后分别在第 0 帧和第 2 秒 24 帧录制 "灯光角度" 关键帧参数，如图 8-106 所示，效果如图 8-107 所示。

图8-105　调整"斜面Alpha"参数

图8-106　分别在第0帧和第2秒24帧录制"原创动画3"层的"灯光角度"关键帧参数

第 0 帧

第 2 秒 24 帧

图8-107　分别在第0帧和第2秒24帧的效果

⑨　选择"原创动画3"层，在"效果控件"面板中调整"曲线"参数，如图8-108所示，效果如图8-109所示。

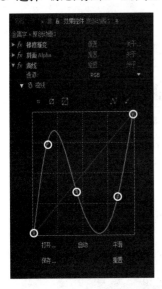

图8-108　调整"曲线"参数

图8-109　调整"曲线"参数后的效果

⑩　同理，选择"原创动画2"层，然后在"效果控件"面板中分别在第0帧和第2秒24帧录制"斜面Alpha"特效的"灯光角度"关键帧参数，如图8-110所示。

提示

　　第8步与第10步的目的是通过分别改变"灯光角度"的值，改变灯光照射的方向，从而改变字体的阴影与高光的交互变化，产生光影流动的效果。

图8-110 分别在第0帧和第2秒24帧录制"原创动画2"层的"照明角度"关键帧参数

⑪ 在时间线窗口中，打开层模式面板，分别将"原创动画3""原创动画2"的层模式设为"柔光"模式与"相加"模式，设置如图8-111所示，效果如图8-112所示。

图8-111 调整层模式　　　　　　　　　　　　图8-112 调整层模式后的效果

⑫ 至此，金属字制作完毕。下面为了便于观看，为其施加一个彩色的背景。执行菜单中的"图层|新建| 纯色"命令，在弹出的对话框中设置参数，如图8-113所示，单击"制作合成大小"按钮，再单击"确定"按钮。然后将"背景"层放置到最底层，如图8-114所示，效果如图8-115所示。

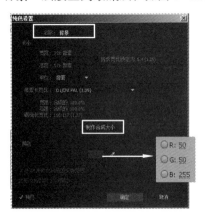

图8-113 设置"背景"层参数　　　　　　　图8-114 将"背景"层放置到最底层

图8-115 金属字效果

2. 创建玻璃字效果

玻璃字效果是通过重组合成图像来完成的。

① 单击"背景"层前的█图标，将其进行隐藏，如图8-116所示。

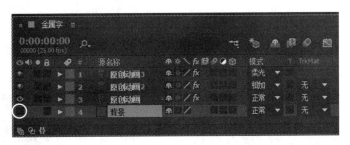

图8-116　隐藏背景层

② 执行菜单中的"合成 | 新建合成"命令，创建一个新的合成图像，然后在弹出的"合成设置"对话框中设置参数，如图 8-117 所示，单击"确定"按钮，完成设置。

③ 从"项目"面板中将"金属字"拖入"玻璃字"合成图像的时间线中，如图 8-118 所示。

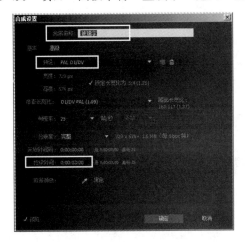

图8-117　设置合成图像参数

图8-118　将"金属字"拖入"玻璃字"合成图像

④ 新建蓝色固态层，然后将其放置到最底层。接着将"金属字"层的层模式改为"屏幕"，如图 8-119 所示。此时即可看到玻璃字效果，如图 8-120 所示。

图8-119　改变层模式

图8-120　玻璃字效果

⑤ 至此，玻璃字效果制作完毕，按【0】键，预览动画。

⑥ 执行菜单中的"文件 | 保存"命令，将文件进行保存。然后执行菜单中的"文件 | 整理工程（文件） | 收集文件"命令，将文件进行打包。

课 后 练 习

① 制作图 8-121 所示的金属字和玻璃字效果。参数可参考"练习 1.aep"素材文件。

金属字　　　　　　　　　　　　　　玻璃字

图8-121　练习1效果

② 制作图 8-122 所示的跳动的文字效果。参数可参考"练习 2.aep"素材文件。

图8-122　练习2效果

扭曲和生成效果 第9章

本章重点

　　"扭曲"特效组中的特效是在不损坏图像质量的前提下对图像进行拉长、扭曲、挤压等操作，从而模拟出 3D 空间的效果，提供画面的立体感觉。"生成"特效组中的特效可以为图像添加各种各样的填充图像或纹理，如图像、渐变等，同时也可以对音频添加一定的特效和渲染效果。通过本章的学习，读者应掌握 After Effects CC 2015 中有关扭曲和生成效果方面的相关知识和具体应用。

9.1 扭 曲 特 效

　　After Effects CC 2015 的扭曲特效组中包括"CC Bend It""CC Bender"、"CC Blobbylize""CC Flo Motion""CC Griddler""CC Lens""CC Page Turn""CC Power Pin""CC Ripple Pulse""CC Slant""CC Smear""CC Split""CC Split2""CC Tiler""保留细节放大""贝塞尔曲线变形""边角定位""变换""变形""变形稳定器 VFX""波纹""波形变形""放大""改变形状""光学补偿""果冻效应修复""极坐标""镜像""偏移""球面化""凸出""湍流置换""网格变形""旋转扭曲""液化""置换图"和"漩涡条纹"37 种特效，如图 9-1 所示。下面就来讲解其中常用的有代表性的几种特效。

1. "CC Page Turn" 特效

　　"CC Page Turn"特效可以模拟出卷页效果，而且可以制作出相应的动画。将"CC Page Turn"特效添加到一个图层中时，在"效果控件"面板中会出现"CC Page Turn"特效的相关参数，如图 9-2 所示。此时默认的"CC Page Turn"特效的效果如图 9-3 所示。

　　"CC Page Turn"特效的主要参数解释如下：

　　① Controls：用于定义卷页不同的控制方式。

　　② Fold　Position：用于定义卷页在 X 轴和 Y 轴的位置。

　　③ Fold　Direction：用于定义图像折叠的方向角度。

　　④ Fold　Radius：用于定义折叠部分的半径，数值越大，折叠的弯曲部分越平滑。

　　⑤ Light Direction：用于定义效果中光照的方向角度。

　　⑥ Render：用于定义效果中显示的部分。在右侧的下拉列表中有"正面＆背面"、"背面"和"正面"3 各选项供选择。当选择"正面＆背面"选项时，将显示前面和背

CC Bend It
CC Bender
CC Blobbylize
CC Flo Motion
CC Griddler
CC Lens
CC Page Turn
CC Power Pin
CC Ripple Pulse
CC Slant
CC Smear
CC Split
CC Split 2
CC Tiler
保留细节放大
贝塞尔曲线变形
边角定位
变换
变形
变形稳定器 VFX
波纹
波形变形
放大
改变形状
光学补偿
果冻效应修复
极坐标
镜像
偏移
球面化
凸出
湍流置换
网格变形
旋转扭曲
液化
置换图
漩涡条纹

图9-1 "扭曲"特效组

面的图像；当选择"背面"选项时，将只显示背面的图像；当选择"正面"选项时，将只显示前面的图像。

⑦ Back Page：用于选择卷页背面的图像内容。

⑧ Back Opacity：用于定义背面图像中的不透明度。

⑨ Page Color：用于定义卷页背面的颜色。

图9-2 "CC Page Turn"特效的参数面板

图9-3 添加"CC Page Turn"特效前后的效果比较

2. "CCBlobbylize"特效

"CCBlobbylize"特效可以在图像的基础上添加点滴状的效果，可以将图像中的纹理模拟为塑料包装的效果。当将"CCBlobbylize"特效添加到一个图层中时，在"效果控件"面板中会出现"CCBlobbylize"特效的相关参数，如图9-4所示。"CCBlobbylize"特效的效果如图9-5所示。

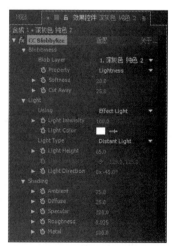

"CCBlobbylize"特效的主要参数解释如下。

① Blob Layer：用于定义效果图层的纹理，可以选中其他图层，也可以选中本身图层作为纹理。

② Property：用于定义效果制作的属性依据，在右侧的下拉列表中有"Red""Green""Blur""Alpha""Luminance"和"Lightness"6个选项供选择。

③ Softness：用于定义纹理效果的平滑度。数值越大，纹理越平滑。

④ Cut Away：用于删除部分图像效果。数值越大，删除的部分越多。

⑤ Using：用于定义在效果中使用的灯光类型，在右侧的下拉列表中有"效果灯光"和"AE灯光（需要ccfx HD）"两个选项供选

图9-4 "CCBlobbylize"特效的参数面板

择。当选择"效果灯光"选项时，将采用该效果中的灯光设置；当选择"AE 灯光（需要 ccfx HD）" 选项时，将采用软件中设置的灯光效果。

原图

"CC 融化溅落"效果

图9-5　添加"CCBlobbylize"特效前后的效果比较

⑥ Light Intensity：用于定义效果中的光照的亮度，数值越大，亮度越大。

⑦ Light Color：用于定义照射图像的灯光颜色。

⑧ Light Type：用于定义照射图像的灯光类型。在右侧的下拉列表中有"平行光"和"点光源"两个选项可供选择。

⑨ Light Height：用于定义灯光的高度，数值越大，照射图像的面积越大。

⑩ Light Position：用于定义灯光在 X 轴和 Y 轴的位置。该项只有在选择"点光"灯光类型的情况下才可使用。

⑪ Light Direction：用于定义灯光和图像之间的角度。该项只有在选择"平行光"灯光类型的情况下才可使用。

⑫ Ambient：用于定义周围环境中阴影的数量，数值越大，阴影部分越多。

⑬ Diffuse：用于定义阴影部分的扩散程度，数值越大，扩散的程度越大。

⑭ Specular：用于定义阴影部分的尺寸，数值越大，阴影部分的面积越大，可以将相应的光照部分也覆盖阴影。

⑮ Roughness：用于定义阴影部分的粗糙程度，数值越大，阴影效果将会越淡。

⑯ Metal：用于定义图像效果中金属质感的数量，数值越小，金属质感越低。

3. "CC Lens"特效

"CC Lens"特效可以将图像模拟成一个透过透镜进行查看的效果。当将"CC Lens"特效添加到一个图层中时，在"效果控件"面板中会出现"CC Lens"特效的相关参数，如图 9-6 所示。"CC Lens"特效的效果如图 9-7 所示。

"CC Lens"特效的主要参数解释如下：

① Center：用于定义透镜效果的中心在 X 轴和 Y 轴的位置。

② Size：用于定义透镜效果的尺寸。

③ Convergence：用于定义透镜效果中图像的集中程度，数值越大，图像越集中。

图9-6　"CC Lens"特效的参数面板

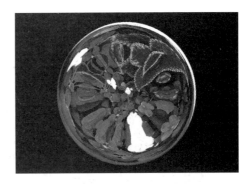

图9-7　添加"CC Lens"特效前后的效果比较

4. "波形变形"特效

"波形变形"特效的主要功能是生成波纹抖动效果，而且在不创建关键帧的情况下，就能生成均匀抖动的动画。当将"波形变形"特效添加到一个图层中时，在"效果控件"面板中会出现"波形变形"特效的相关参数，如图9-8所示。默认"波形变形"特效的效果如图9-9所示。

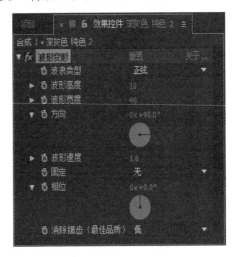

图9-8　"波形变形"特效的参数面板

图9-9　添加"波形变形"特效前后的效果比较

"波形变形"特效的主要参数解释如下：

① 波浪类型：用于定义波纹的类型。在右侧的下拉列表中有"正弦""正方形""三角形""锯齿""圆周""半圆形""逆向圆周""噪波"和"平滑噪波"9个选项供选择。

② 波形高度：用于定义波纹的高度。

③ 波形宽度：用于定义波纹的宽度。

④ 方向：用于定义波纹方向的角度。

⑤ 波形速度：用于定义波纹的运动方式。正值是从左到右运动，负值是从右到左运动。

⑥ 固定：用于定义效果固定的位置。在右侧的下拉列表中有"无""全部边缘""居中""左侧边缘""顶部边缘""右侧边缘""底部边缘""水平边缘"和"垂直边缘"9 个选项供选择。

⑦ 相位：用于定义水平移动波纹的效果。

⑧ 消除锯齿（最佳品质）：用于定义不同的渲染质量。在右侧的下拉列表中有"低""中"和"高"3 个选项供选择。

5. "极坐标"特效

"极坐标"特效的主要功能是将图像的直角坐标习与极坐标系互相转换来产生扭曲的效果。当将"极坐标"特效添加到一个图层中时，在"效果控件"面板中会出现"极坐标"特效的相关参数，如图 9-10 所示。

图9-10　"极坐标"特效的参数面板

"极坐标"特效的主要参数解释如下：

① 差值：用于定义变形的幅度，数值越大，变形的效果越明显。

② 转换类型：用于定义不同的转换方式。在右侧的下拉列表中有"极线到矩形"和"矩形到极线"两个选项可供选择。图 9-11 所示为选择不同选项的效果比较。

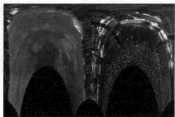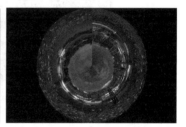

原图　　　　　　　选择"极线到矩形"选项　　　　　　　选择"矩形到极线"选项

图9-11　选择不同选项的效果比较

9.2　生 成 特 效

After Effects CC 2015 的生成特效组中包括"CC Glue Gun""CC Light Burst 2.5""CC Light Rays""CC Light Sweep""CC Threads""单元格图案""分形""高级闪电""勾画""光束""镜头光晕""描边""棋盘""四色渐变""梯形渐变""填充""涂写""椭圆""网格""无线电波""吸管填充""写入""音频波形""音频频谱"和"圆形"26 种特效，如图 9-12 所示。下面就来讲解其中常用的有代表性的几种特效。

1. "CC Light Rays"特效

"CC Light Rays"特效可以模拟在强光前加上一个阻挡的效果。当将"CC Light Rays"特效添加到一个图层中时，在"效果控件"面板中会出现"CC Light Rays"特效的相关参数，如图 9-13 所示。"CC Light Rays"特效的效果如图 9-14 所示。

图9-12 "生成"特效组

图9-13 "CC Light Rays"特效的参数面板

图9-14 添加"CC Light Rays"特效前后的效果比较

"CC Light Rays"特效的主要参数解释如下：

① Intensity：用于定义光线的强度，数值越大，效果越明显。

② Center：用于定义效果中心在 X 轴和 Y 轴的位置。

③ Radius：用于定义效果影响的范围，数值越大，尺寸越大。

④ Warp Softness：用于定义效果边缘的柔化程度，数值越大，边缘越虚化。

⑤ Shape：用于定义不同的光线形状，在右侧的下拉列表中有"Round"和"Square"两个选项可供选择。

⑥ Direction：用于定义效果的角度。该项只有在选择"Square"形状类型时才可使用。

⑦ Color from Source：勾选该复选框，将从源点位置上开始有颜色。

⑧ Allow Brightening：勾选该复选框，将使效果跟随相应的效果中心。

⑨ Color：用于定义光线的颜色。

⑩ Transfer Mode：用于定义效果和北京图像之间的透明关系。在右侧的下拉列表中有"None""Add""Lighten"和"Screen"4 个选项供选择。

2. "CC Light Sweep"特效

"CC Light Sweep"特效可以模拟出一种光线照过图像的效果。当将"CC Light Sweep"特效添加到一个图层中时，在"效果控件"面板中会出现"CC Light Sweep"特效的相关参数，如图 9-15 所示。"CC

Light Sweep"特效的效果如图 9-16 所示。

图9-15　"CC Light Sweep"特效的参数面板

图9-16　添加"CC Light Sweep"特效前后的效果比较

"CC Light Sweep"特效的主要参数解释如下：

① Center：用于定义效果中心在 X 轴和 Y 轴的位置。

② Direction：用于定义效果的角度。

③ Shape：用于定义不同的效果形状。在右侧的下拉列表中有"Linear"、"Smooth"和"Sharp"3 个选项供选择。

④ Width：用于定义光线效果的宽度。

⑤ Sweep Intensity：用于定义光线的强度，数值越大，效果越明显。

⑥ Edge Intensity：用于定义光线边缘的强度。

⑦ Edge Thickness：用于定义光线边缘的宽度。

⑧ Light Color：用于定义光线的颜色。

⑨ Light Reception：用于定义光线和背景图像的关系。

3. "CC Light Burst 2.5"特效

"CC Light Burst 2.5"特效可以模拟一个强光照射的效果。当将"CC Light Burst 2.5"特效添加到一个图层中时，在"效果控件"面板中会出现"CC Light Burst 2.5"特效的相关参数，如图 9-17 所示。"CC Light Burst 2.5"特效的效果如图 9-18 所示。

"CC Light Burst 2.5"特效的主要参数解释如下：

① Center：用于定义效果中心在 X 轴和 Y 轴的位置。

② Intensity：用于定义灯光的强度。

图9-17　"CC Light Burst 2.5"特效的参数面板

图9-18 添加"CC Light Burst 2.5"特效前后的效果比较

③ Ray Length：用于定义光线的长度。

④ Burst：用于定义不同的爆炸效果。在右侧的下拉列表中有"Straight""Fade"和"Center"3 个选项供选择。

⑤ Halo Alpha：勾选该复选框，将在 Alpha 通道周边显示出光晕效果。

⑥ Set Color：勾选该复选框，将对图像进行填色。

⑦ Color：用于定义图像的颜色。该项只有在勾选"设置颜色"复选框时才可使用。

4. "光束"特效

"光束"特效用于快速创建类似于激光束或光柱的效果，也可以通过改变参数生成一种假的三维效果。当将"光束"特效添加到一个图层中时，在"效果控件"面板中会出现"光束"特效的相关参数，如图 9-19 所示。"光束"特效的效果如图 9-20 所示。

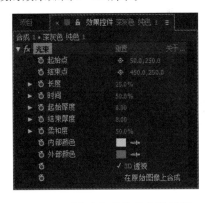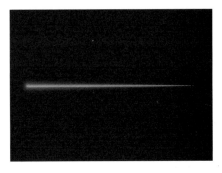

图9-19 "光束"特效的参数面板　　　　　　　图9-20 "光束"特效的效果

"光束"特效的主要参数解释如下：

① 开始点：用于定义激光效果开始点在 X 轴和 Y 轴的位置。

② 结束点：用于定义激光效果结束点在 X 轴和 Y 轴的位置。

③ 长度：用于定义激光效果的长度。

④ 时间：用于指定激光从开始到结束的时间长度。

⑤ 起始厚度：用于定义激光效果开始时的宽度。

⑥ 结束厚度：用于定义激光效果结束时的宽度。

⑦ 柔和度：用于定义激光周围图像的羽化程度，数值越大，边缘越虚化，反之越锐利。

⑧ 内部颜色：用于定义激光内部的颜色。

⑨ 外部颜色：用于定义激光外部的颜色。

⑩ 3D 透视：勾选该复选框后，将采用 3D 透视的方式进行效果的变形。

⑪ 在原始图像上合成：勾选该项后，将在原图上显示光束的波形，反之将在单色图像上进行显示。

5. "梯度渐变"特效

"梯度渐变"特效用于产生两种颜色的渐变。当将"梯度渐变"特效添加到一个图层中时，在"效果控件"面板中会出现"梯度渐变"特效的相关参数，如图 9-21 所示。默认"梯度渐变"特效的效果如图 9-22 所示。

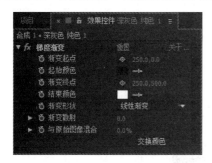

图9-21　"梯度渐变"特效的参数面板

图9-22　"梯度渐变"特效的效果

"梯度渐变"特效的主要参数解释如下：

① 渐变起点：用于定义开始的颜色点在 X 轴和 Y 轴的位置。

② 起始颜色：用于定义开始点的颜色。

③ 渐变终点：用于定义结束的颜色点在 X 轴和 Y 轴的位置。

④ 结束颜色：用于定义结束点的颜色。

⑤ 渐变形状：用于定义渐变的方式。在右侧的下拉列表中有"线性渐变"和"径向渐变"两种类型供选择。

⑥ 渐变散射：用于定义渐变过度融合的程度。

⑦ 与原始图像混合：用于定义填充的颜色和原始图像的混合程度。

6. "镜头光晕"特效

"镜头光晕"特效用于创建摄像机静态光晕或火焰发光的效果。当将"镜头光晕"特效添加到一个图层中时，在"效果控件"面板中会出现"镜头光晕"特效的相关参数，如图 9-23 所示。"镜头光晕"特效的效果如图 9-24 所示。

图9-23　"镜头光晕"特效的参数面板

图9-24　添加"镜头光晕"特效前后的效果比较

"镜头光晕"特效的主要参数解释如下：

① 光晕中心：用于定义光晕效果的中心点在 X 轴和 Y 轴的位置。

② 光晕亮度：用于定义光晕的亮度，数值越大，光晕越亮。

③ 镜头类型：用于定义不同的光晕效果的样式。在右侧的下拉列表中有"50–300毫米变焦""35毫米聚焦"和"105毫米聚焦"3 种类型供选择。

④ 与原始图像混合：用于定义填充的颜色和原图的混合程度。

7. "写入"特效

"写入"特效可以设置用画笔在图层画面中绘画的动画。当将"写入"特效添加到一个图层中时，在"效果控件"面板中会出现"写入"特效的相关参数，如图 9–25 所示。"写入"特效的动画效果如图 9–26 所示。

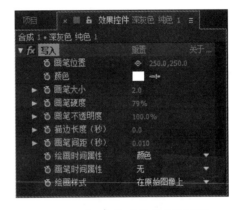

图9–25 "写入"特效的参数面板

图9–26 "写入"特效的动画效果

"写入"特效的主要参数解释如下：

① 画笔位置：用于定义画笔开始点在 X 轴和 Y 轴的位置。

② 颜色：用于定义画笔的颜色。

③ 画笔大小：用于定义画笔的尺寸大小。

④ 画笔硬度：用于定义画笔边缘的虚化程度。

⑤ 画笔不透明度：用于定义画笔的透明度。

⑥ 描边长度（秒）：用于定义描边的长度。

⑦ 画笔间隔（秒）：用于定义画笔的频率，如果设置为较低的数值，则画笔绘制的频率高，但要花费较长的运算时间。

⑧ 绘制时间属性：用于定义画笔应用的属性。在右侧的下拉列表中有"无""不透明度"和"颜色"3个选项供选择。

⑨ 画笔时间属性：用于定义要应用的画笔属性。在右侧的下拉列表中有"无""大小""硬度"和"大小和硬度"4个选项供选择。

⑩　绘画样式：用于定义效果和图像的合成方式。在右侧的下拉列表中有"在原始图像上""在透明背景上"和"显示原始图像"3 个选项供选择。

8. "网格"特效

"网格"特效用来创建网格类型的程序纹理，渲染时可以作为实体或遮罩进行渲染。当将"网格"特效添加到一个图层中时，在"效果控件"面板中会出现"网格"特效的相关参数，如图 9-27 所示。"网格"特效的效果如图 9-28 所示。

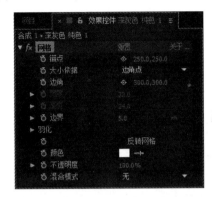

图9-27　"网格"特效的参数面板

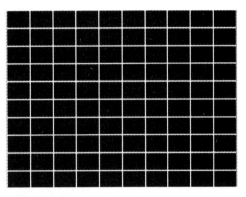

图9-28　"网格"特效的效果

"网格"特效的主要参数解释如下：

①　锚点：用于定义网格中心点在 X 轴和 Y 轴的位置。

②　大小依据：用于定义网格的尺寸方式。在右侧的下拉列表中有"边角点""宽度滑块"和"宽度与高度滑块"3 个选项供选择。

③　边角：用于定义角点在 X 轴和 Y 轴的位置。

④　宽度：用于定义网格的宽度。

⑤　高度：用于定义网格的高度。

⑥　边界：用于定义网格边界的尺寸。

⑦　羽化：用于定义网格宽度的羽化程度。

⑧　反转网格：勾选该复选框后，将反转网格中的颜色。

⑨　颜色：用于定义网格的颜色。

⑩　不透明度：用于定义网格的透明度。

⑪　混合模式：用于定义网格效果和原图像的混合模式。

9.3　实例讲解

本节将通过 3 个实例来讲解扭曲和生成效果在实际工作中的具体应用，旨在帮助读者能够理论联系实际，快速掌握扭曲和生成效果的相关知识。

9.3.1　文字扫光效果

要点

本例将利用 After Effects CC 2015 自身的特效，制作文字扫光及相应的镜头光晕效果，如图 9-29 所示。通过本例的学习，应掌握"蒙版"功能、"发光""波形弯曲"和"镜头光晕"特效的综合应用。

图9-29　文字扫光效果

操作步骤

1. 制作背景

① 导入背景素材。执行菜单中的"文件 | 导入 | 文件"命令，在弹出的对话框中选择"背景.jpg"图片，单击"打开"按钮，将其导入到"项目"面板中。

② 将"背景.jpg"拖到 ■（新建合成）按钮上，如图9-30所示，从而根据"背景.jpg"的大小创建一个合成图像。然后将合成图像重命名为"文字扫光效果"，此时"项目"面板如图9-31所示，画面效果如图9-32所示。

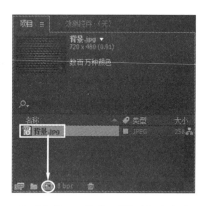

图9-30　将"背景.jpg"拖到 ■（新建合成）按钮上

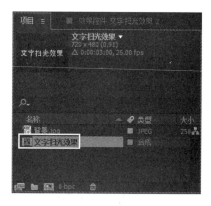

图9-31　"项目"面板

③ 设置合成图像的时间为3秒。方法：在"项目"面板中选择"文字扫光效果"，然后执行菜单中的"图像合成 | 图像合成设置"命令，在弹出的对话框中设置"持续时间"为3秒，如图9-33所示，单击"确定"按钮。

图9-32　画面效果

图9-33　设置合成图像参数

④ 此时背景颜色为红色，下面将其调整为蓝色。在"时间线"面板中选择"背景"图层，执行菜单中的"效

果 | 颜色校正 | 色调"命令，然后在"效果控件"面板中设置参数，如图 9-34 所示，效果如图 9-35 所示。

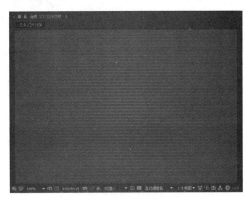

图9-34　设置"浅色调"参数　　　　　　　　图9-35　设置"浅色调"参数后的效果

⑤ 此时背景的颜色过亮，下面利用遮罩对其进行处理。选择"背景 .jpg"层，然后利用工具栏中的 （椭圆工具）绘制一个椭圆作为蒙版，再按两次【M】键，展开"背景 .jpg"层的遮罩属性。接着设置"蒙版 1"的蒙版属性，如图 9-36 所示，效果如图 9-37 所示。

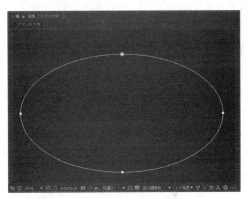

图9-36　设置"蒙版1"参数　　　　　　　　图9-37　设置"蒙版1"参数后的效果

提示

此时一定要选择"背景.jpg"层后，再使用 （椭圆工具）绘制遮罩。

2. 制作扫光效果

① 创建文字。执行菜单中的"图层 | 新建 | 文字"命令，然后在合成图像中创建白色文字"文字扫光效果"，如图 9-38 所示。此时"时间线"面板如图 9-39 所示。

图9-38　创建文字

图9-39　时间线分布

② 选择"文字扫光效果"层，然后利用工具栏中的▣（矩形工具）绘制一个矩形遮罩，如图9-40所示。接着按快捷键【M】，展开"遮罩1"属性，再在第0帧，单击"遮罩形状"前的▣按钮，记录关键帧。最后在第2秒，利用工具栏中的▸（选取工具）将矩形遮罩右侧的两个结点水平向右移动到合成图像的最右端，如图9-41所示，此时在"时间线"面板中会自动生成关键帧，如图9-42所示。

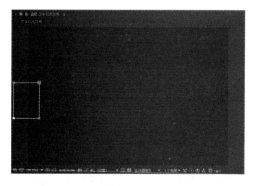

图9-40　在第0帧绘制矩形遮罩

图9-41　在第2秒调整矩形的形状

图9-42　时间线分布

③ 按【0】键，预览动画，即可看到随着遮罩的移动，文字逐渐显现的效果，如图9-43所示。

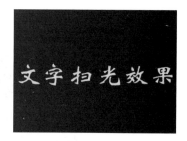

图9-43　预览效果

④ 选择"文字扫光效果"层，按快捷键【Ctrl+D】复制出"文字扫光效果 2"层。然后选择复制出的"文字扫光效果 2"层，按快捷键键【M】，展开"蒙版1"属性，再在第0帧处单击"蒙版形状"前的▣按钮两次，先取消原有关键帧，再记录新的关键帧，此时"时间线"面板如图9-44所示。最后在第2秒，利用工具栏中的▨（选取工具）水平向右移动矩形蒙版的位置，如图9-45所示，此时在"时间线"面板中会自动生成关键帧，如图9-46所示。

图9-44 "时间线"面板

图9-45 在第2秒移动矩形蒙版的位置

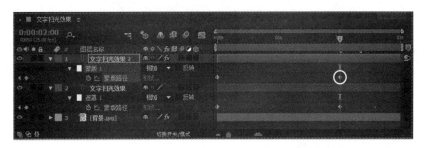

图9-46 "时间线"面板

⑤ 给文字添加发光效果。选择"文字扫光效果2"层,然后执行菜单中的"效果|风格化|发光"命令,在"效果控件"面板中设置参数,如图9-47所示,效果如图9-48所示。

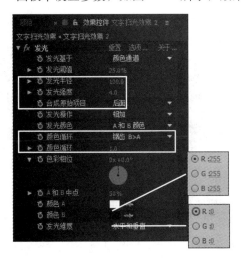

图9-47 设置"发光"参数

图9-48 设置"发光"参数后的效果

⑥ 给文字添加波纹形扭曲效果。选择"文字扫光效果2"层，然后执行菜单中的"效果｜扭曲｜波形弯曲"命令，在"效果控件"面板中设置相关参数，并记录第0帧的"方向"和"相位"的关键帧，如图9-49所示。接着在第2秒设置"方向"和"相位"参数，如图9-50所示。此时预览动画效果如图9-51所示。

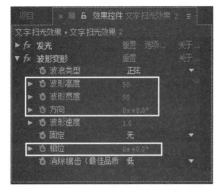

图9-49　在第0帧设置"波形弯曲"参数　　　　　图9-50　在第2秒设置"方向"和"相位"参数

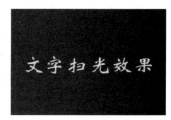

图9-51　预览效果

3. 制作镜头光晕效果

① 创建"镜头光晕"层。执行菜单中的"图层｜新建｜纯色"命令，然后在弹出的"纯色设置"对话框中设置"名称"为"镜头光晕"，"颜色"为黑色，单击"制作合成大小"按钮，如图9-52所示，再单击"确定"按钮，从而新建一个与合成图像等大的固态层。此时"时间线"面板如图9-53所示。

图9-52　设置固态层参数　　　　　　　　图9-53　时间线分布

② 选择"镜头光晕"层，将该层的图层混合模式设置为"相加"，然后执行菜单中的"效果｜生成｜镜头光晕"命令，在"效果控件"面板中设置相关参数，并记录第0帧"光晕中心"的关键帧参数，如图9-54所示，效果如图9-55所示。接着在第2秒记录"光晕中心"的关键帧参数，如图9-56所示，效果如图9-57所示。此时"时间线"面板如图9-58所示。

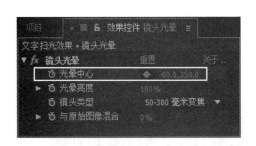

图9-54 在第 0 帧记录"光晕中心"的关键帧参数　　　　　图9-55 第 0 帧的效果

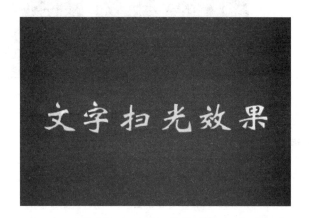

图9-56 在第 2 秒记录"光晕中心"的关键帧参数　　　　　图9-57 第 2 秒的效果

图9-58 时间线分布

③ 至此，文字扫光效果制作完毕。按【0】键，预览动画，效果如图 9-59 所示。

④ 执行菜单中的"文件 | 保存"命令，将文件进行保存。然后执行菜单中的"文件 | 整理工程（文件）| 收集文件"命令，将文件进行打包。

图9-59 文字扫光效果

9.3.2 雷达扫描效果

要点

　　本例将综合运用 After Effects CC 2015 自带特效，制作一个雷达扫描效果，如图 9-60 所示。通过本例的学习，应掌握"网格""梯度渐变""光束""极坐标"和"快速模糊"特效，"对齐"工具，嵌套、表达式，关键帧动画，图层混合模式和图层蒙版的综合应用。

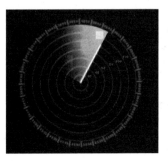 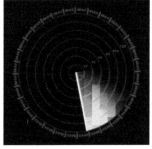 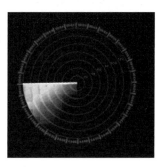

图9-60　雷达扫描效果

操作步骤

　　1. 创建"4 条小线"合成图像

　　① 启动 After Effects CC 2015，执行菜单中的"合成|新建合成"命令，在弹出的"图像合成设置"对话框中设置参数，如图 9-61 所示，单击"确定"按钮，从而创建一个新的合成图像。

　　　提示

　　"宽度"设为"1000"的目的是为了制作周长为1000个单位的圆形雷达的外边缘。

　　② 执行菜单中的"图层 | 新建 | 纯色"命令，在弹出的对话框中设置参数，如图 9-62 所示，单击"确定"按钮，新建一个固态层。

 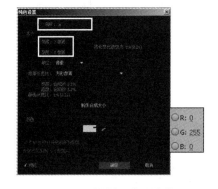

　　图9-61　设置合成图像参数　　　　　　　　　　图9-62　设置固态层参数

　　③ 复制图层。在"时间线"面板中，选择图层"a"，按快捷键【Ctrl+D】3 次，将图层"a"复制 3 次。

　　④ 重新命名。在"时间线"面板中，选择"图层 1"，按【Enter】键，输入"a4"。同理，分别将复制的其他两个固态层分别改名为"a3""a2"，如图 9-63 所示。

　　　提示

　　这一步的作用是使用自定义的图层名称，便于区分图层。

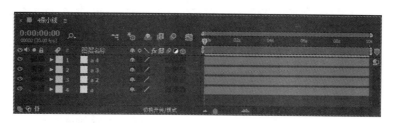

图9-63 重命名图层

⑤ 使合成窗口成为作用状态，按快捷键【Ctrl+R】，将窗口标尺显示出来。然后将鼠标指针放在该窗口水平标尺处，按住鼠标左键，将蓝色的参考线向下拖至窗口中间的位置。

⑥ 调整位置。将图层"a"移至合成窗口的最右侧，其底端与参考线上边缘对齐；将图层"a4"移至图层"a"的左侧，与图层"a"间隔为 3 个图层的宽度。制作时可按键盘上的左右箭头进行精确定位。

⑦ 使"时间线"面板成为作用状态，按快捷键【Ctrl+A】，选择所有的图层。

⑧ 对齐和分布设置。执行菜单中的"窗口｜对齐"命令，单击如图 9-64 所示的圆圈所示的选项，平均分配 4 个固态层的间隔，效果如图 9-65 所示。

图9-64 对齐设置

图9-65 对齐效果

> **提示**
>
> "图层对齐"的作用是将4个图层在水平方向上对齐，"图层分布"的作用是根据图层"a"与图层"a4"之间的距离，平均分配每一个图层间的间隔。

2. 创建"尺线小部分"合成图像

① 执行菜单中的"合成｜新建合成"命令，创建一个新的合成图像，然后在弹出的"图像合成设置"对话框中设置参数，如图 9-66 所示，单击"确定"按钮，完成设置。

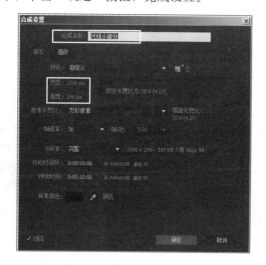

图9-66 设置合成图像参数

② 设置嵌套层。将时间线放置在 0 秒的位置，将"四条小线"合成图像由"项目"面板拖至"尺线小部分"

中，并使其成为选择状态。这样，"四条小线"合成图像就成为"尺线小部分"的一个嵌套层。按快捷键【Ctrl+D】49次，将"尺线小部分"嵌套层复制49个副本。

③ 使"尺线小部分"的"时间线"面板成为作用状态，按快捷键【Ctrl+A】，选择所有的嵌套图层。

④ 使"尺线小部分"合成面板成为作用状态，按快捷键【Ctrl+R】，将窗口标尺显示出来。将鼠标指针放在该窗口水平标尺处，按下鼠标左键，将蓝色的参考线向下拖至窗口中间的位置。

⑤ 在"时间线"面板中，选择第50层并将其移至合成窗口的最右侧，其底端与参考线上边缘对齐。选择第1层并将其移至合成窗口的最左侧，选择所有的嵌套层。

⑥ 设置对齐与分布。执行菜单中的"窗口|对齐"命令，然后单击如图9-24所示的圆圈内的选项，平均分配50个嵌套图层之间的间隔，如图9-67所示。

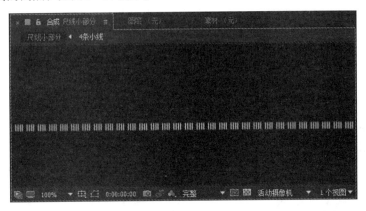

图9-67　平均分配50个嵌套图层之间的间隔

3. 创建"外侧尺线"合成图像

① 执行菜单中的"合成|新建合成"命令，然后在弹出的"图像合成设置"对话框中设置参数，如图9-68所示，单击"确定"按钮，从而创建一个新的合成图像。

② 设置嵌套层。将时间线放置在0秒的位置，将"尺线小部分"合成图像由"项目"面板拖至"外侧尺线"的"时间线"面板中，并使其成为选择状态。这样，"尺线小部分"合成图像就成为"外侧尺线"的一个嵌套层。

③ 将"外侧尺线"的"时间线"面板成为作用状态，执行菜单中的"图层|新建|纯色"命令，在弹出的"新建固态层"窗口中设置参数，如图9-69所示，单击"确定"按钮，新建一个固态层。

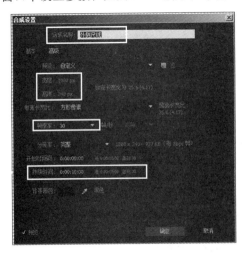

图9-68　设置合成图像参数

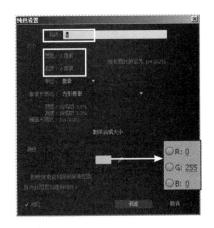

图9-69　设置纯色层参数

④ 复制图层。在"外侧尺线"的"时间线"面板中，将时间线放置在0秒的位置，选择上一步新建的固态层，按快捷键【Ctrl+D】49次，将新建的固态层复制49个副本。

第9章 扭曲和生成效果

⑤ 将图层"a"放在"尺线小部分"嵌套图层中最右侧空隙较大的位置，复制后的图层"a50"放在"尺线小部分"嵌套图层中最左侧空隙较大的位置，如图9-70所示。

图9-70 放置效果

⑥ 设置对齐与分布。在"外侧尺线"的"时间线"面板中，同时选择图层"a"及其所有的复制后的图层，执行菜单中的"窗口|对齐"命令，单击如图9-71所示的圆圈内的选项，平均分配50个固态层之间的间隔，如图9-72所示。

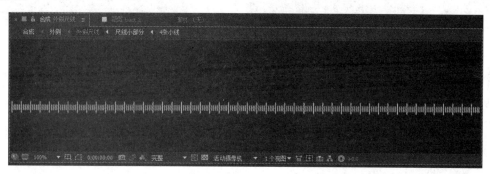

图9-71 平均分配50个纯色层之间的间隔

4. 创建"外侧"合成图像

① 选择菜单中的"合成|新建合成"命令，创建一个新的合成图像，然后在弹出的"图像合成设置"对话框中设置参数，如图9-72所示，单击"确定"按钮，完成设置。

② 将时间线放置在0秒的位置，将"外侧尺线"合成图像由"项目"面板拖至"外侧"的"时间线"面板中，将其放置在合成窗口的最下方。

③ 将"外侧"的"时间线"面板成为作用状态，执行菜单中的"图层|新建|纯色"命令，在弹出的"新建固态层"窗口中设置参数，如图9-73所示，单击"确定"按钮，新建一个固态层。

图9-72 设置合成图像参数

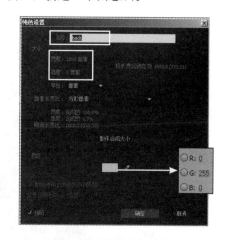

图9-73 设置纯色层参数

④ 复制图层。在"外侧"的"时间线"面板中，将时间线放置在0秒的位置，选择上一步新建的固态层，

- 187 -

按快捷键【Ctrl+D】5次，将新建的固态层复制5个副本，将创建的固态层按如图9-74所示进行分布。

5. 创建"合成"合成图像

① 执行菜单中的"合成 | 新建合成"命令，然后在弹出的"图像合成设置"对话框中设置参数，如图9-75所示，单击"确定"按钮，从而创建一个新的合成图像。

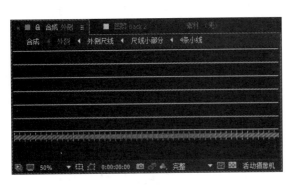

图9-74 "外侧"合成图像效果

图9-75 设置合成图像参数

② 执行菜单中的"图层 | 新建 | 纯色"命令，在"名字"文本框中输入"grid"，单击"制作合成大小"按钮，如图9-76所示，然后单击"确定"按钮，从而创建单一个与合成图像等大的固态层。

③ 制作网格效果。执行菜单中的"效果 | 生成 | 网格"命令，给它添加一个"网格"特效，然后在"效果控件"面板中设置参数，如图9-77所示，效果如图9-78所示。

图9-76 设置纯色层参数

图9-77 设置"网格"特效参数

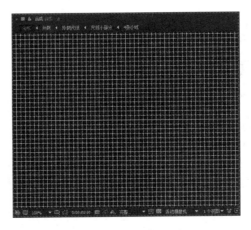

图9-78 "网格"效果

④ 制作渐变效果。执行菜单中的"效果 | 生成 | 渐变"命令，给它添加一个"梯度渐变"特效，然后在"效果控件"面板中设置参数，如图 9-79 所示，效果如图 9-80 所示。

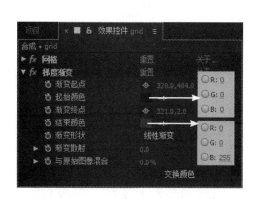

图9-79　设置"梯度渐变"特效参数　　　　图9-80　"梯度渐变"效果

⑤ 导入素材。执行菜单中的"文件 | 导入 | 文件"命令，导入"合成 .psd"文件中的"sweep"和"map"两个图层，如图 9-81 所示。

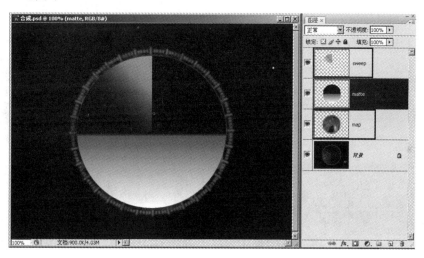

图9-81　导入"sweep"和"map"图层

> 💡 **提示**
>
> 　　这是一个Photoshop文件格式，在制作时已经将文件作分层保存。在After Effects CC 2015中打开时，可以单独打开某一个图层，并且在使用时会保留其在Photoshop中的"Alpha"通道，便于合成。另外，这也是Adobe家族软件实施无缝结合的优势所在。

⑥ 设置层遮罩。将"合成 .psd"中的"map"与"sweep"图层按先后顺序拖动到"合成"的"时间线"面板中，然后将"sweep"层重命名为"matte"，接着单击"切换开关 / 模式"按钮，在"map"项中选择"Alpha蒙版"matte""模式，从而将"matte"层设为"map"层的层遮罩。最后将"matte"层的层混合模式设为"相加"，如图 9-82 所示。

图9-82 将"matte"图层设置为"map/合成.psd"图层的图层蒙版

⑦ 选择"matte"层，按【R】键，展开"旋转"属性。然后分别在第 0 秒和第 9 秒 29 帧设置参数，如图 9-83 所示。

图9-83 分别在第0秒和第9秒29帧设置参数

⑧ 制作雷达环形刻度效果。将"外侧"合成图像拖到当前"时间线"面板中，然后执行菜单中的"效果｜扭曲｜极坐标"命令，给它添加一个极坐标特效。接着设置参数，如图 9-84 所示，效果如图 9-85 所示。

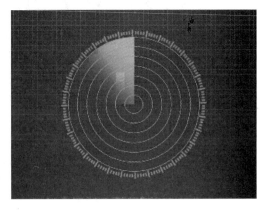

图9-84 设置"极坐标"参数

图9-85 "极坐标"效果

⑨ 制作快速模糊效果。执行菜单中的"效果｜模糊和锐化｜快速模糊"命令，给它添加快速模糊特效。然后在"效果控件"面板中设置参数，如图 9-86 所示，效果如图 9-87 所示。

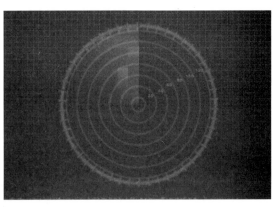

图9-86 设置"快速模糊"参数

图9-87 "快速模糊"效果

⑩　在"时间线"面板中激活 ☼ 开关，如图 9-88 所示，效果如图 9-89 所示。

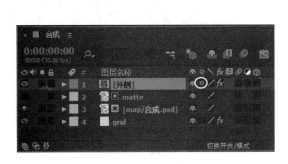

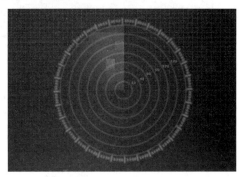

图9-88　激活 ☼ 开关

图9-89　激活 ☼ 开关后的效果

提示

　　☼ 开关是非常实用的一项功能。在本例中，前边使用嵌套的合成图像的尺寸与当前合成图像的尺寸都不一致，将该开关打开后，可以改善嵌套后的图像质量。另外，当使用矢量文件（例如Adobe的Illustrator文件格式*.ai）作为素材进行放大或缩小编辑时，打开该开关，系统会根据当前合成图像的分辨率进行重新计算，以获得最佳效果。

⑪　制作文字效果。单击工具栏中的 T （横排文字工具），在合成图像窗口中输入"20"，字体设置如图 9-90 所示。然后重复操作，分别创建"40、60、80、100、120"等字样。接着放置文字位置，如图 9-91 所示。此时，"时间线"面板如图 9-92 所示。

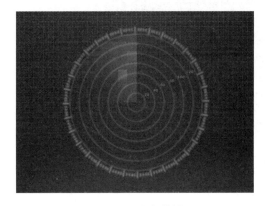

图9-90　设置字体参数

图9-91　文字效果

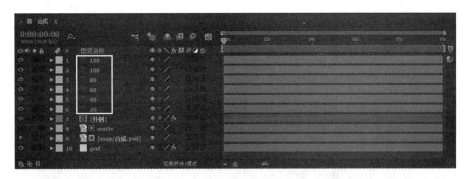

图9-92　"时间线"面板1

⑫　增强扫描效果。选择"matte"层，然后按快捷键【Ctrl+D】复制一层，并将其命名为"叠加"。接着将"叠加"层移到最顶层，并显示出该层。最后将该层混合模式设为"添加"，此时"时间线"面板如图 9-93 所示，效果如图 9-94 所示。

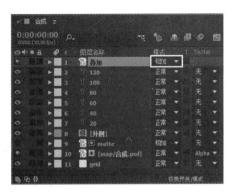

图9-93　"时间线"面板2

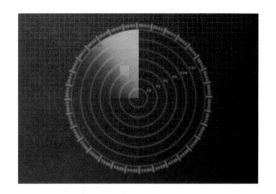

图9-94　画面效果

提示

这一步的目的是要模仿雷达在扫描时，扫描扇面上产生的强光效果。

---

⑬　新建固态层。执行菜单中的"图层｜新建｜纯色"命令，创建一个与合成图像同等尺寸的固态层，并将其命名为"beam"。

⑭　制作光束效果。执行菜单中的"效果｜生成｜光束"命令，给它添加一个"光束"特效，设置参数如图9-95所示，效果如图9-96所示。

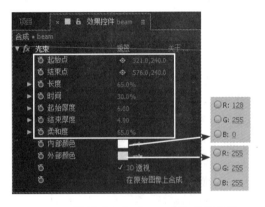

图9-95　设置"光束（Beam）"特效参数

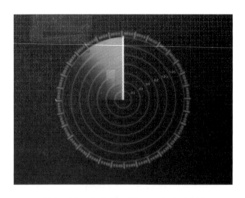

图9-96　"光束（Beam）"效果

⑮　添加表达式。选择"beam"层，按【R】键，打开并选择"旋转"属性；执行菜单中的"动画｜添加表达式"命令，为当前属性应用表达式效果。

⑯　展开"叠加"图层的"旋转"属性，将鼠标指针放在表达式的 ◎ 上，按下鼠标左键的同时将其拖到"叠加"图层的"旋转"属性上，单击如图9-97所示的圆圈处，输入"-90"，这样会保证光束与扇形同步运动。

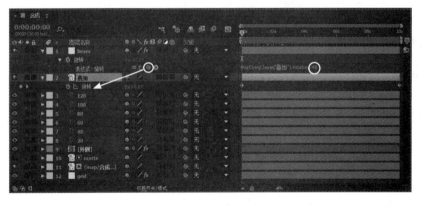

图9-97　设置表达式

⑰ 按【0】键，预览动画，效果如图 9-98 所示。

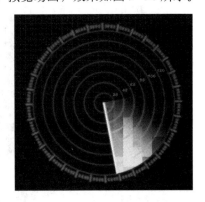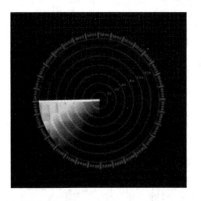

图9-98 雷达扫描效果

⑱ 执行菜单中的"文件|保存"命令，将文件进行保存。然后执行菜单中的"文件|整理工程（文件）|收集文件"命令，将文件进行打包。

9.3.3 手写字效果 2

🎨 **要点**

在 After Effects 中制作手写字动画有使用"遮罩"、使用"矢量画笔"特效和使用"手写"特效 3 种方法。前面讲解了利用前两种方法制作手写字的效果，本例将利用"手写"特效制作具有粗细宽窄变化的中国古典书法字效果，如图 9-99 所示。通过本例的学习，应掌握"手写"特效的使用方法。

图9-99 手写字效果3

⚔️ **操作步骤**

1. 制作笔画粗细一致的手写字效果

① 启动 After Effects CC 2015，执行菜单中的"合成|新建合成"命令，在弹出的对话框中设置参数，如图 9-100 所示，单击"确定"按钮。

② 执行菜单中的"图层|新建|纯色"命令，新建一个与合成图像等大的黑色固态层。

③ 选择"黑色 固态层 1"，然后执行菜单中的"效果|生成|写入"命令。

④ 选择"黑色固态层 1"，然后利用工具栏中的 ✏️（钢笔工具）绘制一个文字"福"的形状，如图 9-101 所示。

⑤ 在时间线中展开"黑色 固态层 1"，然后选择"蒙版路径"，如图 9-102 所示，在第 0 帧按快捷键【Ctrl+C】进行复制。接着选择"写入"特效下的"画笔位置"，在第 0 帧按快捷键【Ctrl+V】进行粘贴，此时会发现在"画笔位置"产生大量的关键帧，如图 9-103 所示。

图9-100 设置合成图像参数

图9-101 绘制一个文字"福"的形状

图9-102 选择"蒙版路径"

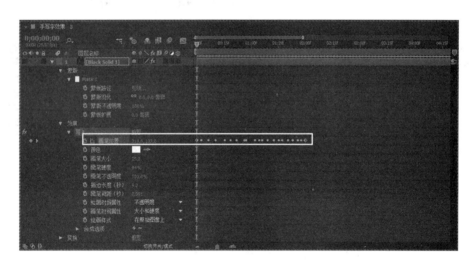

图9-103 在"画笔位置"粘贴特效后产生的关键帧

⑥ 此时预览会看到，画笔沿着文字"福"的形状进行绘制的效果，如图 9-104 所示。

图9-104 画笔沿着文字"福"的形状进行绘制的效果

⑦ 但此时绘制的笔画是点而不是线，这是因为笔画间隔过大的缘故，下面在"效果控件"面板中调整"笔画间隙"为 0.001，如图 9-105 所示，效果如图 9-106 所示。

图9-105　调整"画笔间距（秒）"为0.001　　　　图9-106　调整"画笔间距（秒）"为0.001后的效果

⑧ 此时预览动画会发现，绘制笔画的时间为 2 秒，有些急促，下面在"时间线"面板中将"画笔位置"的最后一个关键帧由 2 秒移动到 3 秒的位置，如图 9-107 所示。

图9-107　将"笔画间距（秒）"的最后一个关键帧由 2 秒移动到 3 秒的位置

⑨ 按【0】键，预览动画，效果如图 9-108 所示。

图9-108　预览效果

2. 制作具有粗细宽窄变化的手写字效果

① 在"效果控件"面板中设置"写入"特效的参数，并录制第 0 帧的"画笔大小"的关键帧，如图 9-109 所示。然后在第 1 帧，将"画笔大小"设置为 25，效果如图 9-110 所示。再在第 2 帧，将"画笔大小"设置为 30，效果如图 9-111 所示。接着在第 3 帧，将"画笔大小"设置为 9，效果如图 9-112 所示。最后在第 4 帧，将"画笔大小"设置为 0.8，效果如图 9-113 所示。

图9-109　在第 0 帧设置"写入"特效的参数

图9-110　第 1 帧的效果

图9-111　第2帧的效果

图9-112　第3帧的效果

② 同理，根据书法字的粗细宽窄的变化逐帧调节笔触大小，最终效果如图 9-114 所示。

图9-113　第4帧的效果

图9-114　调节笔触后的效果

③ 为了更加真实，下面将背景色改为红色，将手写文字改为墨色。选择"黑色固态层 1"，然后执行菜单中的"图层 | 纯色设置"命令，在弹出的"纯色设置"对话框中将"颜色"改为红色，如图 9-115 所示，单击"确定"按钮。接着在"效果控件"面板中将写入"颜色"改为黑色，如图 9-116 所示。

④ 至此，手写字效果制作完毕。按【0】键，预览动画，效果如图 9-117 所示。

⑤ 执行菜单中的"文件 | 保存"命令，将文件进行保存。然后执行菜单中的"文件 | 整理工程（文件）| 收集文件"命令，将文件进行打包。

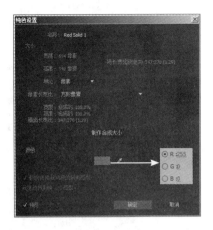

图9-115　将纯色层颜色改为红色

图9-116　将书写颜色改为黑色

图9-117　手写字效果3

课 后 练 习

① 制作图 9-118 所示的冲击波效果。参数可参考"｜练习 1.aep"素材文件。

图9-118　练习1效果

② 制作图 9-119 所示的文字自动描边效果。参数可参考"练习 2.aep"素材文件。

图9-119　练习2效果

模拟效果 第10章

在 After Effects CC 2015 中利用模拟效果可以模拟出自然界中的爆炸、反射、波浪等自然现象。通过本章的学习，应掌握 After Effects CC 2015 中有关仿真效果方面的相关知识和具体应用。

10.1 模 拟 特 效

After Effects CC 2015 的模拟特效组中包括"CC Ball Action""CC Bubbles""CC Drizzle""CC Hair""CC Mr.Mercury""CC Particle Systems II""CC Particle World""CC Pixel Polly""CC Rainfall""CC Scatterize""CC Snowfall""CC Star Burst""波形环境""焦散""卡片动画""粒子运动场""泡沫"和"碎片"18 种特效，如图 10-1 所示。

1. "CC Bubbles"特效

"CC Bubbles"特效可以按照不同的图像内容制作出相应数量、尺寸和位置的气泡效果。当将"CC Bubbles"特效添加到一个图层中时，在"效果控件"面板中会出现"CC Bubbles"特效的相关参数，如图 10-2 所示，此时默认的"CC Bubbles"特效的效果如图 10-3 所示。

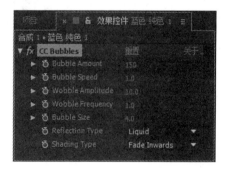

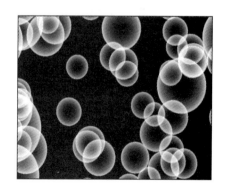

图10-1 "模拟"特效组　　图10-2 "CC Bubbles"特效的参数面板　　图10-3 默认的"CC Bubbles"特效的效果

"CC Bubbles" 特效的主要参数解释如下。

① Bubble Amount：用于定义产生的气泡数量。

② Bubble Speed：用于定义气泡移动的速度。

③ Wobble Amplitude：用于定义气泡移动时晃动的速度。

④ Wobble Frequency：用于定义气泡晃动时出现的频率。

⑤ Bubble Size：用于定义气泡的尺寸。

⑥ Reflection Type：用于定义气泡的反射类型。在右侧下拉列表中有"Liquid"和"Metal"两个选项供选择。

⑦ Shading Type：用于定义气泡阴影的效果类型。在右侧下拉列表中"None""Lighten""Darken""Fade Inwards"和"Fade Outwards"5 个选项供选择。图 10-4 所示为选择不同明暗类型选项后的效果比较。

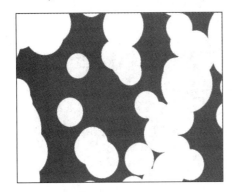
选择"None"和"Lighten"选项

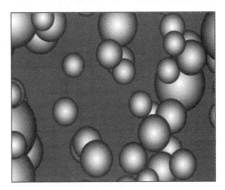
选择"Darken"选项

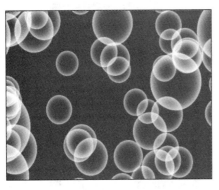
选择"Fade Inwards"选项

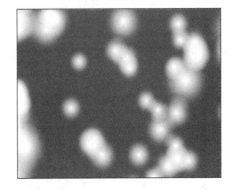
选择"Fade Outwards"选项

图10-4 为选择不同明暗类型选项后的效果比较

2. "CC Ball Action" 特效

"CC Ball Action" 特效可以将相应的图像分类成不同尺寸的球形对象，并且按照不同的属性进行移动。当将"CC Ball Action"特效添加到一个图层中时，在"效果控件"面板中会出现"CC Ball Action"特效的相关参数，如图 10-5 所示，此时默认的"CC Ball Action"特效的效果如图 10-6 所示。

"CC Ball Action" 特效的主要参数解释如下：

① Scatter：用于定义分裂的球形对象的分散程度，数值越大，球形对象分散的越混乱。图 10-7 所示为设置不同"Scatter"数值的效果比较。

② Rotation Axis：用于定义对象旋转的不同轴向。

③ Rotation：用于定义不同的旋转角度。

④ Twist Property：用于定义扭曲的不同轴向。

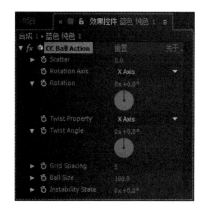

原图　　　　　　　　　　　　　　　"CC Ball Action" 特效

图10-5　"CC Ball Action"　　　　图10-6　默认的 "CC Ball Action" 特效的效果
特效的参数面板

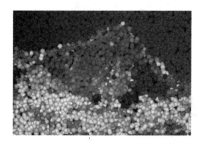

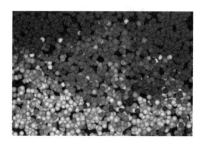

"Scatter" 数值为5　　　　　　　　　　　　"Scatter" 数值为30

图10-7　设置不同 "Scatter" 数值的效果比较

⑤ Twist Angle：用于定义扭曲的角度。

⑥ Grid Spacing：用于定义网格的尺寸，数值越大球形对象越少。图 10-8 所示为不同 "Grid Spacing" 数值的效果比较。

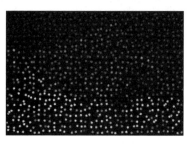

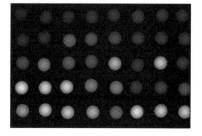

"Grid Spacing" 数值为10　　　　　　　　　"Grid Spacing" 数值为48

图10-8　设置不同 "Grid Spacing" 数值的效果比较

⑦ Ball Size：用于定义球形对象的尺寸。图 10-9 为不同 "Ball Size" 数值的效果比较。

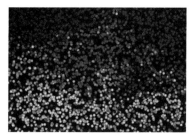

"Ball Size" 数值为60　　　　　　　　　　　"Ball Size" 数值为300

图10-9　设置不同 "Ball Size" 数值的效果比较

⑧ Instability State：用于定义球形对象的不稳定性。

3. "CC Snowfall" 特效

"CC Snowfall" 特效可以在相应的素材上添加真实的带有镜头模糊和景深，并可以控制降雪距离地面高度的降雪效果。当将 "CC Snowfall" 特效添加到一个图层中时，在 "效果控件" 面板中会出现 "CC Snowfall" 特效的相关参数，如图 10-10 (a) 所示。"CC Snowfall" 特效的动画效果如图 10-10 (b) 所示。

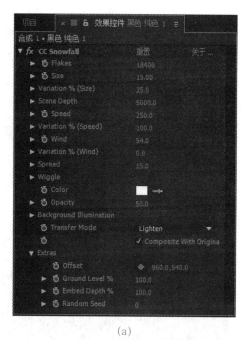

(a)　　　　　　　　　　　　　　　　　　(b)

图10-10 "CC Snowfall" 特效的参数面板与默认的 "CC Snowfall" 特效的效果

4. "CC Rainfall" 特效

"CC Rainfall" 特效可以在相应的素材上添加真实的带有镜头模糊和景深，并可以控制降雨距离地面高度的降雨效果。当将 "CC Rainfall" 特效添加到一个图层中时，在 "效果控件" 面板中会出现 "CC Rainfall" 特效的相关参数，如图 10-11 (a) 所示。"CC Rainfall" 特效的动画效果如图 10-11 (b) 所示。

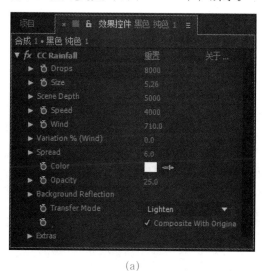

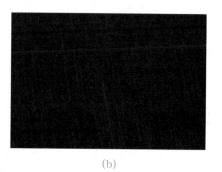

(a)　　　　　　　　　　　　　　　　　　(b)

图10-11 "CC Rainfall" 特效的参数面板与默认的 "CC Rainfall" 特效的效果

5. "CC Particle World" 特效

"CC Particle World" 特效是一个专业的粒子系统，与"CC Particle Systems II" 特效相比，其更加专业，而且增加了三维空间的概念和摄像机的属性。当将"CC Particle World" 特效添加到一个图层中时，在"效果控件"面板中会出现"CC Particle World" 特效的相关参数，如图 10-12 所示，此时默认的"CC Particle World" 特效的动画效果如图 10-13 所示。

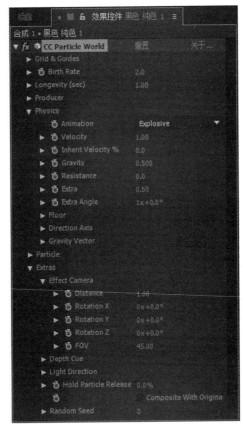

图10-12　"CC Particle World" 特效的参数面板　　图10-13　默认"CC Particle World" 特效的效果

"CC Particle World" 特效的主要参数解释如下。

① Grid&Guides：用于定义在合成窗口中显示辅助网格的类型。

② Brith Rate：用于定义粒子产生的速度。

③ Longevity（sec）：用于定义粒子对象存在的时间。

④ Producer：用于定义产生的粒子在 X/Y/Z 轴的位置，以及产生的粒子的范围在 X/Y/Z 轴的半径。

⑤ Animation：用于定义粒子对象动画的方式。在右侧的下拉列表中有"Explosive""Direction Axis""Cone Axis""Viscouse""Twirl""Twirly""Vortex""Fire""Jet Sideways""Fractal Omni"和"Fractal Uni"11 种类型可供选择。图 10-14 所示为选择不同"Animation"选项的效果比较。

⑥ Velocity：用于定义粒子对象移动的速度。

⑦ Inherit Velocity%：用于定义后一个粒子对象对上一个粒子对象速度继承的百分比。

⑧ Gravity：用于定义粒子对象向下移动的速度。

⑨ Resistance：用于定义粒子对象的分散程度，当数值较大时，粒子对象将不向多方向分散。

⑩ Extras：用于定义粒子涌出时不正常效果出现的机率。

⑪ Extra Angle：用于定义粒子涌出时不正常效果出现的角度。

⑫ Particle：用于定义粒子对象的属性和形状。

⑬ Distance：用于设置摄像机和对象之间的距离。

⑭ Rotation X/Y/Z：用于定义摄像机沿着 X/Y/Z 轴旋转的角度。

⑮ FOV：用于定义摄像机距离视场的尺寸，数值越大，距离越近。

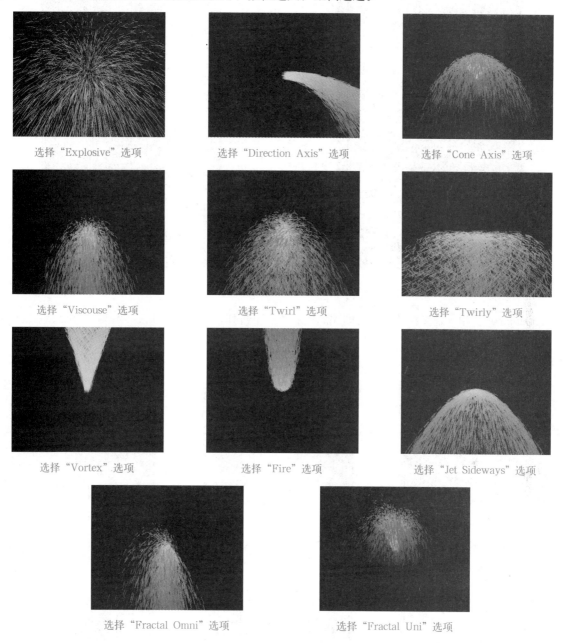

选择"Explosive"选项	选择"Direction Axis"选项	选择"Cone Axis"选项
选择"Viscouse"选项	选择"Twirl"选项	选择"Twirly"选项
选择"Vortex"选项	选择"Fire"选项	选择"Jet Sideways"选项
选择"Fractal Omni"选项	选择"Fractal Uni"选项	

图10-14　选择不同"Animation"选项的效果比较

6."CC Particle Systems II"特效

"CC Particle Systems II"特效与"CC Particle World"特效相比，参数设置相对较简单，可以按照相应的设置制作出各种粒子效果，如礼花、飞灰等。该特效没有三维空间的概念和摄像机的属性。当将"CC Particle Systems II"特效添加到一个图层中时，在"效果控件"面板中会出现"CC Particle Systems II"特效的相关参数，如图 10-15 所示，此时默认的"CC Particle World"特效的动画效果如图 10-16 所示。

"CC Particle Systems II"特效的主要参数解释如下：

① Brith Rate：用于定义在相应的位置上生成粒子的速度。

② Longevity（sec）：用于定义每一个粒子对象存在的时间长度。

③ Producer：用于定义生成粒子在 X 轴和 Y 轴的位置，以及生成粒子的位置在 X/Y 轴上的半径。

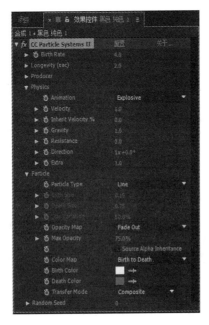

图10-15 "CC Particle Systems II" 特效的相关参数　　图10-16 默认的 "CC Particle World" 特效的效果

④ Animation：用于定义粒子的动画模式。在右侧的下拉列表中有 "Animation" "Fractal Explosive" "Twirl" "Twirly" "Vortex" "Fire" "Direction" "Direction Normalized" 和 "Jet Sideways" 9 个选项供选择。图 10-17 所示为选择不同 "Animation" 选项的效果比较。

选择 "Animation" 选项

选择 "Fractal Explosive" 选项

选择 "Twirl" 选项

选择 "Twirly" 选项

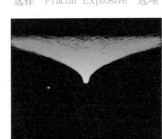

选择 "Vortex" 选项

选择 "Fire" 选项

选择 "Direction" 选项

选择 "Direction Normalized" 选项

选择 "Jet Sideways" 选项

图10-17 选择不同 "Animation" 选项的效果比较

⑤ Velocity：用于定义粒子对象移动的速度。

⑥ Inherit Velocity%：用于定义后一个粒子对象对上一个粒子对象速度继承的百分比。

⑦ Gravity：用于定义粒子对象向下移动的速度。

⑧ Resistance：用于定义粒子对象的分散程度。当数值较大时，粒子对象将不向多方向发射。

⑨ Direction：用于定义粒子对象生成的方向，但最终会向下移动。

⑩ Extra：用于定义粒子涌出时不正常的效果出现的机率。

⑪ Particle Type：用于定义粒子对象的属性和形状。在右侧下拉列表中有"Line""Star""Shaded Sphere""Faded Sphere""Shaded&Faded Sphere""Bubble""Motion Polygon""TriPolygon""QuadPolygon""Cube""TetraHedron""Textured TriPolygon""Textured QuadPolygon""Lens Convex""Lens Concave""Lens Fade""Lens Darken Fade"和"Lens Bubble"18 种类型可供选择。

⑫ Birth Szie：用于定义粒子生成的尺寸。

⑬ Death Size：用于定义粒子要消失时的尺寸。

⑭ Size Variation：用于定义对象尺寸变化的比例。

⑮ Opacity Map：用于定义粒子对象不透明度的映射方式。在右侧的下拉列表中有"Constant""Fade Out Sharp""Fade Out""Fade In""Fade In and Out"和"Oscillate"6 个选项供选择。

⑯ Max Opacity：用于定义最大的不透明程度。

⑰ Source Alpha Inheritance：勾选该复选框，将采用源 Alpha 通道的状态。

⑱ Color Map：用于定义颜色映射到粒子上的方式。在右侧的下拉列表中有"Birth to Death""Orgin to Death""Death to Orgin"和"Orgin Constant"4 个选项供选择。

⑲ Birth Color：单击右侧的颜色按钮，从弹出的"颜色"对话框中可选择要定义的粒子生成时的颜色。也可单击右侧的（吸管工具）后在屏幕中直接吸取要使用的颜色。

⑳ Death Color：单击右侧的颜色按钮，从弹出的"颜色"对话框中可选择要定义的粒子消失时的颜色。也可单击右侧的（吸管工具）后在屏幕中直接吸取要使用的颜色。

㉑ Transfer Mode：用于定义粒子对象转移颜色的方式。在右侧的下拉列表中有"Composite""Screen""Add"和"Black Matte"4 个选项供选择。

㉒ Random Seed：用于定义粒子的随机度。

7. "CC Hair" 特效

"CC Hair"特效可以按照一个图像的内容，将相应的图像制作成毛发的效果，也可非常容易地制作出各种不同的草坪效果。当将"CC Hair"特效添加到一个图层中时，在"效果控件"面板中会出现"CC Hair"特效的相关参数，如图 10-18 所示。图 10-19 所示为添加"CC Hair"特效前后的效果比较。

"CC Hair"特效的主要参数解释如下：

① Length：用于定义毛发的长度。

② Thickness：用于定义毛发的厚度。

③ Weight：用于定义毛发的粗细。

④ Constant Mass：勾选该复选框，将按照图像的内容定义毛发的聚集状态。

⑤ Density：用于定义毛发的密度，数值越大，毛发的数量越多。图 10-20 所示为设置不同"密度"值的效果比较。

⑥ Map Strength：用于定义图像内容映射到毛发状态上的力度，数值越大，效果越明显。

⑦ Map Layer：用于定义要映射到毛发效果中的图像层，默认情况下使用当前层进行映射。

⑧ Map Property：用于定义映射到毛发效果的通道。在右侧的下拉列表中有"Red""Green""Blue""Alpha""Lightness""Luminance""Hue"和"Saturation"8 个选项供选择。

⑨ Map Softness：用于定义映射的柔化程度。图 10-21 所示为设置不同"Map Softness"值的效果比较。

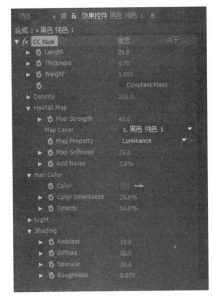

图10-18 "CC Hair"特效的相关参数

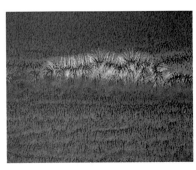

图10-19 添加"CC Hair"特效前后的效果比较

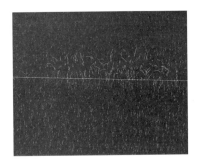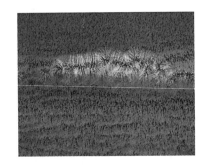

"Density"值为50　　　　　　　　　　　　"Density"值为200

图10-20 设置不同"Density"值的效果比较

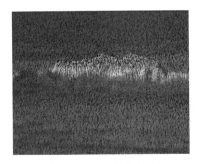

"Map Softness"值为25　　　　　　　　　"Map Softness"值为100

图10-21 设置不同"Map Softness"值的效果比较

⑩ Add Noise：用于定义在映射的过程中添加的杂色数量。图10-22所示为设置不同"Add Noise"值的效果比较。

⑪ Color：单击右侧的颜色按钮，从弹出的"Color"对话框中可以选择毛发的颜色。也可以单击右侧的■（吸管工具）后在屏幕中直接吸取要使用的颜色。

⑫ Color Inheritance：用于定义映射图像中颜色映射到毛发中的幅度，数值越大，越接近映射图像中的颜色。图10-23所示为设置不同"Color Inheritance"数值的效果比较。

⑬ Opacity：用于定义毛发效果的不透明度。

⑭ Ambient：用于定义周围阴影的强度。图10-24所示为设置不同"Ambient"数值的效果比较。

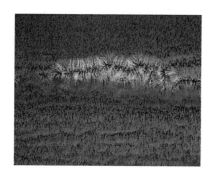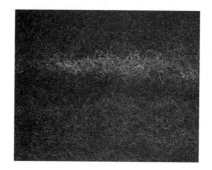

"Add Noise"值为2　　　　　　　　　　Add Noise"值为100

图10-22　设置不同"Add Noise"值的效果比较

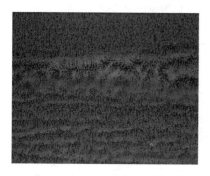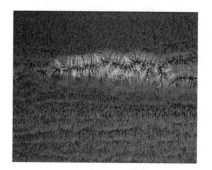

"Color Inheritance"数值为25%　　　　　　"Color Inheritance"数值为100%

图10-23　设置不同"Color Inheritance"数值的效果比较

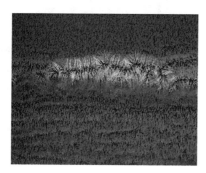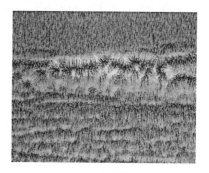

"Ambient"数值为25　　　　　　　　　"Ambient"数值为100

图10-24　设置不同"Ambient"数值的效果比较

⑮ Diffuse：用于定义阴影散播的程度。图 10-25 所示为设置不同"Diffuse"数值的效果比较。

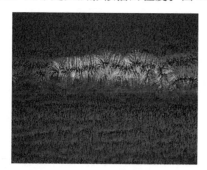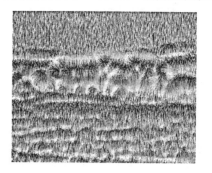

"Diffuse"数值为50　　　　　　　　　"Diffuse"数值为100

图10-25　设置不同"Diffuse"数值的效果比较

⑯ Specular：用于定义阴影反射的程度。

⑰ Roughness：用于定义阴影发射的粗糙程度。

8. "CCS catterize" 特效

"CC Scatterize"特效可以将素材变成若干个颗粒，并且调整左右两侧扭曲的程度，从而模拟出一种被吹散的效果。当将"CC Scatterize"特效添加到一个图层中时，在"效果控件"面板中会出现"CC Scatterize"特效的相关参数，如图10-26所示。

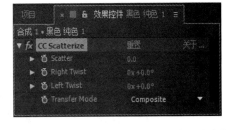

图10-26 "CC Scatterize"特效的相关参数

"CC Scatterize"特效的主要参数解释如下：

① Scatter：用于定义图像被打散的程度，数值越大，颗粒越多。图10-27为设置不同"Scatter"数值的效果比较。

"Scatter"数值为0　　　　　　　　　　"Scatter"数值为30

图10-27 设置不同"Scatter"数值的效果比较

② Right Twist：用于设置图像右侧扭曲的角度。

③ Left Twist：用于设置图像左侧扭曲的角度。

④ Transfer Mode：用于定义粒子对象转移颜色的方式。在右侧的下拉列表中有"Composite""Screen""Add"和"Alpha Add"4个选项供选择。

9. "CC Mr.Mercury" 特效

"CC Mr.Mercury"特效可以将图像转换为水银或鎏金的动画效果。当将"CC Mr.Mercury"特效添加到一个图层中时，在"效果控件"面板中会出现"CC Mr.Mercury"特效的相关参数，如图10-28所示。默认的"CC Mr.Mercury"特效的动画效果如图10-29所示。

"CC Mr.Mercury"特效的主要参数解释如下：

① Radius X/Y：用于定义水银效果在X/Y轴上的半径尺寸。

② Producer：用于定义开始生成水银效果的点在X轴和Y轴的位置。

③ Direction：用于定义水银开始的流向，但最终还是向下流淌。

④ Velocity：用于定义水银效果流淌的速度。

⑤ Birth Rate：用于定义水银效果生成的速度，数值越大，出现的水银效果越显著。

⑥ Longevity(sec)：用于定义水银效果每一段保留的时间。

⑦ Gravity：用于定义水银效果向下流淌的速度。

⑧ Resistance：用于定义水银流淌时的阻力，数值越大，水银效果将保持在一起不分开。

⑨ Extra：用于定义水银涌出时不正常的效果出现的机率。

⑩ Animation：用于定义自动形成的动画效果的不同类型。在右侧的下拉列表中有"Explosive""Fractal Explosive""Twirl""Twirly""Vortex""Fire""Direction""Direction Normalized""Bi-Direction""Bi-Direction Normalized""Jet"和"Jet Sideways"12个选项供选择。图10-30所示为选择不同"Animation"选项的效果比较。

图10-28 "CC Mr.Mercury"特效的相关参数

图10-29 默认的"CC Mr.Mercury"特效的动画效果

选择"Explosive"选项

选择"Fractal Explosive"选项

选择"Twirl"选项

选择"Twirly"选项

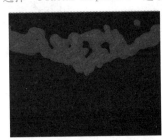

选择"Vortex"选项

选择"Fire"选项

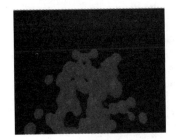

选择"Direction"选项

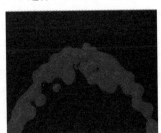

选择"Direction Normalized"选项

选择"Bi-Direction"选项

图10-30 选择不同"Animation"选项的效果比较

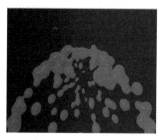
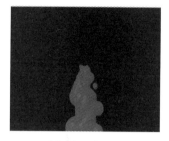

选择"Bi-Direction Normalized"选项　　　　选择"Jet"选项　　　　选择"Jet Sideways"选项

图10-30　选择不同"Animation"选项的效果比较（续）

⑪ Blob Influence：用于定义每一滴水银效果的变化程度。

⑫ Influence Map：用于定义每一滴水银效果变化的方式。在右侧的下拉列表中有"Blob in&Out"、"滴入"、"滴入滴出"、"锐利滴出"和"恒定滴落"5个选项可供选择。

⑬ Blob Birth Size：用于定义水滴效果刚刚出现时的尺寸。

⑭ Blob Death Size：用于定义水滴效果即将消失时的尺寸。

⑮ Light Intensity：用于定义照射图像的灯光强度。

⑯ Light Color：单击右侧的颜色按钮，从弹出的"Color"对话框中可以选择照射图像的灯光颜色。也可以单击右侧的 ▦（吸管工具）后在屏幕中直接吸取要使用的颜色。

⑯ Light Type：用于定义不同的灯光类型。在右侧的下拉列表中有"Distant Light"和"Point Light"两个选项可供选择。

⑱ Light Height：用于定义照射图像的灯光高度。

⑲ Light Position：用于定义灯光在X轴和Y轴的位置。该项在选择"点光源"灯光类型后才可以使用。

⑳ Light Direction：用于定义灯光照射图像的角度。该项在选择"Distant Light"灯光类型后才可以使用。

㉑ Ambient：用于定义周围阴影的强度。图10-31所示为设置不同"Ambient"数值的效果比较。

　　　"Ambient"数值为100　　　　　　　　　　　"Ambient"数值为50

图10-31　设置不同"Ambient"数值的效果比较

㉒ Diffuse：用于定义阴影散播的程度。图10-32所示为设置不同"Diffuse"数值的效果比较。

　　　"Diffuse"数值为25　　　　　　　　　　　"Diffuse"数值为80

图10-32　设置不同"Diffuse"数值的效果比较

㉓ Specular：用于定义阴影反射的程度。图 10-33 所示为设置不同"Specular"数值的效果比较。

"Specular"数值为100　　　　　　　　　　　"Specular"数值为40

图10-33　设置不同"Specular"数值的效果比较

㉔ Roughness：用于定义阴影的粗糙程度。图 10-34 所示为设置不同"Roughness"数值的效果比较。

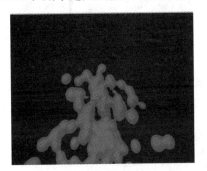 

"Roughness"数值为0.5　　　　　　　　　　Roughness"数值为0.1

图10-34　设置不同"Roughness"数值的效果比较

㉕ Metal：用于定义金属质感的程度。图 10-35 所示为设置不同"Metal"数值的效果比较。

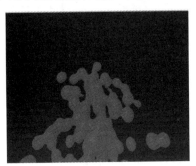 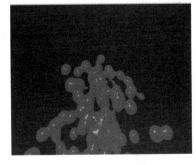

"Metal"数值为100　　　　　　　　　　　"Metal"数值为10

图10-35　设置不同"Metal"数值的效果比较

㉖ Metal Opacity：用于设置材质的透明度属性。

10."CC Drizzle"特效

"CC Drizzle"特效可以在图像上添加水滴溅起的效果。当将"CC Drizzle"特效添加到一个图层中时，在"效果控件"面板中会出现"CC Drizzle"特效的相关参数，如图 10-36 所示。默认的"CC Drizzle"特效的动画效果如图 10-37 所示。

"CC Drizzle"特效的主要参数解释如下：

① Drip Rate：用于定义水滴波纹的数量，数值越大，波纹越多。图 10-38 所示为设置不同"Drip Rate"值的效果比较。

图10-36 "CC Drizzle"特效的相关参数

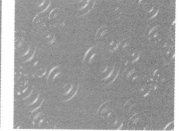

图10-37 默认的"CC Drizzle"特效的动画效果

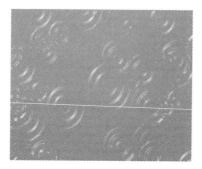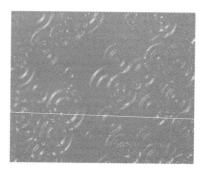

"Drip Rate"值为1　　　　　　　　　　　"Drip Rate"值为2

图10-38 设置不同"Drip Rate"值的效果比较

② Longevity（sec）：用于定义每一个水滴水波存在的时间长度。

③ Ripple Height：用于定义波纹的涟漪角度。图10-39为设置不同"涟漪"值的效果比较。

"Ripple Height"值为1x+0.0。　　　　　　　"Ripple Height"值为2x+0.0。

图10-39 设置不同"Ripple Height"值的效果比较

④ Displacement：用于定义波纹位移的幅度。

⑤ Ripple Height：用于定义波纹涟漪的高度。

⑥ Spreading：用于定义波纹散布的面积。

⑦ Using：用于定义要使用效果中的灯光还是软件中的灯光。

⑧ Light Intensity：用于定义照射图像的灯光强度。图10-40所示为设置不同"Light Intensity"值的效果比较。

 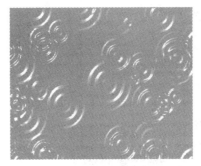

"Light Intensity"值为100　　　　　　　　　　"Light Intensity"值为300

图10-40　设置不同"Light Intensity"值的效果比较

⑨ Light Color：单击右侧的颜色按钮，从弹出的"Color"对话框中可以选择照射图像的灯光颜色。也可以单击右侧的 ▣ (吸管工具) 后在屏幕中直接吸取要使用的颜色。

⑩ Light Type：用于定义不同的灯光类型。在右侧的下拉列表中有"Distant Light"和"Point Light"两个选项供选择。图 10-41 所示为选择不同"Light Type"选项的效果比较。

选择"Distant Light"选项　　　　　　　　　　选择"Point Light"选项

图10-41　选择不同"Light Type"选项的效果比较

⑪ Light Height：用于定义照射图像的灯光高度。

⑫ Light Position：用于定义灯光在 X 轴和 Y 轴的位置。该项在选择"Point Light"灯光类型后才可以使用。

⑬ Light Direction：用于定义灯光照射图像的角度。该项在选择"Distant Light"灯光类型后才可以使用。

⑭ Ambient：用于定义周围阴影的强度。

⑮ Diffuse：用于定义阴影散播的程度。

⑯ Specular：用于定义阴影反射的程度。

⑰ Roughness：用于定义阴影的粗糙程度。

⑱ Metal：用于定义金属质感的程度。

11 "CC Pixel Polly"特效

"CC Pixel Polly"特效可以模拟图像被炸碎并按照不同的方向或角度进行抛射移动的效果。 当将"CC Pixel Polly"特效添加到一个图层中时，在"效果控件"面板中会出现"CC Pixel Polly"特效的相关参数，如图 10-42 所示。默认的"CC Pixel Polly"特效的动画效果如图 10-43 所示。

"CC Pixel Polly"特效的主要参数解释如下：

① Force：用于定义爆炸的力度，数值越大，相应的碎片起始的移动速度越大。

② Gravity：用于定义碎片向下移动的速度。

③ Spinning：用于定义每一个碎片自行旋转的圈数和度数。

④ Force Center：用于定义爆破的中心在 X 轴和 Y 轴的位置。

⑤ Direction Randomness：用于定义碎片对象在移动时方向的任意性比例。

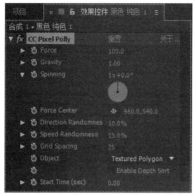

图10-42 "CC Pixel Polly"特效的相关参数　　　图10-43 默认的"CC Pixel Polly"特效的动画效果

⑥ Speed Randomness：用于定义碎片对象在移动时速度的任意性比例。

⑦ Grid Spacing：用于定义每一个碎片的间隔，也就是每一个碎片的尺寸。数值越大，碎片的尺寸越大。

⑧ Object：用于定义碎片对象的状态。在右侧下拉列表中有"Polygon""Textured Polygon" "Square"和"Textured Square"4个选项供选择。图10-44所示为选择不同选项的效果比较。

选择"Polygon"选项　　　选择"Textured Polygon"选项　　　选择"Square"选项　　　选择"Textured Square"选项

图10-44 为选择不同选项的效果比较

⑨ Enable Depth Sort：勾选该复选框后，可以按照碎片的深度进行分类。

⑩ Start Time（sec）：用于设置碎片开始的时间。

12. "CC Star Burst"特效

"CC Star Burst"特效可以模拟在星际中穿梭的动画效果。当将"CC Star Burst"特效添加到一个图层中时，在"效果控件"面板中会出现"CC Star Burst"特效的相关参数，如图10-45所示。默认的"CC Star Burst"特效的动画效果如图10-46所示。

图10-45 "CC Star Burst"特效的相关参数　　　图10-46 默认的"CC Star Burst"特效的动画效果

"CC Star Burst"特效的主要参数解释如下：

① Scatter：用于定义颗粒Scatter的密度，数值越大，颗粒越散。图10-47所示 为设置不同"Scatter"数值的效果比较。

② Speed：用于定义颗粒移动的速度。

"Scatter"值为100　　　　　　　　　　　　　"Scatter"值为200

图10-47　设置不同"Scatter"数值的效果比较

③ Phase：用于定义颗粒移动的角度相位。

④ Grid Spacing：用于定义生成颗粒的间距，间距越大，相应的颗粒尺寸也会变大。图 10-48 所示为设置不同"Grid Spacing"数值的效果比较。

 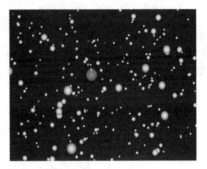

"Grid Spacing"值为4　　　　　　　　　　　　"Grid Spacing"值为10

图10-48　设置不同"Grid Spacing"数值的效果比较

⑤ Size：用于定义颗粒的尺寸。图 10-49 所示为设置不同"Size"数值的效果比较。

 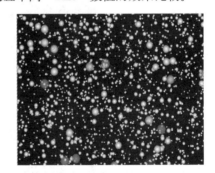

"大小"值为100　　　　　　　　　　　　　"大小"值为200

图10-49　设置不同"大小"数值的效果比较

⑥ Blend w.Original：用于定义效果和原图像的混合程度。

13 "焦散"特效

"焦散"特效用于模拟水中反射和折射的自然效果，该特效常配合"电波"和"波形环境"特效使用。图 10-50 所示为原图、"波形环境"效果和应用了"焦散"特效之后的效果。图 10-51 为原图、"电波"效果和应用了"焦散"特效之后的效果。当将"焦散"特效添加到一个图层中时，在"效果控件"面板中会出现"焦散"特效的相关参数，如图 10-52 所示。

"焦散"特效的主要参数解释如下：

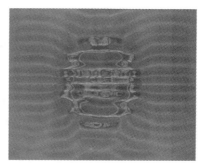

图10-50 "焦散"特效应用1

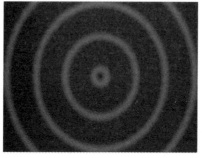

图10-51 "焦散"特效应用2

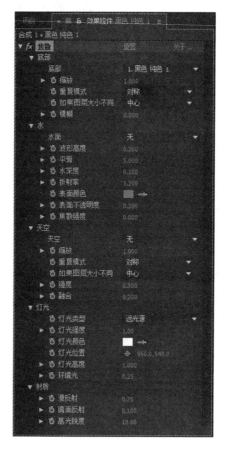

图10-52 "焦散"特效的相关参数

① 底部：在该区域中可以设置对图像添加底部区域特效的相关参数。

a．底部：用于定义叠加显示的素材图像层。

ｂ．缩放：用于定义底层缩放的比例。

ｃ．重复模式：用于定义底层不同的重复模式。在右侧下拉列表中有"一次""对称"和"平铺"3 个选项供选择。

ｄ．如果图层大小不同：用于定义当两个图层的尺寸不同时的处理方式。在右侧的下拉列表中有"中心"和"伸缩以适合"两个选项供选择。

ｅ．模糊：用于定义图像的模糊程度。

② 水：在该区域中可以设置对图像添加水面区域特效的相关参数。

ａ．水面：用于定义水效果的表面图像层。

ｂ．波形高度：用于定义水效果中波纹的高度。

ｃ．平滑：用于定义波纹的平滑程度。图 10-53 所示为设置不同"平滑"数值的效果比较。

"平滑"值为1　　　　　　　　　　　　　　　　"平滑"值为20

图10-53　设置不同"平滑"数值的效果比较

ｄ．水深度：用于定义水效果中水的深度。图 10-54 所示为设置不同"水深度"数值的效果比较。

"水深度"值为0.2　　　　　　　　　　　　　　　"水深度"值为1

图10-54　设置不同"水深度"数值的效果比较

ｅ．折射率：用于设置水效果中反射光的程度。图 10-55 所示为设置不同"折射率"数值的效果比较。

"折射率"值为1.2　　　　　　　　　　　　　　　"折射率"值为2

图10-55　设置不同"折射率"数值的效果比较

f．表面颜色：用于定义水效果表面的颜色。

g．表面不透明度：用于定义水表面的不透明度。图10-56所示为设置不同"表面透明度"数值的效果比较。

"表面不透明度"值为0.3

"表面不透明度"值为0.6

图10-56　设置不同"表面不透明度"数值的效果比较

h．焦散强度：用于定义焦散的强度。数值越大，物体边缘的水波越明亮。图10-57所示为置不同"焦散强度"数值的效果比较。

"焦散强度"值为0

"焦散强度"值为2

图10-57　设置不同"焦散强度"数值的效果比较

③ 天空：在该区域中可以设置对图像添加天空区域特效的相关参数。

a．天空：用于定义要作为天空纹理效果的图层。

b．缩放：用于定义对纹理图层进行缩放的比例。

c．重复模式：用于定义天空纹理重复的方式。在右侧的下拉列表中有"一次""平铺"和"对称"3个选项供选择。

d．如果图层大小不同：用于定义当两个图层的尺寸不同时的处理方式。在右侧的下拉列表中有"中心"和"伸缩以适合"两个选项供选择。

e．强度：用于定义天空效果的强烈程度。

f．融合：用于定义天空效果的融合程度。

④ 灯光：在该区域中可以设置对图像添加照明区域特效的相关参数。

a．灯光类型：用于定义不同的灯光类型。在右侧的下拉列表中有"点光源""远光源"和"首选合成照明"3个选项供选择。

b．灯光强度：用于定义照射图像的灯光强度。

c．灯光颜色：用于定义照射图像的灯光颜色。

d．灯光位置：用于定义灯光在X轴和Y轴的位置。

e．灯光高度：用于定义照射图像的灯光高度。

f．环境光：用于定义环境光的强度。

⑤ 材质：在该区域中可以设置对图像添加质感区域特效的相关参数。

a. 漫反射：用于定义漫反射的系数。图 10-58 所示为设置不同"漫反射"数值后的效果比较。

"漫反射"值为0.75　　　　　　　　　　　　　　　"漫反射"值为2

图10-58　设置不同"镜面反射"数值的效果比较

b. 镜面反射：用于定义镜面反射的系数。图 10-59 所示为设置不同"镜面反射"数值后的效果比较。

"镜面反射"值为0.1　　　　　　　　　　　　　　"镜面反射"值为0.5

图10-59　设置不同"镜面反射"数值的效果比较

c. 高光锐度：用于定义高光区域范围。图 10-60 所示为设置不同"高光锐度"数值后的效果比较。

"高光锐度"值为10　　　　　　　　　　　　　　　"高光锐度"值为60

图10-60　设置不同"高光锐度"数值的效果比较

14. "卡片动画"特效

　　"卡片动画"特效可以根据指定层的特征分割画面，产生卡片动画的效果。该特效是一个真正的三维特效，可以在 X、Y、Z 轴上对卡片进行位移、旋转或者比例缩放等操作，还可以设置灯光方向和材质属性。当将"卡片动画"特效添加到一个图层中时，在"效果控件"面板中会出现"卡片动画"特效的相关参数，如图 10-61 所示。图 10-62 所示为对图像添加"卡片动画"特效后的动画效果。

　　"卡片动画"特效的主要参数解释如下：

　　① 行数与列数：用于定义行数和列数的设置方式。在右侧的下拉列表中有"独立"和"列数受行数控制"两个选项可供选择。

图10-61　"卡片动画"特效的相关参数　　　　图10-62　为对图像添加"卡片动画"特效后的动画效果

② 行数：用于定义分裂碎片时行的数量。

③ 列数：用于定义分裂碎片时列的数量。该项只有在选择"独立"时才可使用。

④ 背面图层：用于定义碎片使用的图层。

⑤ 渐变图层1/2：用于定义作为向导的图像。如果将图形打散成块，则要根据此图像进行分割。

⑥ 旋转顺序：用于定义旋转轴向的排列顺序。在右侧下拉列表中有"XYZ""XZY""YXZ""YZX""ZXY"和"ZYX"6个选项供选择。

⑦ 变换顺序：用于定义碎片变形时，采用的属性顺序。在右侧下拉列表中有"位置、旋转、比例"、"位置、比例、旋转""旋转、位置、比例""旋转、位置、比例""比例、旋转、位置"和"比例、旋转、位置"6个选项可供选择。

⑧ X/Y/Z轴位置：用于定义生成的碎片在X/Y/Z轴的位置。

⑨ X/Y/Z轴旋转：用于定义生成的碎片图像在X/Y/Z轴的旋转角度。

⑩ X/Y/Z轴缩放：用于定义生成的碎片图像在X/Y/Z轴的比例。

⑪ 摄像机系统：用于设置观察摄像机的机位。在右侧的下拉列表中有"摄像机位置""边角定位"和"合成摄像机" 3个选项供选择。

⑫ 摄像机位置：用于设置照射图像的摄像机的属性。

a．X／Y／Z轴旋转：用于定义摄像机在X／Y／Z轴方向上的旋转角度。

b．X，Y位置：用于定义摄像机在X和Y轴上的位置。

c．Z位置：用于定义摄像机在Z轴上的位置。

⑬ 边角定位：用于定义摄像机的角度。该项只有在选择"边角定位"摄像机系统时才可以使用。

⑭ 灯光：用于对照射图像的相应对光进行调整。

a．灯光类型：用于定义不同的灯光类型。在右侧的下拉列表中有"点光源""远光源"和"首选合成灯光"3 个选项供选择。

b．灯光强度：用于定义照射图像的灯光强度。

c．灯光颜色：用于定义照射图像的灯光颜色。

d．灯光位置：用于定义照射图像的灯光位置。

e．灯光深度：用于定义照射图像的灯光深度。

f．环境光：用于定义环境光的强度。

⑮ 材质：用于对照射图像的相应对光的质感进行调整。

a．漫反射：用于定义漫反射的系数。

b．镜面反射：用于定义镜面反射的系数。

c．高光锐度：用于定义高光区域的范围。

15. "粒子运动场"特效

"粒子运动场"特效是一个功能强大的粒子运动场效果，可以产生大量相似物体独立运动的动画效果。粒子效果主要用于模拟现实世界中物体间的相互作用，如喷泉、雪花等效果。当将"粒子运动场"特效添加到一个图层中时，在"效果控件"面板中会出现"粒子运动场"特效的相关参数，如图 10-63 所示。图 10-64 所示为默认的对图像添加"粒子运动场"特效后的动画效果。

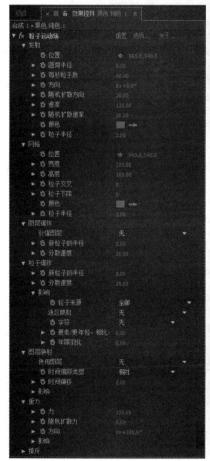

图10-63　"粒子运动场"特效的相关参数　　　　图10-64　为对图像添加"粒子运动场"特效后的动画效果

"粒子运动场"特效的主要参数解释如下：

① 发射：用于产生持续的粒子流。

a. 位置：用于确定发射点的位置。

b. 圆筒半径：用于定义柱体半径尺寸。

c. 每秒粒子数：用于定义每秒产生粒子的数量。数值越大，产生的粒子越多。

d. 方向：用于定义粒子发射的角度。图 10-65 所示为设置不同"方向"数值后的效果比较。

"方向"值为30　　　　　　　　　　　　　　"方向"值为300

图10-65　设置不同"方向"数值的效果比较

e. 随机扩散方向：用于定义随机扩散的方向。图 10-66 所示为设置不同"随机扩散方向"数值后的效果比较。

"随机扩散方向"值为30　　　　　　　　　　"随机扩散方向"值为300

图10-66　设置不同"随机扩散方向"数值的效果比较

f. 速率：用于定义粒子发射的初始速度。图 10-67 所示为设置不同"速率"数值的效果比较。

"速率"值为100　　　　　　　　　　　　　"速率"值为200

图10-67　设置不同"速率"数值的效果比较

g. 随机扩散速率：用于定义粒子速度的随机量。图 10-68 所示设置不同"随机扩散速率"数值的效果比较。

h. 颜色：用于定义圆点粒子或文本粒子的颜色。

i. 粒子半径：用于定义圆点粒子的尺寸（以像素为单位）或字符的尺寸（以点为单位）。**数值为 0 时不产生粒子。**

"速率"值为100

"速率"值为200

图10-68　设置不同"随机扩散速率"数值的效果比较

② 网格：用于产生粒子面。

a．位置：用于定义网格中心的X和Y坐标。

b．宽度：用于定义网格的边框宽度。

c．高度：用于定义网格的边框高度。

d．粒子交叉：用于定义网格区域中水平方向产生的粒子数。

e．粒子下降：用于定义网格区域中垂直方向产生的粒子数。

f．颜色：用于定义圆点粒子或文本粒子的颜色。

g．粒子半径：用于定义圆点粒子的尺寸（以像素为单位）或字符的尺寸（以点为单位）。数值为0时不产生粒子。

③ 图层爆炸：用于将目标层分裂为粒子，可以模拟爆炸、烟火等效果。

a．引爆图层：用于选择要爆炸的图层。

b．新粒子半径：用于定义爆炸所产生粒子的半径值。该数值一定要小于原始层的数值 。

c．分散速度：用于定义所产生粒子速度变化范围的最大值。较高值会产生一个更分散的爆炸，较低值则会使新粒子聚集在一起。

④ 粒子爆炸：用于将一个粒子分裂为许多新的粒子。

a．新粒子半径：用于定义爆炸后产生粒子的半径值。该数值一定要小于原始层的数值。

b．分散速度：用于定义所产生粒子速度变化范围的最大值。较高的数值会产生一个更分散的爆炸，较低值则会使新粒子聚集在一起。

c．影响：用于定义哪些粒子受选项的影响。

- 粒子5来源：用于选择粒子发生器。在右侧的下拉列表中有16种粒子发生器类型可供选择，如图10-69所示。

- 选区映射：用于指定映射图层。

- 字符：用于指定受当前选项影响的字符的文本区域。该项只有在将文本字符作为粒子使用时才有效。

- 更老／更年轻，相比：用于指定年龄阈值，以秒为单位。指定正值会影响旧的粒子，指定负值会影响新的粒子。

- 年限羽化：用于定义年限羽化值，以秒为单位指定一个时间范围，该范围内所有旧的和年轻的粒子都会被羽化或柔和。

⑤ 图层映射：默认情况下，粒子发生器发射的为小方块粒子。在该区域中可以指定任意层作为粒子的贴图来替代小方块。

a．使用图层：用于指定映射的图层。图10-70所示为默认的粒子效果，图10-71所示为用飞龙序列图片

```
● 全部
  无
  发射
  网格
  图层爆炸
  粒子爆炸
  发射或网格
  发射或图层爆炸
  发射或粒子爆炸
  网格或图层爆炸
  网格或粒子爆炸
  图层爆炸或粒子爆炸
  发射或网格或图层爆炸
  发射或网格或粒子爆炸
  发射或图层爆炸或粒子爆炸
  网格或图层爆炸或粒子爆炸
```

图10-69　"粒子发生器"类型

替代小方块粒子的画面效果。

图10-70　默认的粒子效果　　　　　图10-71　用飞龙序列图片替代小方块粒子的画面效果

b．时间偏移类型：用于控制时间偏移的类型。在右侧的下拉列表中有"绝对""相对""绝对随机"和"相对随机"4个选项供选择。

c．时间偏移：用于控制时间偏移效果的时间。

d．反击：用于定义哪些粒子受选项的影响。

⑥ 重力：用于定义影响粒子运动场的方向。

a．力：用于控制重力的影响。数值越大受重力影响越大，正的数值会使重力沿重力方向影响粒子，负的数值会使重力沿重力反方向影响粒子。

b．随机扩散力：用于定义重力影响力的随机值范围。值为0时，所有粒子都以相同的速率下落；当值为一个较高的值时，粒子会以不同的速率下落。

c．方向：用于设置重力的方向，默认情况下，重力向下。

d．影响：用于定义哪些粒子受选项的影响。

⑦ 排斥：用于定义相邻的粒子的相互排斥或吸引。

a．力：用于定义排斥力的影响程度。正值排斥，负值吸引。

b．力半径：用于定义粒子受到排斥或吸引力的范围。

c．排斥物：用于指定哪些粒子作为一个粒子子集的排斥源或吸引源。

d．影响：用于定义哪些粒子受选项的影响。

⑧ 墙：用于定义粒子移动的区域。

a．边界：用于选择一个遮罩作为边界墙。

b．影响：用于定义哪些粒子受选项的影响。

⑨ 永久属性映射器：持续特性映射会持续改变粒子数行为最近的值，直到另一个运算（如排斥、重力或墙）修改了粒子。

a．使用图层作为映射：用于选择一个层作为影响粒子的层映射。

b．影响：用于定义哪些粒子受选项的影响。

c．将红色映射为：利用层映射的RGB通道中的红色控制粒子属性。

d．将绿色映射为：利用层映射的RGB通道中的绿色控制粒子属性。

e．将蓝色映射为：利用层映射的RGB通道中的蓝色控制粒子属性。

f．最小值／最大值：当层映射亮度值的范围太宽或太窄时，可用最小和最大选项来拉伸、压缩或移动层映射所产生的范围。

⑩ 短暂属性映射器：短暂特性映射会在每一帧后恢复粒子属性为初始值。其参数与持续属性映射器相同，这里不再赘述。

16．"泡沫"特效

"泡沫"特效用于模拟气泡、水珠等流体效果，可以控制气泡的粘性、柔韧性及寿命，甚至可以在气泡中反射图像。当将"泡沫"特效添加到一个图层中时,在"效果控件"面板中会出现"泡沫"特效的相关参数,如图 10-72 所示。默认的"泡沫"特效的动画效果如图 10-73 所示。

图10-72　"泡沫"特效的相关参数

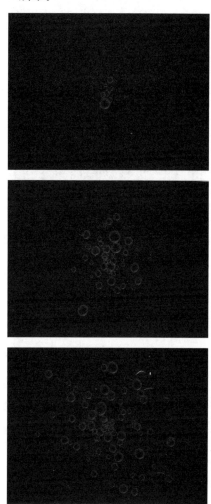

图10-73　为对图像添加"泡沫"特效后的动画效果

"泡沫"特效的主要参数解释如下:

① 视图:用于定义在合成窗口中查看气泡效果的方式。在右侧的下拉列表中"草图""草图＋流动映射"和"已渲染"3 个选项供选择。选择"草图"选项,将以草图模式渲染气泡效果,如图 10-74 所示,此时不能看到气泡的最终效果,但可以预览气泡的运动方式和设置状态,该方式计算速度非常快速;选择"草图＋流动映射"选项,则可以在为特效指定了影响通道后看到指定的影响对象,如图 10-75 所示;选择"已渲染"选项,则可以在完全预览气泡的最终效果,如图 10-76 所示。

图10-74　"草图"效果

图10-75　"草图＋流动映射"效果

图10-76　"已渲染"效果

② 制造者：用于对气泡的粒子发射器进行设置。

a．产生点：用于定义气泡点在 X 轴和 Y 轴上的位置。

b．产生 X/Y 大小：用于定义生成气泡的位置在 X/Y 轴上的半径。

c．产生方向：用于定义产生气泡的角度。

d．产生速率：用于定义产生气泡的速率。

③ 气泡：用于对气泡粒子的尺寸、生命以及强度进行控制。

a．大小：用于定义气泡粒子的尺寸大小。

b．大小差异：用于定义气泡粒子的大小差异。数值越高，每个粒子间的大小差异越大。图 10-77 所示为设置不同"大小差异"数值的大小比较。

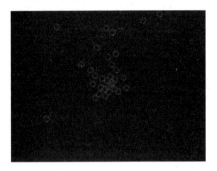 

"大小差异"值为0　　　　　　　　　　　　　　　"大小差异"值为0.5

图10-77　设置不同"大小差异"数值的效果比较

c．寿命：用于定义每个粒子的生命值，也就是粒子从产生到消亡之间的时间。

d．气泡增长速度：用于定义每个粒子的生命值。

e．强度：用于定义粒子的密度。图 10-78 所示为设置不同"强度"数值的效果比较。

 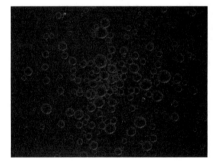

"强度"值为2　　　　　　　　　　　　　　　"强度"值为10

图10-78　设置不同"强度"数值的效果比较

④ 物理学：用于控制影响粒子的运动因素。

a．初始速度：用于定义气泡在刚刚生成时的速度。

b．初始方向：用于定义气泡刚刚生成时的角度。

c．风速：用于定义气泡被风吹动的速度。

d．风向：用于定义气泡被风吹动的方向。

e．湍流：用于定义气泡的抖动范围。

f．摇摆量：用于定义气泡动荡出现的次数。

g．排斥力：用于定义各个气泡之间的排斥力度。数值越高，粒子之间的排斥力越强。

h．弹跳速度：用于定义气泡爆破的速度。图 10-79 所示为设置不同"弹跳速度"数值的效果比较。

i．粘度：用于定义气泡之间的粘连度。图 10-80 所示为设置不同"粘度"数值的效果比较。

"弹跳速度"值为0　　　　　　　　　　　　　"弹跳速度"值为0.5

图10-79　设置不同"弹跳速度"数值的效果比较

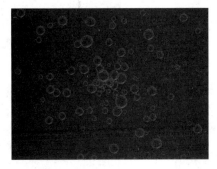 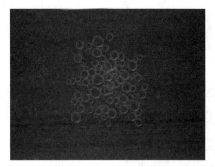

"粘度"值为0　　　　　　　　　　　　　"粘度"值为0.5

图10-80　设置不同"粘度"数值的效果比较

　　j. 粘性：用于定义气泡之间的粘连的机率。图 10-81 所示为设置不同"粘性"数值的效果比较。

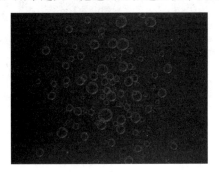 

"粘性"值为0　　　　　　　　　　　　　"粘性"值为0.5

图10-81　设置不同"粘性"数值的效果比较

　　⑤ 缩放：用于对粒子效果进行缩放。

　　⑥ 综合大小：用于控制粒子效果的综合尺寸。

　　⑦ 正在渲染：用于控制粒子的渲染属性。

　　a. 混合模式：用于设置粒子间的混合模式。在右侧的下拉列表中有"透明""不透明旧气泡位于上方"和"不透明新气泡位于上方"3 个选项供选择。

　　b. 气泡纹理：用于定义气泡粒子的纹理方式。在右侧的下拉列表中有"用户自定义""默认泡沫""琥珀色 Bock""水滴珠""小雨""卡通咖啡""冬季流""苏打水""橙色苏打""核废料""红潮""岩浆大理石""夕阳余晖泡沫""Pepto""海藻""气泡""气泡回绕"和"葡萄色苏打"18 种泡沫材质可供选择。图 10-82 所示为除"用户自定义"外的其余 17 种泡沫材质的效果比较。

　　c. 气泡纹理分层：当选择"用户定义"泡沫材质后，在此处可以定义气泡纹理所采用的图层。

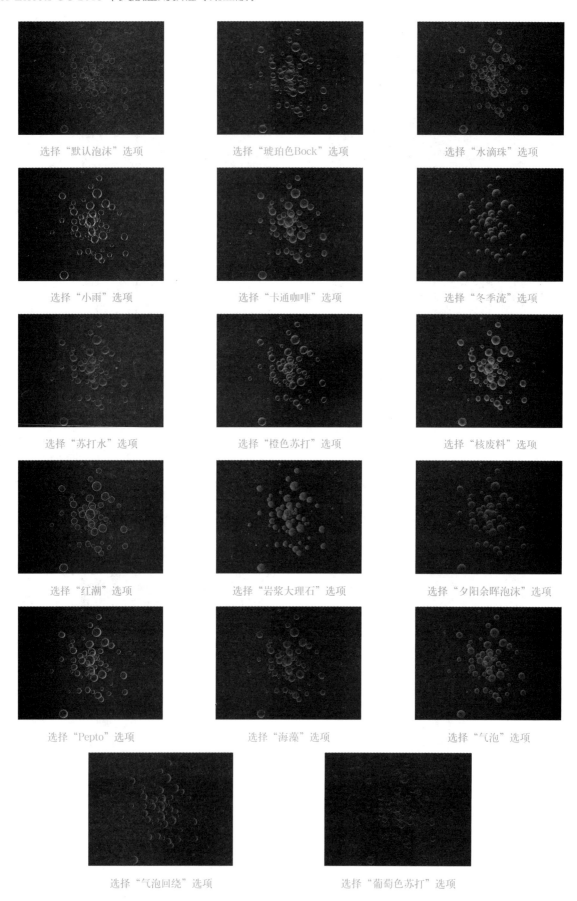

选择"默认泡沫"选项　　　选择"琥珀色Bock"选项　　　选择"水滴珠"选项

选择"小雨"选项　　　选择"卡通咖啡"选项　　　选择"冬季流"选项

选择"苏打水"选项　　　选择"橙色苏打"选项　　　选择"核废料"选项

选择"红潮"选项　　　选择"岩浆大理石"选项　　　选择"夕阳余晖泡沫"选项

选择"Pepto"选项　　　选择"海藻"选项　　　选择"气泡"选项

选择"气泡回绕"选项　　　选择"葡萄色苏打"选项

图10-82　除"用户定义"外的其余17种泡沫材质的效果比较

　　d．气泡方向：用于定义气泡的方向。在右侧的下拉列表中有"固定""物理定向"和"泡沫速度"3个选项供选择。

　　e．环境映射：用于设置环境的贴图图层。

　　f．反射强度：用于定义气泡反射效果的强度。

　　g．反射融合：用于定义气泡反射环境的聚集程度。

　　⑧　流动映射：用于指定一个层来影响粒子效果。

　　⑨　模拟品质：用于设置气泡粒子的方针质量。

　　⑩　随机植入：用于控制气泡粒子的随机植入数。

17．"波形环境"特效

　　"波形环境"特效可以创建若干虚拟的平面，并在这些平面上实现波浪的效果。当将"波形环境"特效添加到一个图层中时，在"效果控件"面板中会出现"波形环境"特效的相关参数，如图 10-83 所示。默认的"波形环境"特效的动画效果如图 10-84 所示。

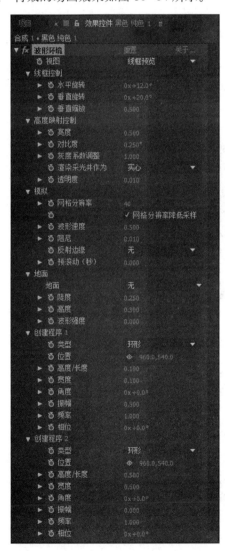

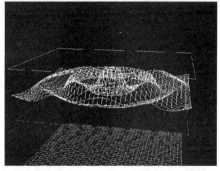

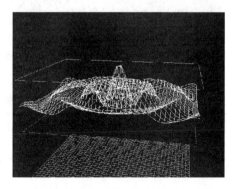

图10-83　"波形环境"特效的相关参数　　　　图10-84　为对图像添加"波形环境"特效后的动画效果

　　"波形环境"特效的主要参数解释如下：

　　①　视图：用于定义在"合成"面板中查看效果的方式。在右侧的下拉列表中有"线框预览"和"高度地图"两个选项供选择。图 10-85 所示为选择不同"视图"选项的效果比较。

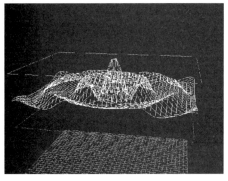

选择"线框预览"

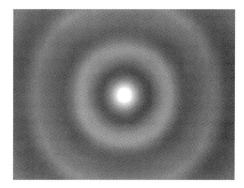

选择"高度贴图"

图10-85　选择不同"视图"选项的效果比较

② 线框控制：用于对线框视图进行控制。

a．水平旋转：用于定义水平方向的旋转角度。

b．垂直旋转：用于定义垂直方向的旋转角度。

c．垂直缩放：用于定义垂直方向的缩放比例。

③ 高度映射控制：用于对灰度位移图进行控制。

a．亮度：用于设置亮度，在"线框图预览"图像上表示为两个亮面的位移。图10-86所示为设置不同"亮度"数值的效果比较。

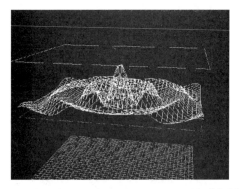

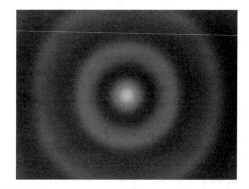

"亮度"值为0.3

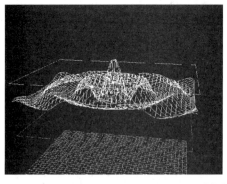

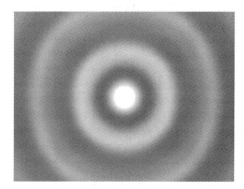

"亮度"值为0.6

图10-86　设置不同"亮度"数值的效果比较

b．对比度：用于设置对比度。在"线框预览"图像上表示为两个蓝色平面的距离。图10-87为设置不同"对比度"数值的效果比较。

c．灰度系数调整：用于控制位移图的灰度值。用户可以通过调节灰度参数控制位移图的中间色调。

d．渲染采光井作为：用于设置渲染区域的显示方式。

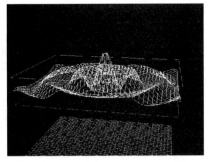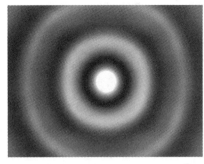

"对比度"值为0.3

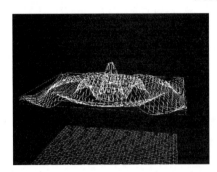

"对比度"值为0.5

图10-87　设置不同"对比度"数值的效果比较

e．透明度：用于设置相应的透明度。

④ 模拟：用于定义波浪的仿真效果。

a．网格分辨率：用于定义网格的分辨率。

b．网格分辨率降低采样：勾选该复选框，将允许网格分辨率向下重新采样。

c．波形速度：用于定义波纹运动的速度。图10-88所示为设置不同"波形速度"数值的效果比较。

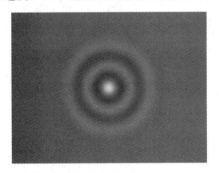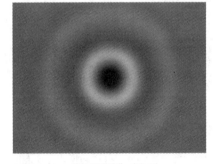

"波形速度"为0.3　　　　　　　　　　　　　"波形速度"为0.6

图10-88　设置不同"波形速度"数值的效果比较

d．阻尼：用于定义波纹的衰减速度。图10-89所示为设置不同"阻尼"数值的效果比较。

e．反射边缘：用于定义边缘的反射方式。

f．预滚动（秒）：用于定义滚动的时间长度。

⑤ 地面：用于定义产生效果的素材。

a．地面：用于定义用来制作效果的原始素材。

b．陡度：用于定义生成波纹的深度。

c．高度：用于定义生成波纹的高度。

d．波形强度：用于定义生成波纹的张力大小。

⑥ 创建程序1/ 程序2：用于设置波纹发生器的属性。

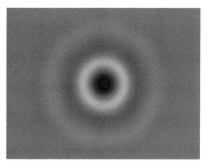
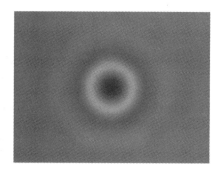

"阻尼"为0.1　　　　　　　　　　　　　"阻尼"为0.5

图10-89　设置不同"阻尼"数值的效果比较

　　a. 类型：用于定义生成器的类型。在右侧的下拉列表中有"环形"和"线性"两个选项供选择。

　　b. 位置：用于定义波纹在 X 轴和 Y 轴的位置。

　　c. 高度／长度：用于定义波纹的高度／长度。

　　d. 宽度：用于定义波纹的宽度。

　　e. 角度：用于定义波纹的旋转角度。

　　f. 振幅：用于定义波纹的最大振幅。

　　g. 频率：用于定义波纹的频率。

　　h. 相位：用于定义波纹的相位。

18."碎片"特效

　　"碎片"特效可以对图像进行爆炸处理，使其产生飞散的碎片。当将"碎片"特效添加到一个图层中时，在"效果控件"面板中会出现"碎片"特效的相关参数，如图 10-90 所示。默认的"碎片"特效的动画效果如图 10-91 所示。

图10-90　碎片"特效的相关参数　　　　　　　　图10-91　为对图像添加"碎片"特效后的动画效果

"碎片"特效的主要参数解释如下：

① 视图：用于定义在合成窗口中的显示方式。在右侧的下拉列表中有"已渲染""线框正视图""线框""线框正视图＋作用力"和"线框＋作用力"5 个选项供选择。图 10-92 所示为选择不同"视图"选项的效果比较。

选择"已渲染"选项

选择"线框正视图"选项

选择"线框"选项

选择"线框正视图+作用力"选项

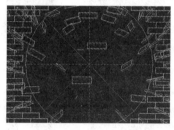
选择"线框+作用力"选项

图10-92　选择不同"视图"选项的效果比较

② 渲染：用于定义渲染图像的部分。在右侧的下拉列表中有"全部""图层"和"块"3 个选项供选择。

③ 形状：用于定义爆炸产生碎块的形状。

a．图案：用于定义爆炸产生碎块的图案。在右侧的下拉列表中有"自定义""砖块""Carpenter 轮""Chevrons""Crescents""蛋""玻璃""人字形 1""人字形 2""六边形""js""八边形与正方形""覆盖正方形""厚木板""拼图""菱形""正方形""正方形及三角形""星形及三角形""三角形 1"和"三角形 2"21 种图案供选择。图 10-93 所示为"线框"查看类型下除"自定义"外的其余 17 种图案的效果比较。

选择"砖块"选项

选择"Carpenter轮"选项

选择"Chevrons"选项

选择"Crescents"选项

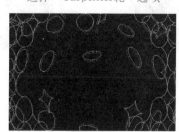
选择"蛋"选项

选择"玻璃"选项

图10-93　除"自定义"外的其余17种图案的效果比较

选择"人字形1"选项

选择"人字形2"选项

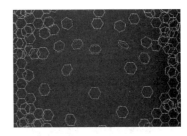
选择"六边形"选项

选择"js"选项

选择"八边形与正方形"选项

选择"覆盖正方形"选项

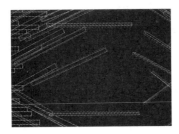
选择"厚木板"选项

选择"拼图"选项

选择"菱形"选项

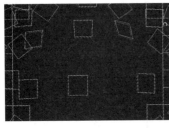
选择"正方形"选项

选择"正方形及三角形"选项

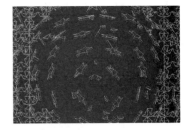
选择"星形及三角形"选项

选择"三角形1"选项

选择"三角形2"选项

图10-93 除"用户定义"外的其余17种图案的效果比较（续）

b．自定义碎片图：当选择"自定义"图案后，在此处可以定义一个图层映射物体爆炸的效果。

c．白色拼贴已修复：勾选该复选框，将使用白色平铺固定。

d．重复：用于定义爆炸重复的次数。

e．方向：用于定义爆炸放射的方向。

f．源点：用于定义爆炸开始点在 X 轴和 Y 轴上的位置。

g．凸出深度：用于定义生成碎片的厚度。图 10-94 所示为"已渲染"查看类型下不同"凸出深度"数值的效果比较。

"凸出深度"值为0.2　　　　　　　　　　　"凸出深度"值为0.6

图10-94　"渲染"查看类型下不同"凸出深度"数值的效果比较

④ 作用力1/作用力2：用于定义爆炸的作用力。

a. 位置：用于定义爆炸力作用点在 X 轴和 Y 轴的位置。

b. 深度：用于定义爆炸力作用的深度。

c. 半径：用于定义爆炸力作用的半径。

d. 强度：用于定义爆炸力的力度。正值向前发力，负值向后发力。

⑤ 渐变：用于定义生成的爆炸效果。

a. 碎片阈值：用于定义爆炸的最大范围。

b. 渐变图层：用于定义作为渐变的图层。

c. 反转渐变：勾选该复选框，将对渐变效果进行反转。

⑥ 物理学：用于定义爆炸的各种物理参数。

a. 旋转速度：用于定义旋转的速度。图 10-95 所示为设置不同"旋转速度"数值的效果比较。

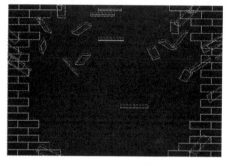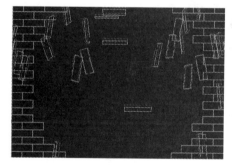

"旋转速度"值为0.2　　　　　　　　　　　"旋转速度"值为0.5

图10-95　设置不同"旋转速度"数值的效果比较

b. 倾覆轴：用于定义旋转的轴向。在右侧的下拉列表中有"自由""无""X""Y""Z""XY""XZ"和"YZ"8 个选项供选择。

c. 随机度：用于定义碎片飞行的随机性。

d. 粘度：用于定义碎片的粘合性，较高的数值会使碎片聚集在一起。

e. 大规模方差：用于定义碎片变化的百分比。

f. 重力：用于定义碎片向下移动的速度。

g. 重力方向：用于定义重力的方向。

h. 重力倾向：用于定义重力的渐变倾斜。

⑦ 纹理：用于定义爆炸碎片的颜色、纹理等参数。

a. 颜色：用于定义爆炸碎片的颜色。

b．不透明度：用于定义爆炸碎片的不透明度。

c．正面模式：用于定义爆炸区域正面的模式。

d．正面图层：用于定义用于正面的图层。

e．侧面模式：用于定义爆炸区域侧面的模式。

f．侧面图层：用于定义用于侧面的图层。

g．摄像机系统：用于定义使用的摄像机系统。在右侧的下拉列表中有"摄像机位置""边角定位"和"合成摄像机"3 个选项供选择。

⑧ 摄像机位置：用于设置摄像机的参数。当选择"摄像机位置"摄像机系统时该项才可用。

⑨ 灯光：用于定义照射图像的灯光。

a．灯光类型：用于定义不同的灯光类型。在右侧的下拉列表中有"点光源""远光源"和"首选合成灯光"3 个选项供选择。

b．灯光强度：用于定义照射图像的灯光强度。

c．灯光颜色：用于定义照射图像的灯光颜色。

d．灯光位置：用于定义照射图像的灯光颜色。

e．灯光深度：用于定义照射图像的灯光深度。

f．环境光：用于定义环境光的强度。

⑩ 材质：用于解释素材的材质属性。

a．漫反射：用于定义漫反射的系数。

b．镜面反射：用于定义镜面反射的系数。

c．高光锐度：用于定义高光区域的范围。

10.2 实 例 讲 解

本节通过 5 个实例讲解仿真效果在实际工作中的具体应用，旨在帮助读者能够理论联系实际，快速掌握仿真效果的相关知识。

10.2.1 下雨效果

 要点

本例将利用 After Effects CC 2015 自身的特效，制作从上往下看的下雨及下雨时的水面涟漪效果，如图 10-96 所示。通过本例的学习，应掌握"杂色""CC Drizzle""CC Particle World""高斯模糊"特效和蒙版的综合应用。

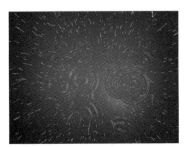

图10-96　下雨效果

操作步骤

1. 制作涟漪的水面效果

① 启动 After Effects CC 2015，执行菜单中的"合成｜新建合成"命令，在弹出的对话框中设置参数，如图 10-97 所示，单击"确定"按钮。

② 创建 water 纯色层。执行菜单中的"图层｜新建｜纯色"命令，在弹出的"纯色设置"对话框中设置"名称"为"water"，"颜色"为暗蓝色（RGB（75，95，115）），然后单击"制作合成大小"按钮，如图 10-98 所示，再单击"确定"按钮，从而生成一个与合成图像等大的纯色层，效果如图 10-99 所示。

③ 为了使背景更加真实，下面对"water"层进行噪波处理。选择"water"层，执行菜单中的"效果｜杂色和颗粒｜杂色"命令，然后在"效果控件"面板中设置"杂色数量"为 5.0%，取消勾选"使用杂色"复选框，如图 10-100 所示，效果如图 10-101 所示。

图10-97　设置合成图像参数

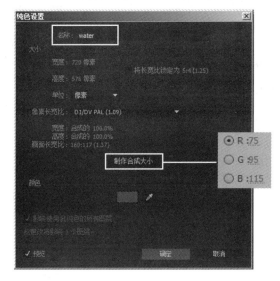

图10-98　设置纯色层参数

图10-99　新建的water纯色层

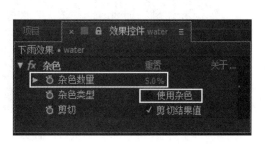

图10-100　设置"杂色"参数

图10-101　杂色效果

④ 执行菜单中的"效果|模拟|CC Drizzle"命令，然后在"效果控件"面板中设置参数，如图10-102所示。此时播放动画，即可看到动态的水波涟漪效果，如图10-103所示。

图10-102 设置"CC Drizzle"参数　　　　　图10-103 设置"CC Drizzle"参数后的效果

⑤ 为了增强背景的层次感，聚集视觉效果，下面为"water"层添加一个蒙版。执行菜单中的"图层|新建|纯色"命令，新建一个"名称"为"mask"，"颜色"为黑色，大小与合成图像等大的纯色层。然后执行菜单中的"图层|蒙版|新建蒙版"命令，为该图层创建一个蒙版。接着在时间线中展开"mask"层的"蒙版1"属性，参数设置如图10-104所示，效果如图10-105所示。

 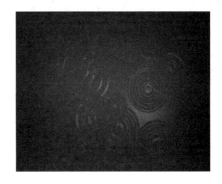

图10-104 设置"蒙版1"的参数　　　　　图10-105 设置"蒙版1"参数后的效果

2. 制作下雨效果

① 执行菜单中的"图层|新建|纯色"命令，新建一个"名称"为"rain"，"颜色"为白色，大小与合成图像等大的纯色层，此时"时间线"面板如图10-106所示。

② 选择"rain"层，执行菜单中的"效果|模拟|CC Particle World"命令，然后在"效果控件"面板中设置参数，如图10-107所示，效果如图10-108所示。

③ 此时下雨效果过于清晰，下面对其进行模糊处理。选择"rain"层，执行菜单中的"效果|模糊和锐化|高斯模糊"命令，然后在"效果控件"面板中将"模糊量"设为0.5，如图10-109示，效果如图10-110所示。

图10-106 "时间线"面板

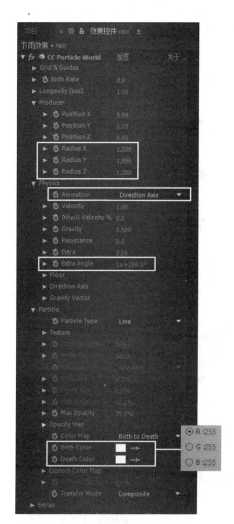

图10-107 设置"CC Particle World"参数　　图10-108 设置"CC Particle World"参数后的效果

图10-109 设置"高斯模糊"参数　　　　　　图10-110 设置"高斯模糊"参数后的效果

3. 添加摄像机

① 执行菜单中的"图层|新建|摄像机"命令，然后在弹出的"摄像机设置"对话框中设置参数，如图 10-111 所示，单击"确定"按钮，此时效果如图 10-112 所示。

② 此时摄像机的角度不是十分理想，下面利用工具栏中的 （轨道摄像机工具）适当调整一下角度，调整后的效果如图 10-113 所示。

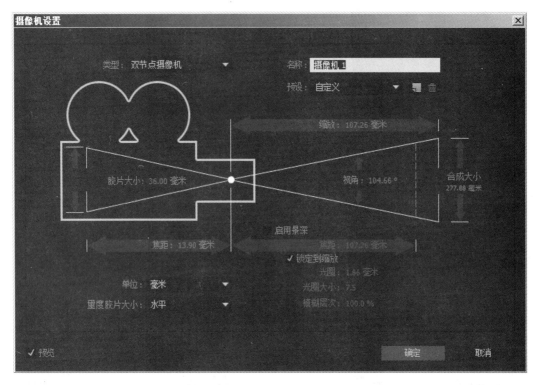

图10-111　设置摄像机的参数

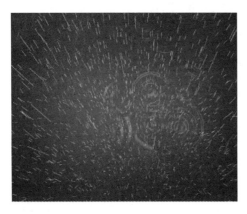

图10-112　添加摄像机后的效果

图10-113　调整摄像机角度后的效果

③ 至此，下雨效果制作完毕。按【0】键，预览动画，效果如图 10-114 所示。

④ 执行菜单中的"文件｜保存"命令，将文件进行保存。然后执行菜单中的"文件｜整理工程（文件）｜收集文件"命令，将文件进行打包。

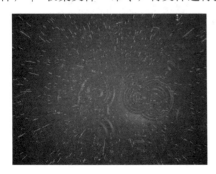
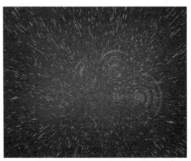
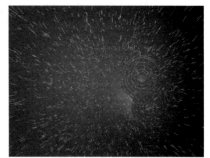

图10-114　下雨效果

10.2.2 飞机爆炸

要点

本例将制作类似影片"黑客帝国"中"时间凝固"的效果，整个动画过程为飞机由静止开始爆炸，然后在爆炸过程中停止一段时间，接着旋转，最后碎片落下的效果，如图 10-115 所示。通过本例的学习，应掌握"碎片"特效、Shine（光芒）外挂特效和照明层的应用。

图10-115 飞机爆炸效果

操作步骤

1. 制作"飞机"合成图像

① 启动 After Effects CC 2015，执行菜单中的"图像合成 | 新建合成组"命令，创建一个新的合成图像。然后执行菜单中的"文件 | 导入 | 文件"命令，导入"飞机 .tga"图片。

② 创建一个与"飞机 .tga"图片等大的合成图像。选择"项目"面板中的"飞机 .tga"素材图片，将它拖到（新建合成）按钮上，如图 10-116 所示，从而生成一个尺寸与素材相同的合成图像。然后将其命名为"飞机"，此时"项目"面板如图 10-117 所示。

图10-116 将素材拖到█按钮上

③ 为了更好地查看爆炸效果，下面增大合成图像尺寸。执行菜单中的"合成 | 合成设置"命令，在弹出的对话框中设置如图 10-118 所示，单击"确定"按钮，完成设置。

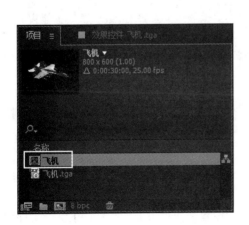

图10-117 "项目"面板

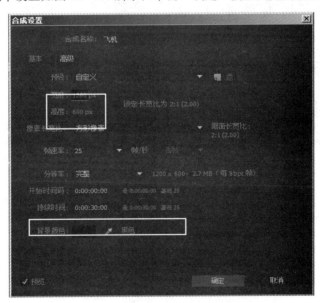

图10-118 调整合成图像参数

2. 制作飞机爆炸效果

① 选择"项目"面板中的"飞机"合成图像，将它拖到▣（新建合成）按钮上。然后将其命名为"飞机爆炸"，此时"项目"面板如图10-119所示。

② 在"时间线"面板中选择"飞机"层，执行菜单中的"效果|模拟|碎片"命令，给它添加一个"碎片"特效。为了使爆炸后碎片以实体显示，下面在"效果控件"中设置"碎片"特效的"视图"类型为"已渲染"，如图10-120所示，效果如图10-121所示。

> 提示
>
> 一定要在"飞机爆炸"合成图像中添加"碎片"特效，而不能在"飞机"合成图像中添加。这是因为"飞机"合成图像的尺寸已经加大，如果此时对"飞机"合成图像的"飞机"层添加"碎片"特效，会产生如图10-122所示的错误效果。为了避免这种错误，我们创建了"飞机爆炸"合成图像。

图10-119　创建"飞机爆炸"合成图像

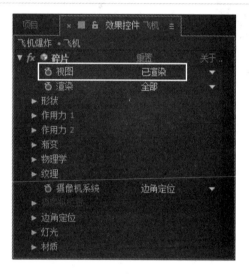

图10-120　选择"已渲染"

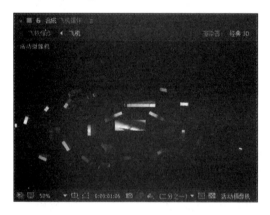

图10-121　实体渲染效果

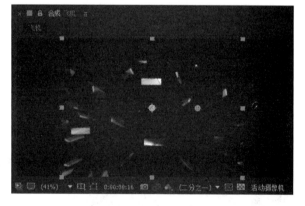

图10-122　在"飞机"合成图像上添加"碎片"特效的效果

③ 此时飞机碎片尺寸过大数量过少，形状十分规则，厚度过厚，需要调整。调整"破片"中的"形状"参数，如图10-123所示，效果如图10-124所示。

> 提示
>
> "图案"参数控制碎片类型；"重复"参数控制碎片数量；"凸出深度"参数控制碎片厚度。

④ 设置两个爆炸点的位置及爆炸方式。在"效果控件"面板中设置"作用力1"和"作用力2"的参数，如图10-125所示。

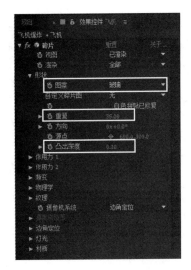
图10-123　调整"形状"相应参数

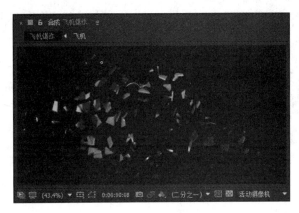
图10-124　调整"形状"相应参数后的效果

提示

"作用力1"为正值，表示它是主爆炸点，爆炸是从内往外炸开；"作用力2"为负值，表示它是受"作用力1"影响挤压后炸开，爆炸是从外往里炸开。

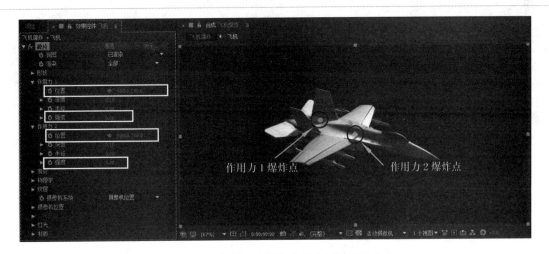
图10-125　设置两个爆炸点的位置及爆炸方式

⑤ 制作飞机开始静止然后爆炸的效果。在"效果控件"面板中录制"作用力 1"和"作用力 2"的"深度"的关键帧参数，效果如图 10-126 所示，从而制作出飞机从静止到爆炸的效果。

提示

"深度"用于控制力的深度，即力在Z轴上的位置。

⑥ 制作飞机爆炸中"时间凝固"的效果。在"效果控件"面板中设置"物理学"中"粘度"的关键帧参数，如图 10-127 所示，从而制作出飞机爆炸过程中静止的效果。

提示

"粘度"参数控制碎片的粘度，取值范围为0~1。较高的值可使碎片聚集在一起。此外，为了便于观看，此时将"重力"设为"0.00"。

⑦ 制作飞机爆炸过程中静止后旋转一周的效果。在"效果控件"面板中设置"摄像机位置"中"Y 轴旋转"的关键帧参数，如图 10-128 所示，从而制作出飞机爆炸过程中"时间凝固"后的旋转效果。

（a）第20帧

（b）第21帧

图10-126　设置"作用力1"和"作用力2"的"深度"的关键帧参数

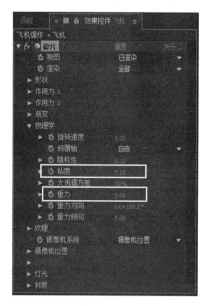

（a）第2秒

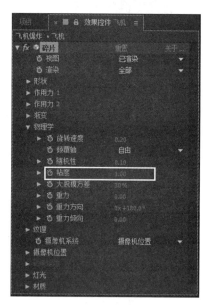

（b）第2秒01帧

图10-127　设置"物理"中的"粘度"的关键帧参数

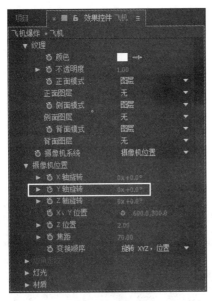

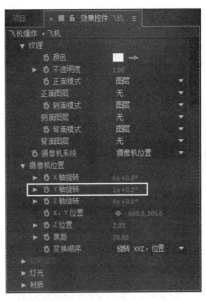

(a)　第2秒10帧　　　　　　　　　　　　　　　　(b)　第4秒10帧

图10-128　设置"摄像机位置"中"Y 轴旋转"的关键帧参数

⑧　此时飞机旋转过程中有些时候光线过暗，如图 10-129 所示。为此需要添加一个照明层。在"时间线"
面板右击，在弹出的快捷菜单中选择"新建 | 灯光"命令。然后在弹出的对话框中设置参数，如图 10-130 所示，
单击"确定"按钮。接着在"时间线"面板中选择"飞机"层，在"效果控件"面板中设置"照明"参数，如
图 10-131 所示，效果如图 10-132 所示。

 提示

　　此时碎片在旋转过程中过暗的区域不止一处，因此可多设置几个照明的位置关键帧。

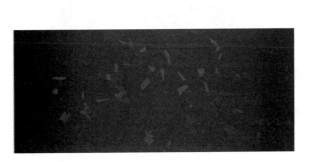

图10-129　场景过暗

图10-130　创建点光源

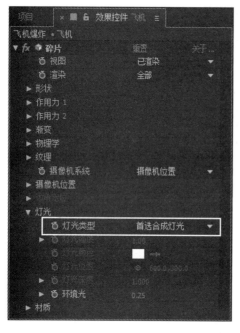

图10-131　设置"灯光类型"参数

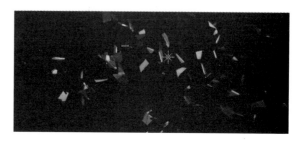

图10-132　添加灯光效果

⑨　制作爆炸碎片旋转后落下的效果。在"效果控件"面板中设置"物理学"中"重力"的关键帧参数，如图10-133所示，从而制作飞机开始爆炸时由于爆炸力很强不受重力影响，爆炸最后随重力影响落下的效果。

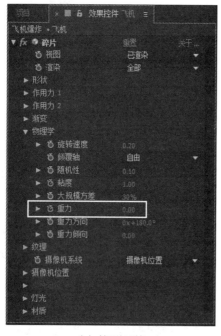

(a) 第4秒15帧

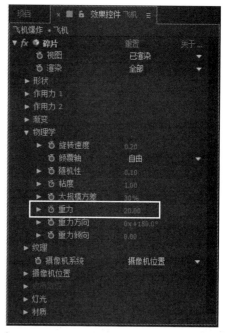

(b) 第4秒16帧

图10-133　设置"重力"的关键帧参数

3. 制作"爆炸火焰"合成图像

①　选择"项目"面板中的"飞机爆炸"合成图像，将它拖到▣（新建合成）按钮上、然后将其命名为"爆炸火焰"。

②　选择"飞机爆炸"图层，在第20帧按快捷键【Ctrl+Shift+D】，将其分割成两层。然后将分割后的图层命名为"火焰"，如图10-134所示。

提示

由于第20帧以前飞机没有爆炸，也不存在爆炸火焰，因此要将它分割成两部分。

图10-134　将分割后的图层命名为"火焰

③　制作碎片爆炸时的发光效果。选择"火焰"层，执行菜单中的"效果｜Trapcode｜Shine"命令，给它添加一个Shine（发光）特效。然后在"效果控件"面板中设置参数，如图10-135所示，效果如图10-136所示。

图10-135　设置"Shine"参数

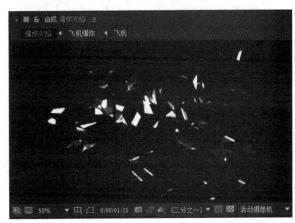

图10-136　设置"Shine"参数后的效果

④　制作爆炸火焰由小变大的效果。按快捷键【Ctrl+D】复制"火焰"层，然后选择复制后的"火焰2"层，在"效果控件"面板中设置"Ray Length（射线长度）"关键帧的参数，效果如图10-137所示。

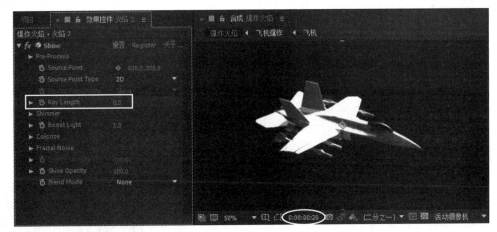

（a）第20帧

图10-137　设置"火焰2"层"Ray Length（射线长度）"关键帧的参数

(b) 第21帧

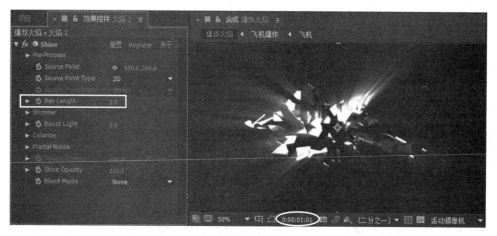

(c) 第1秒01帧

图10-137 设置"火焰2"层"Ray Length（射线长度）"关键帧的参数（续）

⑤ 为了突出爆炸火焰效果，下面复制"火焰2"层，从而产生"火焰3"层。然后调整图层顺序，如图 10-138 所示，从而使爆炸碎片突出显示，效果如图 10-139 所示。

图10-138 调整图层顺序

⑥ 为了突出碎片的金属感。下面选择最上面的"火焰"层，执行菜单中的"效果 | 颜色校正 | 曲线"命令，给它添加一个"曲线"特效。然后在"效果控件"面板中设置参数，如图 10-140 所示，效果如图 10-141 所示。

⑦ 至此，整个动画制作完毕。按【0】键，预览动画，效果如图 10-142 所示。

图10-139 调整图层顺序后的爆炸效果

图10-140　设置"曲线"参数

图10-141　设置"曲线"参数后的效果

(a) 静止

(b) 爆炸

(c)"时间凝固"后开始旋转

(d) 碎片落下

图10-142　最终效果

⑧ 执行菜单中的"文件｜保存"命令，将文件进行保存。然后执行菜单中的"文件｜整理工程（文件）｜收集文件"命令，将文件进行打包。

10.2.3　出水的 Logo

要点

　　本例将利用 After Effects CC 2015 自身的特效，制作 Logo 从水中浮出的效果，如图 10-143 所示。通过本例的学习，应掌握"波形环境""焦散""分形杂色""置换图"特效和层模式的应用。

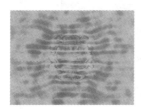

图10-143　浮出水面的Logo

操作步骤

1. 创建"水"合成图像

① 启动 After Effects CC 2015，执行菜单中的"合成 | 新建合成"命令，在弹出的对话框中设置参数，如图 10-144 所示，单击"确定"按钮。

② 创建纯色层。执行菜单中的"图层 | 新建 | 纯色"命令，在弹出的"纯色设置"对话框中设置"名称"为"水波"，"颜色"为黑色，然后单击"制作合成大小"按钮，如图 10-145 所示，再单击"确定"按钮，从而生成一个与合成图像等大的纯色层。

图10-144　设置合成图像参数

图10-145　设置纯色层参数

③ 创建水波效果。选择"水波"层，执行菜单中的"效果 | 杂色和颗粒 | 分形杂色"命令，给它添加一个"分形杂色"特效。然后分别在第 0 帧和第 5 秒 29 帧为"演变"，在层设置两个关键帧，使水波运动起来，参数设置及效果如图 10-146 所示。

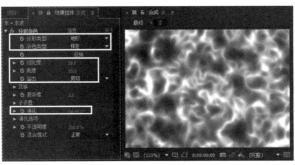

(a) 第0帧

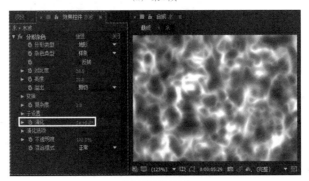

(b) 第5秒29帧

图10-146　关键帧设置及效果

④ 将水波颜色调整为蓝色。执行菜单中的"图层｜新建｜纯色"命令，在弹出的"纯色设置"对话框中设置"名称"为"水波"，"颜色"为蓝色，然后单击"制作合成大小"按钮，如图10-147所示，再单击"确定"按钮。然后将"颜色"层放置在"水波"层的上面，设置层混合模式为"屏幕"，设置如图10-148所示，效果如图10-149所示。

2. 创建"波纹置换"合成图像

① 执行菜单中的"合成｜新建合成"命令，在弹出的对话框中设置参数，如图10-150所示，单击"确定"按钮，从而创建一个新的合成图像。

② 执行菜单中的"文件｜导入｜文件"命令，导入"Logo.tga"图片（带有Alpha通道），如图10-151所示，将其拖入合成项目中，形成素材层，命名为"Logo"。

图10-147 设置纯色层参数

图10-148 将层的混合模式设为"屏幕"

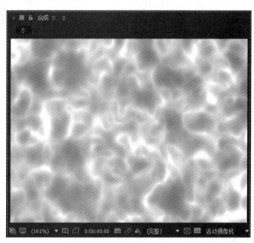

图10-149 屏幕效果

图10-150 设置合成图像参数

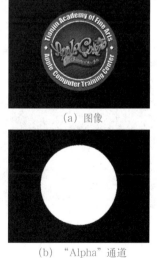

（a）图像

（b）"Alpha"通道

图10-151 .Tga"图片（带有"Alpha"通道）

③ 创建纯色层。执行菜单中的"图层｜新建｜纯色"命令，在弹出的"纯色设置"对话框中设置"名称"

为"涌动"，其余参数设置为默认状态，然后单击"制作合成大小"按钮，如图10-152所示，再单击"确定"按钮。接着在"时间线"面板中，将"涌动"层放在"Logo"层的上面，如图10-153所示。

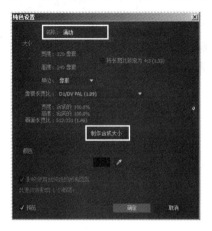

图10-152　设置纯色层参数　　　　　　图10-153　将"涌动"层放在"Logo"层的上面

④　制作水波纹效果。选中"涌动"层，执行菜单中的"效果｜模拟｜波形环境"命令，添加"波形环境"特效，参数设置如图10-154所示。

在"地面"栏中选择"Logo"层作为地形的映射图，此时"波形环境"效果将利用Logo图像的"Alpha"通道来映射地形形状，网格预览效果如图10-155所示。

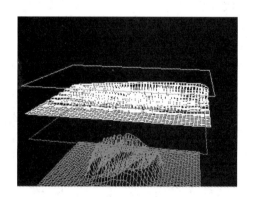

图10-154　设置"波形环境"参数　　　　　　图10-155　网格预览效果

将"网格分辨率"设置为"120"，使网格更密一些，这样波纹会对Logo的形状更敏感一些。

将"反射边缘"设置为"底部"，波纹会沿着Logo的边缘产生反射。

将"预滚动（秒）"设置为"1"，可使波纹在动画刚开始时就已经出现，避免波纹的突然出现。

将波形"创建程序 1"和"创建程序 2"的"类型"设置为"线条"，因为现实中水波纹一般不是规则的圆形，并对波纹的长度、宽度、振幅、频率等参数进行设置。

⑤ 将"视图"设置为"高度贴图"，使地形高度的变化已灰度的形式表现出来，然后设置"高度映射控制"下的"渲染采光井作为"为"实心"，如图 10-156 所示。

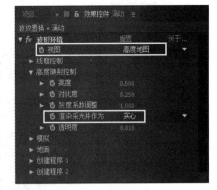

图10-156　设置高度贴图参数

⑥ 分别在"地面"选项组的"陡度"参数的第 0 秒和第 5 秒的位置设置两个关键帧，参数为"0.1"和"0.25"，这样可以在网格预览中看到地形的顶端在缓缓升起，从而模拟出 Logo 向上浮动的过程，效果如图 10-157 所示。

图10-157　预览效果

此时图形波纹逐渐显现出 Logo 的形状，这与真实的情况完全相同，下面将用它作为"焦散"效果的映射层。

3. 创建"最终"合成图像

① 执行菜单中的"合成｜新建合成"命令，在弹出的对话框中设置参数，如图 10-158 所示，单击"确定"按钮，创建一个新的合成图像。

② 将"波纹置换"和"水"项目及 Logo 图片拖入该合成项目中，把 Logo 图片形成的素材层命名为"Logo"，再创建一个纯色层，命名为"焦散"，并将层混合模式设置为"强光"，如图 10-159 所示。

 提示

"logo"层此时是放置在最底层的。

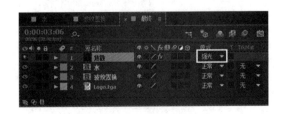

图10-158　设置合成图像参数　　　　　　　图10-159　将层混合模式设为"强光"

③ 选中"焦散"层，执行菜单中的"效果｜模拟｜焦散"命令，给它添加一个"焦散"特效。然后将"Logo"层作为水下部分的映射，再分别在第 0 秒和第 4 秒处为"缩放"属性设置关键帧，如图 10-160 所示。再分别

在第1秒和第3秒处为"表面不透明度"设置关键帧，如图 10-161 所示，这样水面将由完全不透明到半透明，模拟水下的逐渐显现过程。此时"时间线"面板如图 10-162 所示。

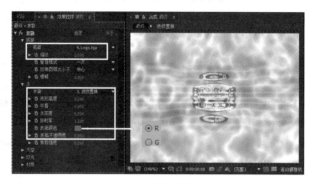

(a) 第0秒

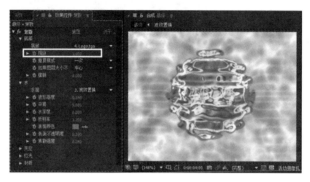

(b) 第4秒

图10-160　分别在第0秒和第4秒处为"缩放"属性设置关键帧

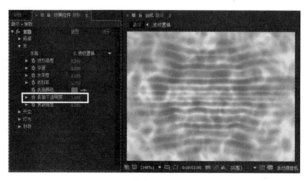

(a) 第1秒

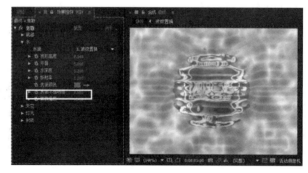

(b) 第3秒

图10-161　分别在第1秒和第3秒处为"表面不透明度"设置关键帧

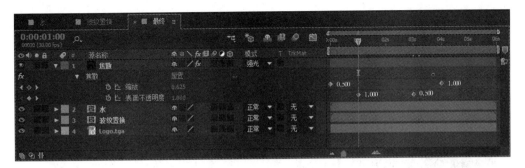

图10-162　"时间线"面板

④ 按【0】键预览动画，可以看到 Logo 形状的波纹慢慢出现。现在还缺少 Logo 露出水面前，逐渐变得清晰的过程。下面就来制作这个效果，将 Logo 图片拖入"时间线"面板，并放置在最上层，命名为"logo 的出现"，如图 10-163 所示。然后分别在该层的第 0 秒、第 5 秒处设置"缩放"关键帧，并将第 0 秒 Logo 的缩放设为"80%"，第 5 秒 Logo 的缩放设为"95%"，从而模拟出 Logo 由小变大的上升过程。

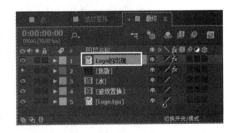

图10-163　时间线分布

提示

　　应该让最后的 Logo 尺寸略小于"焦散"层中 Logo 状波纹的尺寸，这样可以显现出 Logo 边缘处的波纹。

　　分别在该层"不透明度"属性的第 2 秒、第 5 秒处设置关键帧，并将第 2 秒 Logo 的不透明度设为"0%"、第 5 秒 Logo 的不透明度设为"100%"，使 Logo 逐渐显现出来，模拟出水的深度，此时"时间线"面板如图 10-164 所示。

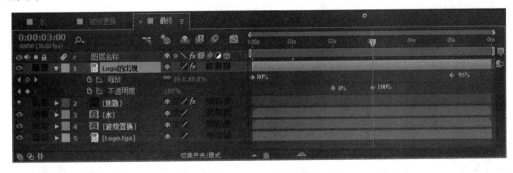

图10-164　时间线分布

　　⑤ 按【0】键预览动画，Logo 在水下时还缺乏由于水的折射而发生的扭曲变形。选中"Logo 的出现"层，执行菜单中的"效果 | 扭曲 | 置换图"命令，给它添加一个"置换图"特效，并将"置换图层"设置为"4. 波纹置换"，如图 10-165 所示。然后分别在第 4 秒和第 5 秒的水平、设置"最大水平置换"和"最大垂直置换"的关键帧，数值分别为"30"和"0"，从而模拟出 Logo 在露出水面后，不再扭曲变形的效果。此时"时间线"面板如图 10-166 所示。

　　⑥ 按【0】键预览动画，最终效果如图 10-167 所示。

　　⑦ 执行菜单中的"文件 | 保存"命令，将文件进行保存。然后执行菜单中的"文件 | 收集文件"命令，将文件进行打包。

图10-165　设置"置换图层"参数

图10-166　"时间线"面板

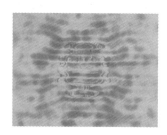 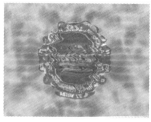 

图10-167　最终效果

10.2.4　飞龙在天

要点

　　本例将利用 After Effects CC 2015 自身的特效，制作月光下天空中的飞龙效果，如图 10-168 所示。通过本例的学习，应掌握延长动画长度，"遮罩"功能，图层的"预合成"功能，运动路径的调节，"粒子运动场""分形杂色""放光"和"镜头光晕"特效的综合应用。

图10-168　飞龙在天的效果

操作步骤

　　1. 制作从右往左飞动的飞龙群效果

　　① 启动 After Effects CC 2015，执行菜单中的"合成 | 新建合成"命令，在弹出的对话框中设置参数，如图 10-169 所示，单击"确定"按钮。

② 导入背景素材。方法：执行菜单中的"文件|导入|文件"命令，在弹出的对话框中选择"dargon.tga"图片，然后勾选"Targa 序列"复选框，如图 10-170 所示，单击"打开"按钮。接着在弹出的对话框中单击"猜测"按钮，如图 10-171 所示，单击"确定"按钮，将其导入到项目面板中，此时"项目"面板如图 10-172 所示。

图10-169 设置合成图像参数

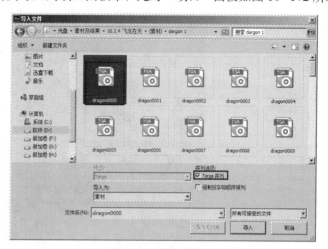

图10-170 创建"logo的出现层"

图10-171 单击 猜测 按钮

图10-172 "项目（Project）"面板

③ 创建后面代替飞龙的粒子系统。执行菜单中的"图层|新建|纯色"命令，然后在弹出的对话框中单击"制作合成大小"按钮后，再单击"确定"按钮，从而创建一个与"飞龙在天"合成图像等大的纯色层。接着执行菜单中的"效果|模拟|粒子运动场"命令，此时预览可以在画面中看到从小往上喷射的红色粒子效果，如图 10-173 所示。

④ 从"项目"面板中将"dargon[0000-0060].tga"拖入"时间线"面板，放置到最底层，如图 10-174 所示。

⑤ 此时预览动画，会发现飞龙扇动翅膀的时间很短，下面延长飞龙扇动翅膀的时间。在"项目"面板中，右击"dargon[0000-0060].tga"，然后在弹出的快捷菜单中选择"解释素材|主要"命令，如图 10-175 所示，接着在弹出的"解释素材"对话框中设置"其他选项"选项组中的"循环"为 5 次，如图 10-176 所示。单击"确定"按钮。最后在"时间线"面板中将"dargon[0000-0060].tga"层的长度延长到与"黑色 固态层 1"等长，如图 10-177 所示。

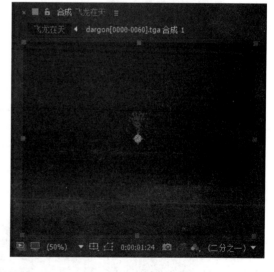

图10-173 从下往上喷射的红色粒子效果

图10-174　将"dargon[0000-0060].tga"文件拖入"时间线"窗口

图10-175　选择"主要"命令

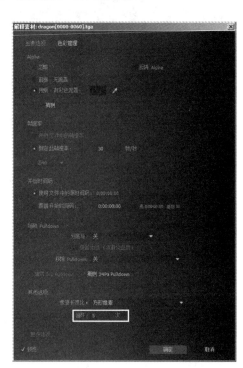

图10-176　设置"循环"参数为"5"

图10-177　将"dargon[0000-0060].tga"图层的长度延长到与"黑色 固态层1"图层的等长

⑥ 将粒子替换为飞龙。选择"黑色 固态层 1"层，然后"效果控件"面板中设置"图层映射"下的"使用图层"为"2.dargon[0000-0060].tga"，如图 10-178 所示，此时粒子就替换为了飞龙，效果如图 10-179 所示。

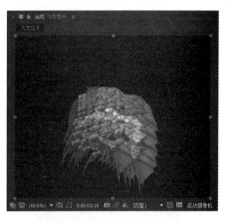

图10-178　将"使用图层"设置为"2.dargon[0000-0060].tga"　　　图10-179　粒子替换为飞龙的效果

⑦ 现在飞龙的数量过多，而且密度过大，下面就来解决这个问题。在"效果控件"中将"发射"下的"圆筒半径"增大到 245.0，将"粒子／秒"减小为 2.00，如图 10-180 所示，效果如图 10-181 所示。

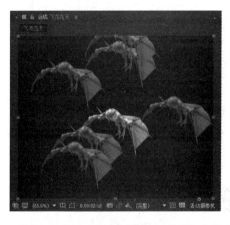

图10-180　调整"圆筒半径"和"每秒粒子数"参数　　　图10-181　调整"圆筒半径"和"每秒 粒子数"参数后的效果

⑧ 设置飞龙的初始位置。在"效果控件"中将"发射"下的"位置"设置为（740.0，270.0），如图 10-182 所示，使飞龙的初始位置位于画面的左侧，如图 10-183 所示。

提示

为了便于观看，此时可暂时隐藏"dargon[0000-0060].tga"层。

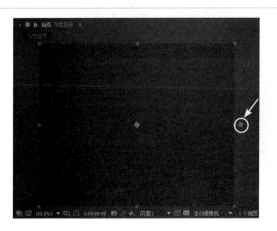

图10-182　设置"位置"参数　　　图10-183　设置"位置"参数后的效果

⑨ 设置飞龙从右往左飞的效果。在"效果控件"中将"发射"下的"方向"设置为"0x-90.0°"，如图 10-184 所示，此时预览，会发现飞龙是往右下方飞的，而不是往右飞，如图 10-185 所示。这是因为重力过大的原因。下面在"效果控件"中将"重力"下的"力"减小为 25.00，如图 10-186 所示，此时预览即可看到飞龙从右往左飞的效果，如图 10-187 所示。

图10-184 将"方向"设置为"0x-90.0。"

图10-185 将"方向"设置为"0x-90.0。"后的效果

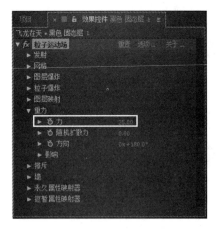

图10-186 将"力"减小为"25.00"

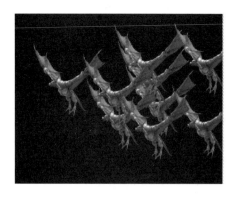

图10-187 将"力"减小为"25.00"后的效果

⑩ 此时所有飞龙扇动翅膀的动作是一致的，很不真实，下面就来解决这个问题。将"图层映射"下的"时间偏移类型"设置为"相对"，"时间偏移"设置为"3.00"，如图 10-188 所示，效果如图 10-189 所示。

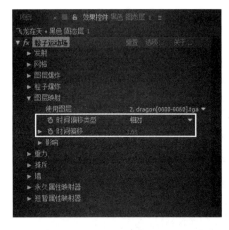

图10-188 调整"时间偏移类型"
和"时间偏移"参数

图10-189 调整"时间偏移类型"和
"时间偏移"参数后的效果

⑪ 此时飞龙的比例过大，下面适当缩小飞龙的尺寸。显现出 "dargon[0000-0060].tga" 层，然后按【S】键，显示出 "缩放" 属性。接着将 "缩放" 缩小为 65%，如图 10-190 所示，效果如图 10-191 所示。

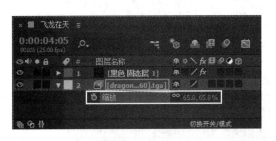

图10-190　将飞龙 "缩放" 缩小为 "65%"

图10-191　将飞龙 "缩放" 缩小为 "65%" 后的效果

⑫ 此时只有一只飞龙的尺寸变小了，而其余飞龙没有受到影响，这是因为没有对缩放后的效果进行合并，使其成为常规状态的原因，下面就来解决这个问题。选择 "dargon[0000-0060].tga" 层下的 "缩放"，然后执行菜单中的 "图层 | 预合成" 命令，在弹出的 "预合成" 对话框中设置如图 10-192 所示，单击 "确定" 按钮，此时时间线分布如图 10-193 所示，效果如图 10-194 所示。

提示

此时通过调节 "粒子运动场" 特效下的 "发射" 中的 "粒子半径"，是无法缩小飞龙群的尺寸的。这是因为我们使用了映射图层。此时飞龙群的尺寸是由映射图层（也就是 "dargon[0000-0060].tga" 层）的尺寸来决定的。

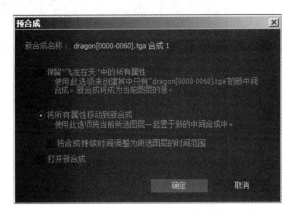

图10-192　设置 "预合成" 参数

图10-193　时间线分布

⑬ 下面隐藏 "dargon[0000-0060].tga 合成 1" 层，然后按【0】键，预览动画，效果如图 10-195 所示。

2. 制作夜空背景效果

① 新建 "背景" 层。执行菜单中的 "图层 | 新建 | 纯色" 命令，在弹出的对话框中设置 "名称" 为 "背景"，单击 "制作合成大小" 按钮，再单击 "确定" 按钮，从而新建一个与 "飞龙在天" 合成图像等大的纯色层。

② 将 "背景" 层置于 "时间线" 面板的底层，然后执行菜单中的 "效果 | 杂色和颗粒 | 分形杂色" 命令，在 "效果控件" 面板中将 "复杂性" 设置为 6.0，如图 10-196 所示，效果如图 10-197 所示。

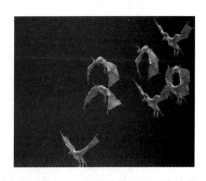

图10-194　飞龙群整体缩放后的效果

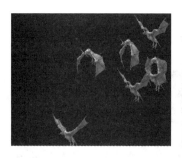

图10-195　预览效果

图10-196　设置"分形杂色"参数

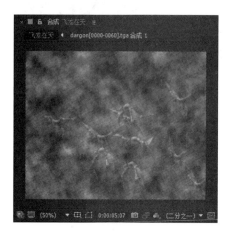

图10-197　调整"分形杂色"参数后的效果

③　制作出月亮轮廓。选择"背景"层，然后利用工具栏中的　（椭圆工具），配合【Shift】键绘制一个正圆形遮罩，如图10-198所示。接着按快捷键【M】，展开"Mask 1"属性，然后设置"蒙版羽化"值为10.0像素，如图10-199所示，效果如图10-200所示。

④　制作出月亮的发光效果。选择"背景"层，然后执行菜单中的"效果|风格化|放光"命令，在"效果控件"面板中设置参数，如图10-201所示，效果如图10-202所示。

3. 制作最终效果

此时预览会发现飞龙大小一致，而且是从一个点飞出的，很不真实。真实情况应该是飞龙大小有区别，而且飞出的位置有

图10-198　绘制正圆形遮罩

远有近。同时飞行速度为近处快、远处慢，透明度为近处清晰、远处半透明的效果。下面就来制作这些效果。

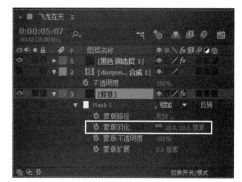

图10-199　设置"蒙版羽化"值为"10.0"像素

图10-200　调整"蒙版羽化"参数后的效果

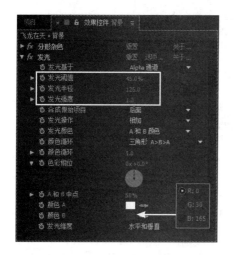

图10-201 设置"发光"参数

图10-202 调整"发光"参数后的效果

① 制作近处的飞龙。从"项目"面板中将"dargon[0000-0060].tga"拖入"时间线"面板中，然后按【S】键，显示出其"缩放"属性，再将其"缩放"调整为85%，如图 10-203 所示，效果如图 10-204 所示。

图10-203 将"缩放"调整为"85%"

图10-204 将"缩放"调整为"85%"后的效果

② 为了便于区分，下面将"dargon[0000-0060].tga"层重命名为"近处飞龙"。

③ 调整近处飞龙的位置动画。选择"近处飞龙"层，然后按【P】键，显示出其"位置"属性。接着在第 0 帧设置其"位置"为（790.0，300.0），再在第 4 秒设置其"位置"为（-100.0，280.0）。最后通过调节控制柄，改变其飞行路径的形状，效果如图 10-205 所示。此时"时间线"面板中的关键帧分布如图 10-206 所示。

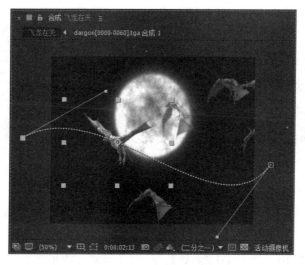

图10-205 设置飞龙的飞行路径

图10-206　"时间线"面板中的关键帧分布

④　制作远处的飞龙。选择"近处飞龙"层，然后按快捷键【Ctrl+D】，复制出一个副本，再将其重命名为"远处飞龙"。接着将其放置到"背景"层的上方。再按【S】键，显示出其"缩放"属性，最后将其"缩放"调整为45%，如图10-207所示。

⑤　调整远处飞龙的位置动画。选择"远处飞龙"层，整体向上移动，然后通过调节控制柄，改变其飞行路径的形状，效果如图10-208所示。接着将第4秒的关键帧移动到第6秒，此时"时间线"面板中的关键帧分布如图10-209所示。

提示

　　将"近处飞龙"的位置动画设置4秒，"远处飞龙"的位置动画设置为6秒，是为了制作出近处飞行速度快、远处飞行速度慢的效果。

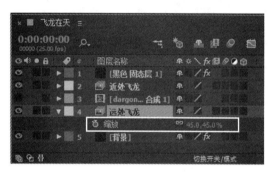

图10-207　将"缩放"调整为"45%"

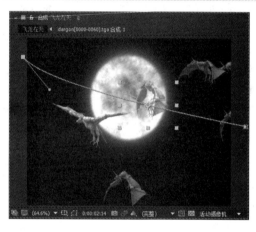

图10-208　改变其飞行路径的形状

图10-209　"时间线"面板中的关键帧分布

⑥　制作出飞龙透明度的变化。同时选择"黑色纯色层1""近处飞龙"和"远处飞龙"层，然后按【T】键，显示出它们"不透明度"属性。接着分别设置"黑色固态层1"层的不透明度为65%，"近处飞龙"层的不透明度为100%，"远处飞龙"层的不透明度为55%，如图10-210所示，效果如图10-211所示。

⑦　至此，飞龙在天效果制作完毕。下面按【0】键，预览动画，效果如图10-212所示。

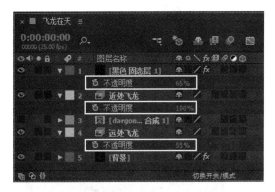

图10-210　设置"不透明度"参数

图10-211　调节"不透明度"参数后的效果

图10-212　飞龙在天的效果

⑧ 执行菜单中的"文件｜保存"命令，将文件进行保存。然后执行菜单中的"文件｜整理工程（文件）｜收集文件"命令，将文件进行打包。

10.2.5　电视画面汇聚效果

要点

　　本例将制作栏目片头中常见的电视画面汇聚效果，如图 10-213 所示。通过本例的学习，应掌握"分形杂色""曲线""色阶"和"卡片动画"特效的综合应用。

图10-213　电视画面汇聚效果

操作步骤

1. 制作使画面层次感的"渐变"合成图像

　　① 启动 After Effects CC 2015，执行菜单中的"合成｜新建合成"命令，在弹出的对话框中设置参数，如图 10-214 所示，单击"确定"按钮。

　　② 执行菜单中的"图层｜新建｜纯色"（快捷键【Ctrl+Y】）命令，在弹出的对话框中单击"制作合成大小"按钮，如图 10-215 所示，单击"确定"按钮，从而创建一个与合成图像等大的纯色层。

图10-214　设置合成图像参数

图10-215　设置纯色层参数

③ 制作噪波效果。在"时间线"面板中选择"fractal"层，执行菜单中的"效果｜杂色和颗粒｜分形杂色"命令，然后在"效果控件"面板中设置参数，如图 10-216 所示，效果如图 10-217 所示。

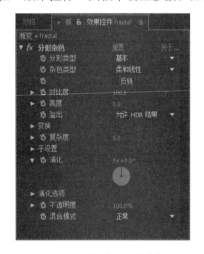

图10-216　设置"分形杂色"参数

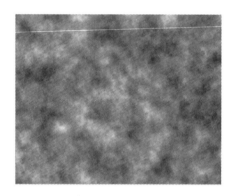

图10-217　"分形杂色"效果

④ 增强明暗对比度。在"时间线"面板中选择"fractal"层，执行菜单中的"效果｜颜色校正｜曲线"命令，然后在"效果控件"面板中设置参数，如图 10-218 所示，效果如图 10-219 所示。

图10-218　设置"曲线"参数

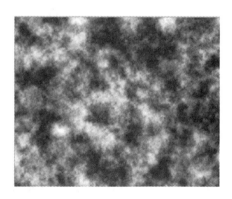

图10-219　"曲线"效果

⑤ 降低整体亮度。在"时间线"面板中选择"fractal"层，执行菜单中的"效果 | 颜色校正 | 色阶"命令，然后在"效果控件"面板中设置参数，如图 10-220 所示，效果如图 10-221 所示。

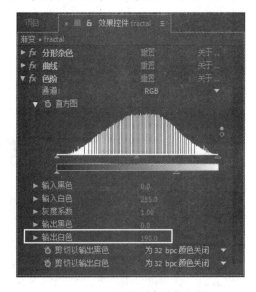

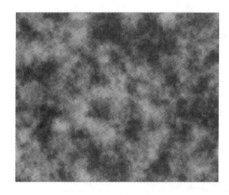

图10-220　设置"色阶"参数　　　　　　　　　　　图10-221　"色阶"效果

2. 制作电视画面汇聚效果

① 执行菜单中的"合成 | 新建合成"命令，在弹出的对话框中设置参数，如图 10-222 所示，单击"确定"按钮。

② 执行菜单中的"文件 | 导入 | 文件"命令，导入"背景 .jpg""电视画面汇聚 1.psd"和"电视画面汇聚 2.psd"文件到当前"项目"面板中。然后将"渐变 .comp""电视画面汇聚 1.psd"和"电视画面汇聚 2.psd"拖入到"时间线"面板中，接着隐藏"图层 1/ 电视画面汇聚 2.psd"和"渐变"层，此时"时间线"面板如图 10-223 所示。

图10-222　设置合成图像参数　　　　　　　　　　图10-223　时间线分布

③ 将图片原地旋转一定的角度。在"时间线"面板中选择"图层 0/ 电视画面汇聚 1.psd"，执行菜单中的"效果 | 模拟 | 卡片动画"命令，然后在"效果控件"面板中设置参数，如图 10-224 所示，效果如图 10-225 所示。

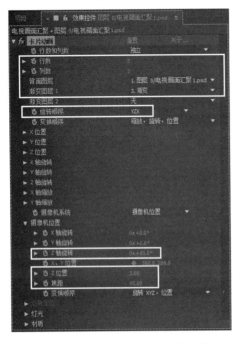

图10-224　设置"卡片动画"参数

图10-225　"卡片动画"效果

④ 设置图片相互交错飞入画面的动画效果。在"时间线"面板中展开"卡片动画"中的"Z 位置"属性，将"源"设置为"强度 1"，再分别在第 0 秒和第 5 秒 12 帧处插入关键帧并设置参数，如图 10-226 所示。

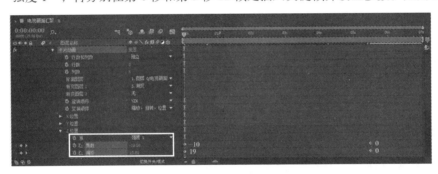

图10-226　设置"Z轴位置"关键帧参数

⑤ 设置图片尺寸变化的动画。展开"X 轴缩放"和"Y 轴缩放"属性，分别在第 0 秒和第 5 秒 12 帧处插入关键帧并设置参数，如图 10-227 所示。

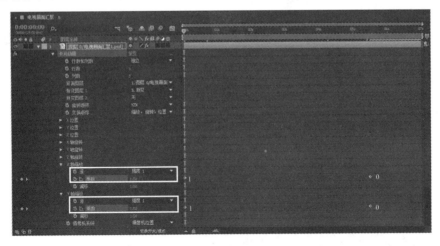

图10-227　设置"X轴缩放"和"Y轴缩放"关键帧参数

⑥ 设置图片从倾斜到水平的动画效果。展开"摄像机位置"属性，分别在第 0 秒和第 5 秒 12 帧处插入关键帧并设置参数，如图 10-228 所示。

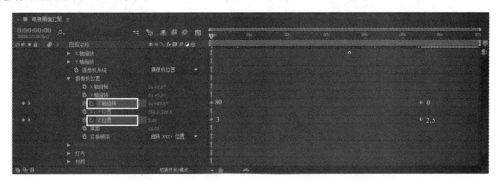

图10-228 设置"Z轴旋转"和"Z位置"关键帧参数

⑦ 将"图层 0/ 电视画面汇聚 1.psd"图层上的"卡片动画"特效复制到"图层 1/ 电视画面汇聚 2.psd"图层上。重新显示"图层 1/ 电视画面汇聚 2.psd"图层，然后将时间线定位到第 0 帧，选择"图层 0/ 电视画面汇聚 1.psd"图层，按【E】键只显示"卡片动画"特效，如图 10-229 所示。接着按【Ctrl+C】组合键复制特效，最后选择"图层 1/ 电视画面汇聚 2.psd"图层，按【Ctrl+V】组合键粘贴。此时，按【U】键

图10-229 选择"卡片动画"特效

显示所有的关键帧，可以看到"图层 0/ 电视画面汇聚 1.psd"和"图层 1/ 电视画面汇聚 2.psd"图层上的关键帧的位置和参数是一致的，如图 10-230 所示。

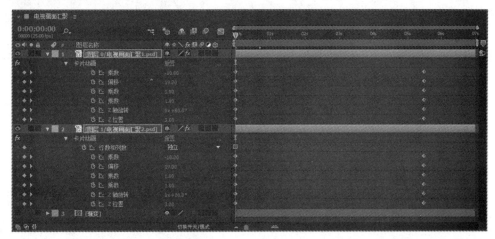

图10-230 关键帧分布

提示

复制"卡片动画"特效前一定要确认是在第0帧的位置。

⑧ 制作"图层 0/ 电视画面汇聚 1.psd"和"图层 1/ 电视画面汇聚 2.psd"两个素材间的切换效果。显示出"图层 1/ 电视画面汇聚 2.psd"图层，然后在"时间线"面板中选中"图层 0/ 电视画面汇聚 1.psd"和"图层 1/ 电视画面汇聚 2.psd"图层，按【T】键显示出"不透明度（"属性，接着分别在第 4 秒、第 5 秒和第 5 秒 12 帧插入关键帧并设置参数，如图 10-231 所示。

⑨ 按【0】键，即可看到两个素材之间的切换效果，如图 10-232 所示。

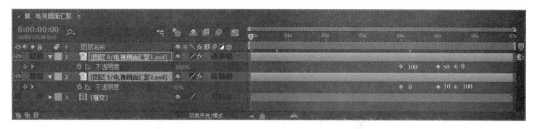

图10-231　设置"不透明度"属性

图10-232　两个素材之间的切换效果

3. 制作动态背景效果

① 从"项目"面板中将"背景.jpg"拖入"时间线"面板并放置到最底层，如图 10-233 所示，效果如图 10-234 所示。

图10-233　将"背景.jpg"拖入"时间线"面板并放置到最底层

② 为了使背景更具有视觉冲击力，下面添加动态背景。执行菜单中的"图层｜新建｜纯色"（快捷键〈Ctrl+Y〉）命令，在弹出的对话框中单击"制作合成大小"按钮，如图 10-235 所示，单击"确定"按钮，从而创建一个与合成图像等大的纯色层。然后将其放置到"背景"层的上方。

图10-234　添加背景效果

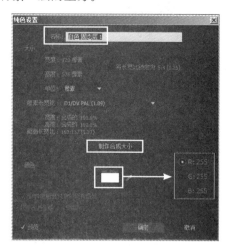

图10-235　设置纯色层参数

③ 为了便于观看动态背景，下面单击"图层 0/ 电视画面汇聚效果 1.psd"和"图层 1/ 电视画面汇聚效果 2.psd"层前的图标，隐藏这两个层。然后使用工具栏中的 （钢笔工具）在新建的纯色层上绘制图形，如图 10-236 所示。

提示

此时一定要在新建的纯色层上绘制图形。

图10-236　绘制图形

④ 降低图形的不透明度。选择"白色 纯色层 1"层，按【T】键，显示"透明度"属性。接着将"透明度"设置为"10%"。

⑤ 设置绘制图形旋转动画。选择"白色 纯色层 1"层，按【R】键，显示"旋转"属性。然后分别在第 7 帧和第 6 秒 24 帧插入关键帧，并设置参数如图 10-237 所示。

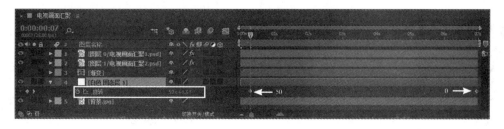

图10-237　设置"白色 纯色1"图层的旋转参数

⑥ 为了增加动态效果。下面选择"白色 纯色层 1"层，按【Ctrl+D】，复制一个层，并将其命名为"纯色层 2"。然后按【R】键，显示"旋转"属性并设置参数，如图 10-238 所示。

图10-238　设置"纯色2"图层的旋转参数

⑦ 至此，整个动画制作完毕。下面重新显示"图层 0/ 电视画面汇聚效果 1.psd"和"图层 1/ 电视画面汇聚效果 2.psd"层，然后按【0】键，预览动画，效果如图 10-239 所示。

图10-239　电视画面汇聚效果

⑧ 执行菜单中的"文件｜保存"命令，将文件进行保存。然后执行菜单中的"文件｜整理工程（文件）｜收集文件"命令，将文件进行打包。

课 后 练 习

① 利用图 10-240 所示的"坦克 .tga"图片，制作图 10-241 所示的坦克效果。参数可参考"练习 1.aep"文件。

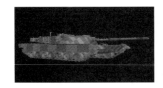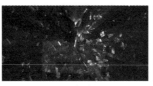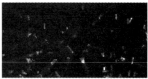

图10-240　坦克.tga

图10-241　坦克爆炸效果

② 利用图 10-242 所示的"logo.tga"中的相关素材制作图 10-243 所示的出水的 Logo 效果。参数可参考"练习 2.aep"文件。

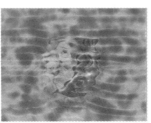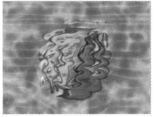

图10-242　Logo.tga

图10-243　出水的Logo效果

键控与跟踪 第11章

在 After Effects CC 2015 中利用键控和蒙版特效可以轻松地去除拍摄的背景颜色，从而制作出各种合成效果。利用跟踪面板可以将素材与目标像素进行匹配并一起进行移动、旋转等操作。通过本章的学习，应掌握 After Effects CC 2015 键控和跟踪方面的相关知识和具体应用。

11.1 键控和蒙版特效

键控又称抠像技术，在影视制作领域是被广泛采用的技术手段。当演员在绿色或蓝色构成的背景前表演时，这些背景在最终的影片中是看不到的，是因为运用键控技术用其他背景画面替换了蓝色或绿色背景。键控并不仅限于蓝色或绿色，理论上只要是单一的、比较纯的颜色就可以进行键控。在实际工作中，背景颜色与演员的服装、皮肤、眼睛、道具等的颜色反差越大，在后期进行键控的效果越容易实现。而蒙版特效则是用于辅助键控特效进行抠像处理。

11.1.1 键控特效

"键控"特效组中包括"CC Simple Wire Removal""Keylight（1.2）""差值遮罩""高级溢出抑制器""抠像清除器""内部／外部键""提取""线性颜色键""颜色差值键"和"颜色范围"10 种特效，如图 11-1 所示。下面就来讲解其中常用的有代表性的几种键控特效。

1. "CC Simple Wire Removal" 特效

"CC Simple Wire Removal"特效可以将拍摄特技时使用的钢丝擦去。当将"CC Simple Wire Removal"特效添加到一个图层中时，在"效果控件"面板中会出现"CC Simple Wire Removal"特效的相关参数，如图 11-2 所示。

图11-1 "键控"特效组

图11-2 "CC Simple Wire Removal"特效的参数面板

其中主要参数的解释如下：

① Point A：用于定义线段一个端点在 X 轴和 Y 轴的位置。也可以单击 ❖（定位点）按钮，在"合成"面板中进行定位。

② Point B：用于可以定义线段另一个端点在 X 轴和 Y 轴的位置。也可以单击 ❖（定位点）按钮，在"合成"面板中进行定位。

③ Removal Style：在该项的下拉列表中包括"Fade""Frame Offset""Displace"和"Displace Horizontal"4 个选项。选中不同的选项，可以定义不同的移除方式。

④ Thickness：用于定义擦除线段的宽度。

⑤ Slope：用于定义擦除得强度，数值越大，去除越干净。

⑥ Mirror Blend：用于定义镜像混合的程度。

2. "Keylight（1.2）"特效

"Keylight（1.2）"特效是一个获得奥斯卡大奖的全新抠像插件。用于精确地控制残留在前景对象上的蓝屏或绿屏反光，并将其替换成新合成背景的环境光。"Keylight"是一个与众不同的蓝色或绿色屏幕调制器，运算快，容易使用，而且在处理反射、半透明面积和毛发方面功能非常强。将"Keylight（1.2）"特效添加到一个图层中时，在"效果控件"面板中会出现"Keylight（1.2）"特效的相关参数，如图 11-3 所示。

图11-3　"Keylight（1.2）"特效的参数面板

其中主要参数的解释如下。

① View：用于定义图像在合成窗口中显示的方式。在右侧下拉列表中有"Source""Source Alpha""Corrected Source""Colour Correction Edge""Screen Matte""Inside Mask""Outside Mask""Combine Mask""Status""Intermediate Result"和"Final Result"11 个选项可供选择。

② Screen Colour：单击右侧的颜色按钮，从弹出的"颜色"对话框中选择要抠除的不同颜色。也可以单击右侧的 ⌗（吸管工具）后在屏幕中直接吸取要抠除的颜色。

③ Screen gain：用于定义屏幕颜色的增益程度。

④ Screen Balances：用于定义屏幕颜色的平衡程度。

3. "差值遮罩"特效

"差值遮罩"特效是通过对两张不同的图像进行比较，然后将两个图像中相同像素区域的部分抠除变成透明的区域。这种抠像的方法最适于抠掉运动物体的背景。当将"差值遮罩"特效添加到一个图层中时，在"效果控件"面板中会出现"差值遮罩"特效的相关参数，如图 11-4 所示。

图11-4　"差值遮罩"特效的参数面板

其中主要参数的解释如下：

① 视图：用于定义图像在合成窗口中显示的方式。在右侧下拉列表中有"最终输出""仅限源"和"仅限遮罩"3 个选项供选择。

② 差值图层：用于定义作为抠像参考的合成层素材。

③ 如果图层大小不同：用于定义当图层的尺寸和当前图层的尺寸不同时，如果进行尺寸的变化。该右侧下拉列表中有"居中"和"伸缩以适合"两个选项供选择。

④ 匹配容差：用于设置抠像间的两个图像可允许的最大差值，超过这个最大插值的部分将会被抠掉。

⑤ 匹配柔和度：用于设置抠像像素间的柔和程度。

⑥ 差值前模糊：用于设置对插值抠像的内部区域边缘进行模糊处理的大小。

4. "内部 / 外部键" 特效

"内部 / 外部键" 特效可以通过指定一个手绘蒙版层来对图像进行抠像，使用该特效时，首先要在素材的蒙版通道上绘制一个蒙版，之后可以把该蒙版指定给特效的相应属性。该特效对于毛发及轮廓可以得到非常好的键控效果，甚至可以将演员的每一根发丝都清晰地表现出来。当将"内部 / 外部键"特效添加到一个图层中时，在"效果控件"面板中会出现"内部 / 外部键"特效的相关参数，如图 11-5 所示。

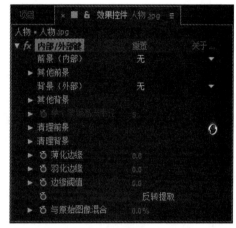

图11-5　"内部/外部键"特效的参数面板

其中主要参数的解释如下：

① 前景（内部）：在右侧下拉菜单中可以选择作为前景层的蒙版层，该层所包含的素材将作为合成中的前景层。

② 其他前景：当合成中有多个前景层时，可以在这里进行添加，作用和前景相同。

③ 背景（外部）：在右侧下拉菜单中可以选择作为背景层的蒙版层，该层所包含的素材将作为合成中的背景层。

④ 其他背景：当合成中有多个背景层时，可以在这里进行添加，作用和背景相同。

⑤ 单个蒙版高光半径：用于定义单个蒙版的高光强度。

⑥ 清理前景：当指定一个路径层后，该层上的路径将变为前景层的一部分。此时可以用这个路径将其他背景层中需要作为前景的元素提取出来。

⑦ 清理背景：当指定一个路径层后，该层上的路径将变为背景层的一部分。此时可以用这个路径将其他前景层中需要作为背景的元素提取出来。

⑧ 薄化边缘：用于设置蒙版边缘的宽度。

⑨ 羽化边缘：用于设置蒙版边缘的虚化程度。

⑩ 边缘阈值：用于设置蒙版边缘的值，较大值可以向内缩小蒙版的区域。

⑪ 反转提取：用于反转蒙版。

⑫ 与原始图像混合：用于定义填充的颜色和原图的混合程度。

5. "颜色范围" 特效

"颜色范围" 特效是通过指定的颜色范围产生透明，该特效应用的色彩范围包括 Lab、YUN 和 RGB。这种键控方式可以应用在包括多个颜色的背景、亮度不匀称的背景和包含相同颜色的阴影（如玻璃、烟雾等）中。当将"颜色范围"特效添加到一个图层中时，在"效果控件"面板中会出现"颜色范围"特效的相关参数，如图 11-6 所示。

其中主要参数的解释如下：

① 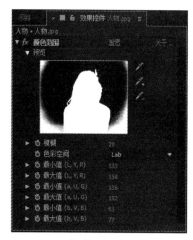：单击该按钮，然后在"合成"面板中要删除的颜色上单击，即可将相应的颜色区域隐藏。

② ：单击该按钮，然后在"合成"面板中要删除的颜色上单击，即可将相应的颜色添加到隐藏区域中。

③ ：单击该按钮，然后在"合成"面板中要删除的颜色上单击，即可将相应的颜色区域重现显示出来。

④ 模糊：用于定义抠像中边缘的精细程度，数值越大边缘越平滑。

⑤ 色彩空间：用于定义抠像时采用的颜色空间。其右侧下拉列表中有 Lab、YUV 和 RGB 三个选项供选择。

图11-6 "颜色范围"特效的参数面板

⑥ 最小值（L、Y、R）：用于定义最小的 L、Y、R 的数值。

⑦ 最大值（L、Y、R）：用于定义最大的 L、Y、R 的数值。

⑧ 最小值（a、U、G）：用于定义最小的 a、U、G 的数值。

⑨ 最大值（a、U、G）：用于定义最大的 a、U、G 的数值。

⑩ 最小值（b、V、B）：用于定义最小的 b、V、B 的数值。

⑪ 最大值（b、V、B）：用于定义最大的 b、V、B 的数值。

6."提取"特效

"提取"特效是通过对图层素材中非常明亮的白色部分或很暗的黑色部分进行抠像来为素材添加透明区域。这种抠像方式最适于那些有很强对比度的图像。当将"提取"特效添加到一个图层中时，在"效果控件"面板中会出现"提取"特效的相关参数，如图 11-7 所示。

其中主要参数的解释如下：

① 通道：用于定义要进行调整的通道，其右侧的下拉列表中有"亮度""红色""绿色""蓝色"和"Alpha"5 个选项供选择。

② 黑场：用于设置黑平衡的最大值。

③ 白场：用于设置白平衡的最大值。

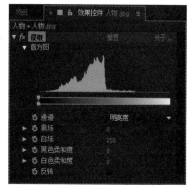

图11-7 "提取"特效的参数面板

④ 黑色柔和度：用于设置黑平衡的柔和程度。

⑤ 白色柔和度：用于设置白平衡的柔和程度。

⑥ 反转：勾选该复选框后，将反转相应的效果。

7."线性颜色键"特效

"线性颜色键"特效可根据 RGB 彩色信息或色相及饱和度信息与指定的键控色进行比较，产生透明区域。之所以叫作线性颜色键，是因为可以指定一个色彩范围作为键控色。该特效可应用于大多数对象，但不适合半透明对象。当将"线性颜色键"特效添加到一个图层中时，在"效果控件"面板中会出现"线性颜色键"特效的相关参数，如图 11-8 所示。

其中主要参数的解释如下：

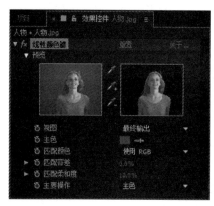

图11-8 "线性颜色键"特效的参数面板

① ：单击该按钮，然后在"合成"面板中要删除的颜色上单击，即可将相应的颜色区域隐藏。

② ：单击该按钮，然后在"合成"面板中要删除的颜色上单击，即可将相应的颜色添加到隐藏区域中。

③ ：单击该按钮，然后在"合成"面板中要删除的颜色上单击，即可将相应的颜色区域重现显示出来。

④ 视图：用于定义图像在"合成"面板中的显示方式。在右侧的下拉列表中有"最终输出""仅限源"和"仅限遮罩"3 个选项供选择。

⑤ 主色：单击右侧的颜色按钮，从弹出的"颜色"对话框中选择要抠除的颜色。也可以单击右侧的 （吸管工具）后在屏幕中直接吸取要抠除的颜色。

⑥ 匹配颜色：用于定义不同的匹配颜色的方式。在右侧的下拉列表中有"使用 RGB""使用色调"和"使用色度"3 个选项供选择。

⑦ 匹配容差：用于定义进行颜色匹配时能容纳的差异程度。

⑧ 匹配柔和度：用于定义匹配颜色边缘的柔和程度。

⑨ 主要操作：用于定义不同的键控方式。在右侧的下拉列表中有"主色"和"保持颜色"两个选项供选择。

8."颜色差值键"特效

"颜色差值键"特效是通过两个不同的颜色对图像进行键控，从而使一个图像具有两个透明区域，蒙版 A 使指定键控色之外的其他颜色区域透明，蒙版 B 使指定的键控颜色区域变为透明，将两个蒙版透明区域进行相加，就会得到第 3 个蒙版透明区域，这个新的透明区域就是最终的 Alpha 通道。当将"颜色差值键"特效添加到一个图层中时，在"效果控件"面板中会出现"颜色差值键"特效的相关参数，如图 11-9 所示。

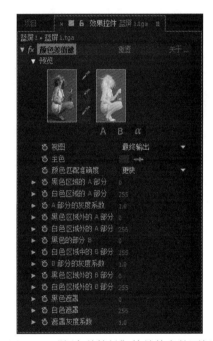

图11-9　"颜色差值键"特效的参数面板

其中主要参数的解释如下：

① 视图：用于定义图像在合成窗口中的显示模式。

② 主色：单击右侧的颜色按钮，从弹出的"颜色"对话框中选择要抠除的颜色。也可以单击右侧的 （吸管工具）后在屏幕中直接吸取要抠除的颜色。

③ 颜色匹配准确度：用于定义颜色匹配精度。在右侧的下拉列表中有"更快"和"更精确"两个选项供选择。当选择"更快"选项时，匹配的精度并不是很高，但是运算的速度较快；当选择"更精确"选项时，将更精确地进行颜色的匹配，但是运算的时间较长。

④ 黑色区域的 A 部分：用于定义蒙版 A 的非溢出黑平衡。

⑤ 白色区域的 A 部分：用于定义蒙版 A 的非溢出白平衡。

⑥ A 部分的灰度系数：用于定义蒙版 A 的 Gamma 校正值。

⑦ 黑色区域外的 A 部分：用于定义蒙版 A 的溢出黑平衡。

⑧ 白色区域外的 A 部分：用于定义蒙版 A 的溢出白平衡。

⑨ 黑色的部分 B：用于定义蒙版 B 的非溢出黑平衡。

⑩ 白色区域的 B 部分：用于定义蒙版 B 的非溢出白平衡。

⑪ B 部分的灰度系数：用于定义蒙版 B 的 Gamma 校正值。

⑫ 黑色区域外的 B 部分：用于定义蒙版 B 的溢出黑平衡。

⑬ 白色区域外的 B 部分：用于定义蒙版 B 的溢出白平衡。

⑭ 黑色遮罩：用于定义合成遮罩的非溢出黑平衡。

⑮ 白色遮罩：用于定义合成遮罩的非溢出白平衡。

⑯ 遮罩灰度系数：用于定义合成遮罩的灰度校正值。

图 11–10 所示为应用"颜色差值键"特效时的原图像、蒙版 A、蒙版 B、Alpha 通道和键控结果。

图11–10　利用"颜色差值键"特效抠像效果

11.1.2　遮罩特效

遮罩特效组用于辅助键控特效进行抠像处理，包括"mocha shape""调整柔和遮罩""调整实边遮罩""简单堵塞工具"和"遮罩堵塞工具"5 种特效。下面就来讲解其中常用的有代表性的两种遮罩特效。

1. "遮罩阻塞工具"特效

"遮罩阻塞工具"特效是通过修改属性来收缩和扩展像素，弥补图像抠像后留下的错误。当将"遮罩阻塞工具"特效添加到一个图层中时，在"效果控件"面板中会出现"遮罩阻塞工具"特效的相关参数，如图 11–11 所示。

其中主要参数的解释如下：

① 几何柔化度 1/2：用于设置蒙版是扩张或缩小尺寸，单位为像素。默认数值范围为 0.0 ~ 10.0，最大数值为 100.0。

图11–11　"遮罩阻塞工具"特效的参数面板

② 阻塞 1/2：用于设置数值蒙版的变化趋势，负值为扩张，正值为收缩。

③ 灰色阶柔和度 1/2：用于设置蒙版边缘的柔和程度，数值为 100% 时，蒙版边缘包括整个灰度范围。

④ 迭代：用于设置蒙版变化的次数。

2. "简单堵塞工具"特效

"简单堵塞工具"特效是通过减小或扩大蒙版的边界，来建立比较清晰和整齐的蒙版。其功能与"遮罩阻塞工具"特效相似，使用更加简单。当将"简单堵塞工具"特效添加到一个图层中时，在"效果控件"面板中会出现"简单堵塞工具"特效的相关参数，如图 11–12 所示。

图11–12　"简单堵塞工具"特效的参数面板

其中主要参数的解释如下：

① 视图：用于定义在"合成"面板中查看图像的模式。在右侧的下拉列表中有"最终输出"和"蒙版"两个选项供选择。

② 堵塞遮罩：用于定义边缘的效果，负值为扩大边缘，正值为缩小边缘。默认的取值范围为 -100 ~ 100。

11.2　跟踪运动和稳定运动

跟踪运动在专业影视后期制作软件中是一项不可缺少的功能，是指对动态素材中的目标像素进行跟踪操作，将跟踪的结果数字化。跟踪运动主要应用在以下两个方面的制作上：一是用来匹配其他素材与当前的目标像素一致运动；二是用来消除素材自身的晃动，也就是稳定运动。

11.2.1　跟踪运动

利用跟踪运动功能可以对素材位置的移动、旋转、比例、透视变化等进行跟踪。

1. "跟踪器"面板

After Effects CC 2015 的跟踪运动是通过"跟踪器"面板来实现的。执行菜单中的"窗口 | 跟踪器"命令，可以调出"跟踪器"面板，如图 11-13 所示。该面板的各项功能如下：

图11-13　跟踪器"面板

① 跟踪摄像机：单击该按钮，将启用三维控制器追踪。

② 变形稳定器：单击该按钮，将启用稳定器进行校正。

③ 跟踪运动：单击该按钮，将显示运动跟踪操作的内容。

④ 稳定运动：单击该按钮，将显示稳定跟踪操作的内容。

⑤ 运动源：用于选择要跟踪的源素材。

⑥ 当前跟踪：一个图层可以添加多个跟踪轨迹，在此处可以选择当前要跟踪的轨迹。

⑦ 跟踪类型：在 After Effects 中有多种跟踪方式，可以按照不同的图像情况选中不同的跟踪方式。在右侧下拉列表中有"稳定""变换""平行边角定位""透视边角定位"和"原始"5 个选项供选择。

⑧ 位置：勾选该项，将跟踪对象的位置。

⑨ 旋转：勾选该项，将跟踪对象的旋转角度。

⑩ 缩放：勾选该项，将跟踪对象的缩放尺寸。

⑪ 编辑目标：单击该按钮，将弹出图 11-14 所示的"运动目标"对话框，在该对话框中用于选择运动的目标图层。

⑫ 选项：单击该按钮，将弹出图 11-15 所示的"动态跟踪器选项"对话框，在该对话框中可以对跟踪的方式进行更加详细的设置。

⑬ 分析：包括 ◀❙（向后分析 1 个帧）、◀（向后分析）、▶（向前分析）和 ❙▶（向前分析 1 个帧）4 个按钮。单击不同的按钮，可对当前的跟踪进行相应的分析，并创建相应的关键帧。

⑭ 重置：单击该按钮，将对面板上的参数进行重新设置。

⑮ 应用：单击该按钮，将完成最终的跟踪处理。

图11-14 "运动目标"对话框

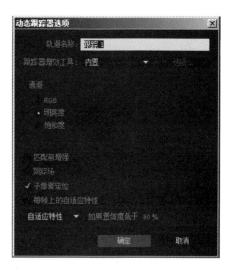

图11-15 "动态跟踪器选项"对话框

2. 跟踪运动的步骤

（1）选择理想的跟踪特征区域

选择理想的跟踪特征区域对于是否能顺利进行跟踪至关重要，这需要在进行运动跟踪前，先分析视频素材中的移动像素，找出最好的跟踪目标。不适当的跟踪目标会导致 After Effects CC 2015 在自动推算目标运动时出现误差，甚至错误。只有恰当地跟踪目标才会使跟踪更加顺利。

（2）设置跟踪点偏移

跟踪点默认位于特征区域的中心，如图 11-16 所示。用来产生跟踪计算之后的位置坐标数值，可以在跟踪计算之前将跟踪点调整到合适的位置，以便跟踪之后被其他素材利用，如图 11-17 所示。

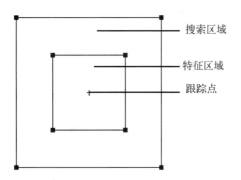

图11-16 跟踪点默认位于特征区域的中心

图11-17 将跟踪点移动到合适位置

（3）调节跟踪区域大小

调节跟踪区域大小的原则是：

① 特征区域要完全包括跟踪目标的像素范围，而且特征区域要尽量小。

② 搜索区域的位置和大小取决于所跟踪目标的运动方向、偏移的大小和快慢。当跟踪目标像素运动速度较慢时，搜索区域只要略大于特征区域即可；当跟踪目标像素运动速度较快时，搜索区域应该具备在帧与帧之间能够包含目标最大的位置或者方向改变的范围。

③ 通过设置跟踪类型来觉得采用何种方式来区分跟踪目标。

（4）进行计算分析

在"跟踪器"面板中，单击"分析"按钮进行运动跟踪计算，这样会在计算的同时产生相应的跟踪关键帧。

当然，在进行运动跟踪的计算分析时，往往因为各种原因出现错误，这就需要先返回到跟踪正确的帧处，重新调整搜索区域和特征区域，再重新进行计算分析。

（5）应用跟踪数据

在跟踪计算分析完毕后，单击"设置目标"按钮，然后在"运动目标"对话框中选择应用图层，再单击"应用"按钮，即可应用跟踪数据。

11.2.2　稳定运动

在观看一些新手拍摄的视频时，可能会出现画面不稳的情况，这样的视频虽然可以正常观看，但不能称为一段好的视频。另外一些专业的摄像师，在进行快速移动拍摄时，同样也会出现画面不稳的情况，例如在野外追赶一个动物对象时拍摄的视频。如果遇到这种情况，可以使用 After Effects CC 2015 中的稳定跟踪功能，重新对视频进行稳定处理。但此时需将视频的尺寸进行缩小后进行相应的操作才能得到最终的视频。

"稳定运动"和"跟踪运动"操作相似，同样位于"跟踪器"面板中，只要单击"稳定运动"按钮即可。其使用的原理与"跟踪运动"一样。"稳定运动"根据视频画面晃动的方式，对于位置变化、角度变化和大小变化可以进行单独的操作，可进行多种类型的稳定操作，也可进行综合操作。其操作流程与"跟踪运动"基本相同，不同之处在于，其主要应用在本层上，而不是其他图层。对晃动的视频素材进行稳定运动的步骤如下：

① 在"时间线"面板中双击要进行稳定运动的视频素材，进入图层视图，然后在"跟踪器"面板中单击"稳定运动"按钮，如图 11-18 所示。

② 勾选"位置"和"旋转"复选框，然后在视图中将两个跟踪线框设置到有像素明显反差的位置，单击▶（向前分析）按钮进行计算。

③ 计算完毕后，单击"应用"按钮，然后在弹出的对话框中单击"确定"按钮，如图 11-19 所示，从而自动切换到合成视图，此时画面即相对稳定，同时在"时间线"面板中产生了相应的关键帧。

图11-18　单击"稳定运动"按钮

图11-19　单击"确定"按钮

11.3　实例讲解

本节将通过 4 个实例来讲解键控与跟踪在实际工作中的具体应用，旨在帮助读者能够理论联系实际，快速掌握键控与跟踪的相关知识。

11.3.1 蓝屏抠像

要点

　　我国通常采用蓝屏作为背景拍摄后进行抠像。欧美由于很多人眼睛是蓝色的，如果采用蓝屏拍摄，抠像时容易将人眼抠除。为了避免这种情况，欧美多采用绿屏作为背景拍摄，再进行抠像，无论蓝屏还是绿屏抠像，抠像方法大致相同。本例将对蓝屏进行抠像，如图 11-20 所示。通过本例的学习，应掌握"线性颜色键"和"溢出抑制"特效的应用。

(a) 人物 .jpg　　　　　　　　(b) 背景 .jpg　　　　　　　　(c) 结果图

图11-22　蓝屏抠像

操作步骤

　　① 启动 After Effects CC 2015，执行菜单中的"文件│导入│文件"命令，导入"人物 .jpg"和"背景 .jpg"图片。

　　② 创建一个与"人物 .jpg"文件等大的合成图像。将"项目"面板中的"人物 .jpg"拖到下方的 ▣（新建合成）图标上，从而创建一个与"人物 .jpg"文件等大的合成图像。

　　③ 对"人物 .jpg"进行初步抠像处理。在"时间线"面板中选择"人物 .jpg"层，然后执行菜单中的"效果│键控│线性颜色键"命令，在"效果控件"面板中设置参数，如图 11-21 所示，效果如图 11-22 所示。

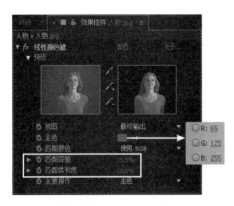

图11-21　设置"线性颜色键"参数　　　　　　　　图11-22　初步抠像效果

　　④ 此时图像大部分的蓝色已被去除，但人物边缘和图像右下方的局部还残留有少量的蓝色，下面通过"溢出抑制"特效将其进行去除。在"时间线"面板中选择"人物 .jpg"层，然后执行"效果│键控│溢出抑制"命令，接着在"效果控件"面板中设置参数，如图 11-23 所示，效果如图 11-24 所示。

图11-23　设置"溢出抑制"参数　　　　　　　　　图11-24　最终抠像效果

⑤ 为了便于观看效果，下面添加背景。将"项目"面板中的"背景.jpg"拖入"时间线"面板，并放置到"人物.jpg"层下方，如图 11-25 所示，效果如图 11-26 所示。

图11-25　将"背景.jpg"层放到"人物.jpg"层下　　　　　图11-26　最终效果

11.3.2　晨雾中的河滩效果

要点

本例将利用 After Effects CC 2015 自身所带键控工具，制作晨雾中的河滩效果，如图 11-27 所示。通过本例的学习，应掌握"颜色差值键""遮罩阻塞工具""曲线"特效的应用。

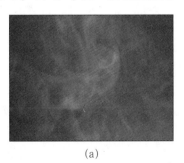

　　(a)　　　　　　　　　　　　(b)　　　　　　　　　　　　(c)

图11-27　晨雾中的河滩

操作步骤

① 启动 After Effects CC 2015，执行菜单中的"文件 | 导入 | 文件"命令，导入"0230.jpg"图片。

② 创建一个与"烟.avi"文件等大的合成图像。执行菜单中的"文件 | 导入 | 文件"命令，导入"烟.avi"文件，然后将它拖到 ▣（新建合成）图标上，从而创建一个与"烟.avi"文件等大的合成图像。

③ 将"项目"面板中的"0230.jpg"图片拖入"时间线"面板，并放置在"烟.avi"层的下方，然后将入点与"烟.avi"层对齐，如图11-28 所示。

图11-28 "时间线"面板

④ 利用键控去除蓝色。选择"烟.avi"图层，然后执行菜单中的"效果 | 键控 | 颜色差值键"命令，在弹出的"效果控件"面板中设置参数，如图11-29 所示，效果如图11-30 所示。

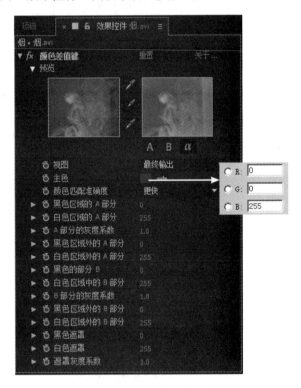

图11-29 设置"颜色差值键"参数

图11-30 设置"颜色差值键"参数后的效果

⑤ 为了使烟雾与背景更好地融合，下面选择"烟.avi"图层。执行菜单中的"效果 | 遮罩 | 遮罩阻塞工具"命令，参数设置如图11-31 所示，效果如图11-32 所示。

⑥ 调整烟雾对比度。依然选择"烟.avi"层，然后执行菜单中的"效果 | 颜色校正 | 曲线"命令，参数设置如图11-33 所示，效果如图11-34 所示。

⑦ 按【0】键，预览动画，效果如图11-35 所示。

图11-31　设置"遮罩阻塞工具"参数

图11-32　设置"遮罩阻塞工具"参数后的效果

图11-33　设置"曲线"参数

图11-34　设置"曲线"参数后的效果

(a)

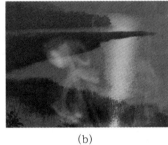
(b)

(c)

图11-35　最终效果

⑧　执行菜单中的"文件｜保存"命令，将文件进行保存。然后执行菜单中的"文件｜整理工程（文件）｜收集文件"命令，将文件进行打包。

11.3.3　随手一起移动的火焰效果

要点

　　本例将制作随手一起移动的火焰效果，如图 11-36 所示。通过本例的学习，应掌握"跟踪运动"中"位置"跟踪的应用。

图11-36　随手一起移动的火焰效果

操作步骤

1. 制作位置跟踪前画面的初始状态

① 导入素材。启动 After Effects CC 2015，执行菜单中的"文件｜导入｜文件"命令，然后在弹出的对话框中选择"FIRE0000.jpg"文件，勾选"JPEG 序列"复选框，如图 11-37 所示，单击"打开"按钮，从而将"FIRE[0000-0100].jpg"序列图片导入到"项目"面板中。

② 同理，将"ENVIRONMENT[0000-0309].jpg"序列文件导入到"项目"面板中，此时"项目"面板如图 11-38 所示。

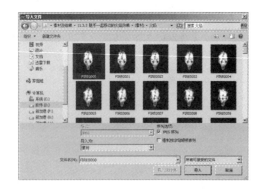

图11-37　选择FIRE0000.jpg"文件，勾选"JPEG序列"复选框

图11-38　"项目"面板

③ 创建一个与"ENVIRONMENT[0000-0309].jpg"文件等大的合成图像。在"项目"面板中，将"ENVIRONMENT[0000-0309].jpg"拖到　（新建合成）图标上，从而创建一个与"ENVIRONMENT[0000-0309].jpg"文件等大的合成图像。然后将其重命名为"随手一起移动的火焰效果"，此时"项目"面板如图 11-39 所示。

④ 从"项目"面板中将"FIRE[0000-0100].jpg"序列图片拖入时间线，此时"时间线"面板如图 11-40 所示。下面为了便于识别，将"FIRE[0000-0100].jpg"层重命名为"火焰"，将"ENVIRONMENT[0000-0309].jpg"层重命名为"背景"，如图 11-41 所示。

图11-39　将合成图像重命名为"随手一起移动的火焰效果"

⑤ 此时"火焰"层的长度与"背景"层不匹配，下面延长"火焰"层的长度。在"项目"面板中选择"FIRE[0000-0100].jpg"，然后右击，从弹出的快捷菜单中选择"解释素材｜主要"命令，接着在弹出的"解释素材"对话框中将"循环"设为 4 次，如图 11-42 所示，单击"确定"按钮。最后在"时间线"面板中拖动"火焰"层的出点，使之与"背景"层等长，如图 11-43 所示。

图11-40　"时间线"面板

图11-41　重命名图层

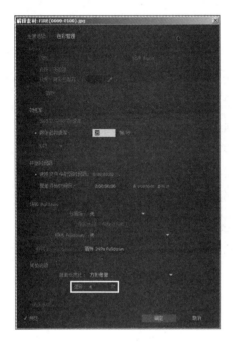

图11-42　将"循环"设为4次

图11-43　"时间线"面板

⑥　去除火焰素材的背景。此时画面中的火焰素材带有黑色背景，如图11-44所示。下面将"火焰"层的混合模式设置为"相加"，如图11-45所示，从而去除黑色背景，如图11-46所示。

⑦　此时火焰的比例过大，下面选择"火焰"层，按【S】键，显示出"缩放"属性，然后将其调整为50%，如图11-47所示，效果如图11-48所示。

图11-44　火焰素材带有黑色背景

图11-45　将"火焰"层的混合模式设置为"相加"

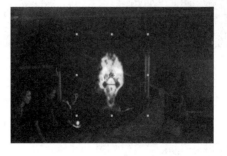

图11-46　将"火焰"层的混合模式设置为"相加"后的效果

图11-47　将"火焰"层的比例设置为50%　　　　　图11-48　将"火焰"层的比例设置为50%后的效果

⑧ 将时间线滑块移动到第0帧，然后将火焰移动到人手的光球位置。接着利用工具栏中的▦[向后平移（锚点）工具]将"火焰"层的轴心点移动到光球的中心位置，如图11-49所示。

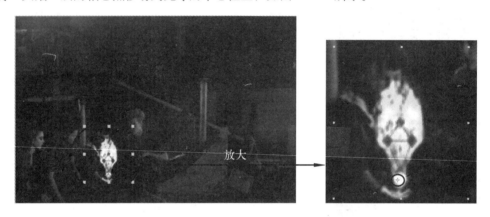

图11-49　将"火焰"层的轴心点移动到光球的中心位置

2．制作火焰随手一起移动的效果

① 执行菜单中的"窗口|跟踪器"命令，调出"跟踪器"面板，如图11-50所示。

② 选择"背景"层，然后确认时间位于第0帧，再单击"跟踪运动"按钮。接着勾选"位置"复选框，如图11-51所示，在画面中显示出位置跟踪点，如图11-52所示。

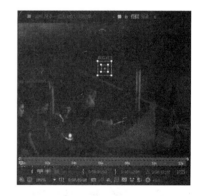

图11-50　"跟踪器"面板　　　图11-51　勾选"位置"复选框　　　图11-52　在画面中显示出位置跟踪点

③ 将关键帧生成点移动到光球位置，然后放大图像，再按照光球的尺寸进行跟踪点的"特征区域"和"搜索区域"的调整，如图11-53所示。接着在"跟踪器"面板中单击▶（向前分析）按钮进行分析，分析后在画面中会出现相应的关键帧，如图11-54所示，在"时间线"面板中也会出现相应的标记，如图11-55所示。

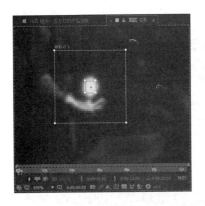

图11-53　调整位置跟踪的相应范围

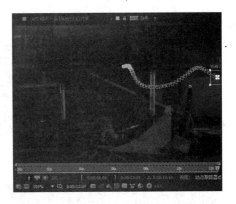

图11-54　分析后的效果

图11-55　在时间线面板中出现相应的关键帧标记

提示

此时一定要确认是在第0帧。

④ 单击"跟踪器"面板中的"应用"按钮，然后在弹出的对话框中
设置参数，如图 11-56 所示，单击"确定"按钮，应用跟踪。

图11-56　将应用尺寸设为"X和Y轴"

⑤ 此时预览会发现，当手拿光球的人跳出画面后，火焰仍然停留在
画面中，如图 11-57 所示，这是由于追踪特征点已经离开画面，系统无
法继续进行追踪的缘故。为了解决这个问题必须进行手动调节。拖动"时
间线"面板中的滑块，可以看到在第 8 秒 14 帧之后，火焰开始出现错误，下面在第 8 秒 14 帧，将"火焰"移
出画面，如图 11-58 所示。然后选择"火焰"层，勾选从第 8 秒 14 帧之后的所有帧（不包括第 8 秒 14 帧），
如图 11-59 所示，按【Delete】键进行删除，此时"时间线"面板如图 11-60 所示。

图11-57　火焰仍然停留在画面中

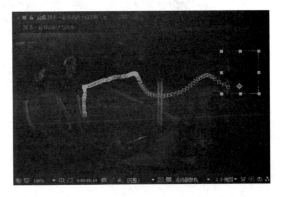

图11-58　在第8秒14帧，将"火焰"移出画面

⑥ 至此，随手一起移动的火焰效果制作完毕。按【0】键，预览动画，效果如图 11-61 所示。

⑦ 执行菜单中的"文件 | 保存"命令，将文件进行保存。然后执行菜单中的"文件 | 整理工程（文件）

收集文件"命令，将文件进行打包。

图11-59　选择从第8秒14帧之后的所有帧（不包括第8秒14帧）

图11-60　删除多余关键帧后的时间线

图11-61　随手一起移动的火焰效果

11.3.4　局部马赛克效果

要点

　　本例将制作人物访谈中常见的人脸局部的马赛克效果，如图 11-62 所示。通过本例的学习，应掌握"跟踪运动"与"马赛克"特效的综合应用。

图11-62　局部马赛克效果

操作步骤

　　① 启动 After Effects CC 2015，执行菜单中的"文件｜导入｜文件"命令，导入"人物 .avi"文件到当前"项目"面板中。

　　② 在"项目"面板中，将"人物 .avi"拖到 ▓（新建合成）图标上，从而创建一个与"人物 .avi"文件

等大的合成图像。

③ 创建马赛克尺寸。执行菜单中的"图层｜新建｜纯色"命令，然后在弹出的对话框中设置参数，如图 11-63 所示，单击"确定"按钮，效果如图 11-64 所示。

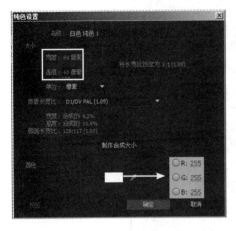

图11-63　设置纯色层参数

图11-64　创建白色纯色层

④ 在"时间线"面板中选择"人物.avi"层，如图 11-65 所示。然后执行菜单中的"动画｜跟踪运动"命令，调出"跟踪器"面板，接着设置参数，如图 11-66 所示。最后单击"选项"按钮，在弹出的对话框中设置参数，如图 11-67 所示，单击"确定"按钮。

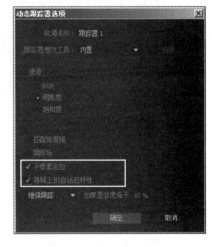

图11-65　选择"人物.avi"图层　　　图11-66　设置"跟踪器"参数　　　图11-67　设置动态跟踪选项参数

⑤ 此时视图中的运动追踪框如图 11-68 所示，下面按照如图 11-69 所示调整跟踪运动框的位置。

图11-68　默认运动追踪框

图11-69　调整运动追踪框的位置

⑥ 单击"跟踪器"面板中的 ▶（向前分析）按钮，分析后的效果如图 11-70 所示。此时在"时间线"面板中展开"动态跟踪器"属性，此时会看到每个跟踪点都会产生一个关键帧，如图 11-71 所示。

图11-70　跟踪效果

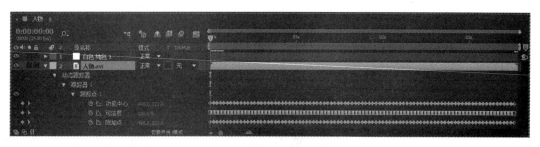

图11-71　时间线分布

⑦ 单击"跟踪器"面板中的"应用"按钮，然后在弹出的对话框中设置参数，如图 11-72 所示，单击"确定"按钮，应用跟踪。此时在"时间线"面板中展开"白色纯色 1"层中的"位置"属性，会看到每个跟踪点都会产生一个关键帧，如图 11-73 所示，效果如图 11-74 所示。

⑧ 利用蒙版显示局部模糊区域。在"时间线"面板中，选择"人物.avi"层，单击"T　TrkMat"下的"无"下拉按钮，如图 11-75 所示。然后在弹出的下拉列表中选择"Alpha 遮罩'白色 纯色 1'"命令，如图 11-76 所示，效果如图 11-77 所示。

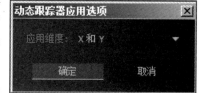

图11-72　设置参数

图11-73　应用跟踪后的时间线分布

⑨ 制作局部模糊效果。选择"人物.avi"层，然后执行菜单中的"效果|风格化|马赛克"命令，接着在"效果控件"面板中设置参数，如图 11-78 所示，效果如图 11-79 所示。

图11-74 应用跟踪效果

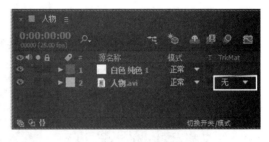

图10-75 单击 无 ▼ 按钮

图10-76 选择"Alpha遮罩'白色 纯色 1'"命令

图11-77 只显示局部模糊区域

图11-78 设置"马赛克"参数

图11-79 "马赛克"效果

⑩ 选择"项目"面板中的"人物.avi",将其再次拖入"时间线"面板中,并放置在最底层,如图 11-80 所示。

⑪ 按【0】键,预览动画,效果如图 11-81 所示。

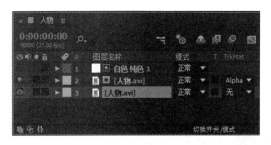

图11-80　将"人物.avi"放置在"时间线"面板的最底层

 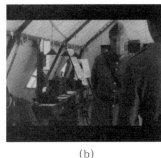 

(a)　　　　　　　　　　　　(b)　　　　　　　　　　　　(c)

图11-81　局部马赛克效果

⑫　执行菜单中的"文件|保存"命令，将文件进行保存。然后执行菜单中的"文件|整理工程（文件）|收集文件"命令，将文件进行打包。

课 后 练 习

①　利用"背景1.tga"和"蓝屏1.tga"图片，如图11-82所示，制作抠像效果，如图11-83所示。参数可参考"练习1.aep"文件。

(a)　　　　　　　(b)

图11-82　素材　　　　　　　　　　　　　图11-83　结果图

②　利用"跟踪.avi"和"背景.jpg"图片，如图11-84所示，制作抠像和跟踪效果，如图11-85所示。参数可参考"练习2.aep"文件。

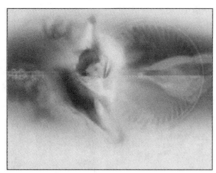
背景 .jpg

跟踪 .avi

图11-84　素材

图11-85　跟踪效果

综合实例 第12章

通过第 1～第 11 章的学习，已经掌握了 After Effects CC 2015 的相关基础知识。本章将综合利用所学知识制作两个实用性很强的实例，旨在帮助读者拓宽思路。

12.1 逐个字母飞入动画

要点

本例将制作电视广告中经常见到的字母逐个飞入后然后进行扫光的效果，如图 12-1 所示。通过本例的学习，应掌握 After Effects CC 2015 自带的"碎片""渐变""百叶窗""色彩平衡"特效，Shine（光芒）和 Light Factory(光工厂) 外挂特效的综合应用。

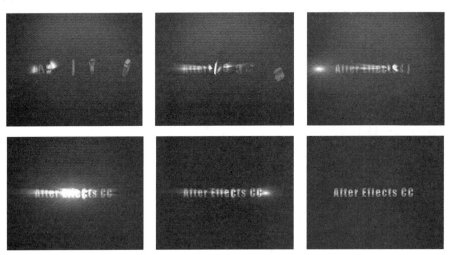

图12-1 逐个字母飞入动画

操作步骤

1. 制作字母逐个飞出效果

① 执行菜单中的"合成 | 新建合成"命令，命令，在弹出的对话框中设置参数，如图 12-2 所示，单击"确

定"按钮，从而新建一个合成图像。

② 执行菜单中的"文件｜导入｜文件"命令，导入"底图 .jpg""文字 .psd"和"文字 Alpha.psd"文件，在弹出的对话框中设置参数，如图 12-3 所示，单击"确定"按钮，此时"项目"面板如图 12-4 所示。

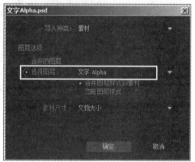

图12-2　设置合成图像参数　　　　　　　　　　　　　　图12-3　选择相应图层

③ 从"项目"面板中将"底图 .jpg""文字 .psd"和"文字 Alpha.psd"文件拖入"时间线"面板。然后隐藏"文字／文字 .psd"以外的其他图层，如图 12-5 所示。

图12-4　"项目"面板　　　　　　　　　　　　　　图12-5　"时间轴"面板

④ 在"时间线"面板中选择"文字／文字 .psd"层，执行菜单中的"效果｜模拟｜碎片"命令，在"效果控件"面板中设置参数，如图 12-6 所示。此时【0】键，预览动画，效果如图 12-7 所示。

⑤ 此时字母飞出效果是从中间开始的，而我们需要文字从右往左进行打碎，下面就来解决这个问题。将"时间线"面板中的滑块移动到第 0 帧，然后单击"作用力 1"的"位置"前的█按钮，打开动画录制，并设置"位置"为"（720.0，288.0）"，如图 12-8 所示。接着将时间线滑块移动到第 3 秒 24 帧的位置，将"位置"设置为"（0.0，288.0）"，如图 12-9 所示。最后【0】键，预览动画，即可看到字母从右往左进行打碎的效果，如图 12-10 所示。

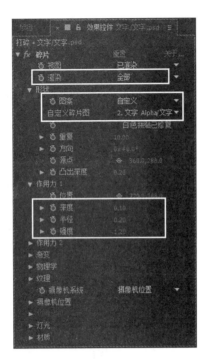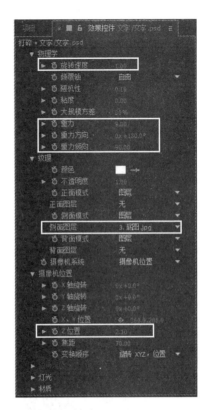

图12—6　设置"碎片"效果

图12—7　动画效果

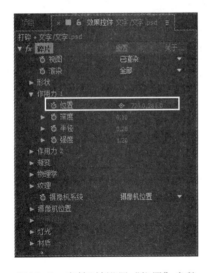

图12—8　在第0帧设置"位置"参数　　　　图12—9　在第3秒24帧设置"位置"参数

图12-10　文字从右往左的打碎效果

⑥　制作字母从右往左旋转着飞出视图效果。将"时间线"面板中的滑块移动到第 0 帧，然后单击"摄影机位置"中"Y 轴旋转"前的██按钮，打开动画录制并设置参数，如图 12-11 所示。接着将"时间线"滑块移动到第 3 秒 24 帧的位置，将"Y 轴旋转"参数设置为如图 12-12 所示。最后按【0】键，预览动画，即可看到文字从右往左旋转着飞出视图的效果，如图 12-13 所示。

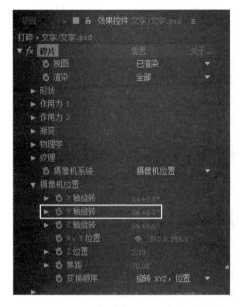

图12-11　在第0帧调整"Y轴旋转"参数

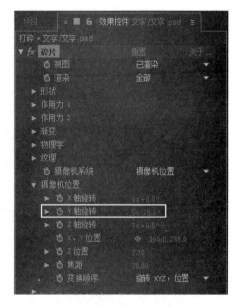

图12-12　在第3秒24帧调整"Y轴旋转"参数

图12-13　字母从右往左旋转着飞出视图的效果

2. 制作字母逐个飞入并变色的效果

①　执行菜单中的"合成｜新建合成"命令，在弹出的对话框中设置参数，如图 12-14 所示，单击"确定"按钮，从而新建一个合成图像。

②　制作动画倒放效果（字母逐个飞入画面）。从"项目"面板中将"打碎"合成图像拖入"时间线"面板，然后执行菜单中的"图层｜时间｜启用时间重映射"命令，显示出动画开始和结束两个关键帧，如图 12-15 所

示。然后将第 3 秒 24 帧的关键帧移动到第 2 秒，并将参数设置为
0：00：00：00，如图 12-16 所示。接着将第 0 帧的参数设为 0：
00：03：24，如图 12-17 所示。最后按【0】键，预览动画，即可
看到动画倒放效果（字母逐个飞入画面），如图 12-18 所示。

③ 调整文字颜色。执行菜单中"效果|颜色校正|色彩平衡"
命令，然后在"效果控件"面板中设置参数，如图 12-19 所示，
效果如图 12-20 所示。

④ 制作文字在第 2 秒之后的略微放大的效果。在"时间线"
面板中选择"打碎"层，然后按【S】键，显示出缩放参数。再将
滑块移动到第 2 秒，单击"缩放"前的■按钮，打开动画录制，如
图 12-21 所示。接着将滑块移动到第 3 秒 24 帧，将"缩放"设置
为"（106.0%，106.0%）"，如图 12-22 所示。最后按【0】键，
预览动画，即可看到文字在第 2 秒之后略微的放大的效果。

图12-14　设置合成图像参数

图12-15　时间线分布

图12-16　将第2秒的参数设置为0：00：00：00

图12-17　将第0帧的参数设置为0：00：03：24

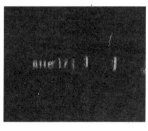

图12-18　字母逐个飞入画面的效果

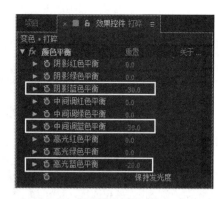

图12-19　设置"色彩平衡"参数

图12-20　"色彩平衡"效果

图12-21　在第2秒设置"缩放"关键帧为"100%"

图12-22　在第3秒24帧设置"缩放"关键帧为"106%"

3．制作背景

① 执行菜单中的"合成 | 新建合成"命令，在弹出的对话框中设置参数，如图 12-23 所示，单击"确定"按钮，从而新建一个合成图像。

② 执行菜单中的"图层 | 新建 | 纯色"（快捷键【Ctrl+Y】）命令，在弹出的对话框中单击"制作合成大小"按钮，如图 12-24 所示，单击"确定"按钮，从而创建一个与合成图像等大的纯色层。

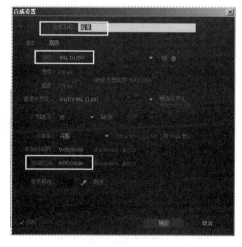

图12-23　设置合成图像参数

图12-24　设置纯色层参数

③ 在"时间线"面板中选择"黑色 纯色 1"层，然后执行菜单中的"效果｜生成｜梯形渐变"命令，接着在"效果控件"面板中调整颜色，如图 12-25 所示，效果如图 12-26 所示。

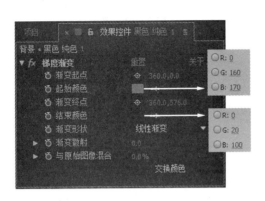

图12-25 设置"渐变梯形"参数

图12-26 "渐变梯形"效果

④ 制作百叶窗效果。在"时间线"面板中选择"黑色 纯色 1"层，执行菜单中的"效果｜过渡｜百叶窗"命令，然后在"效果控件"面板中调整参数，如图 12-27 所示，效果如图 12-28 所示。

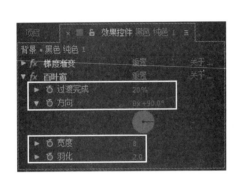

图12-27 设置"百叶窗"参数

图12-28 "百叶窗"效果

⑤ 此时背景过于呆板，下面通过添加蒙版来制作背景的层次感。在"时间线"面板中选择"黑色 纯色 1"层，然后按快捷键【Ctrl+D】，在"黑色 纯色 1"层下方复制一层，并在"效果控件"面板中调整颜色，如图 12-29 所示。接着利用工具栏中的 ⬤ 椭圆工具在最上方的"黑色 纯色 1"层上绘制圆形蒙版，如图 12-30所示。

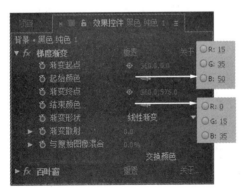

图12-29 设置"梯度渐变"参数

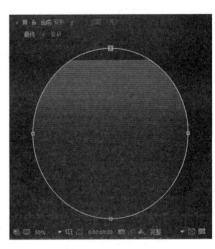

图12-30 绘制矩形蒙版

⑥ 在"时间线"面板中选择最上方的"黑色 纯色 1"层，按【M】键两次，展开"Mask"参数，然后设置参数，如图 12-31 所示，效果如图 12-32 所示。

图12-31 设置"蒙版羽化"参数

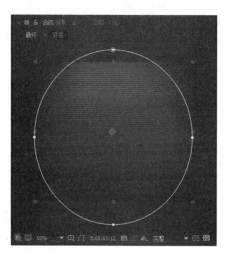

图12-32 "蒙版羽化"效果

4. 制作最终效果

① 执行菜单中的"合成 | 新建合成"命令，在弹出的对话框中设置参数，如图 12-33 所示，单击"确定"按钮，从而新建一个合成图像。

② 从"项目"面板中将"背景"和"变色"合成图像拖入"最终"合成图像中，放置位置如图 12-34 所示，效果如图 12-35 所示。

③ 制作光晕效果。执行菜单中的"图层 | 新建 | 纯色"（快捷键【Ctrl+Y】）命令，在弹出的对话框中单击"制作合成大小"按钮，如图 12-36 所示，单击"确定"按钮，从而创建一个与合成图像等大的纯色层。然后在"时间线"面板中选择创建的纯色层，执行菜单中的"效果 | Knoll Light Factory | Light Factory（光工厂）"命令，效果如图 12-37 所示。

图12-33 设置合成图像参数

图12-34 "时间线"面板

图12-35 合成效果

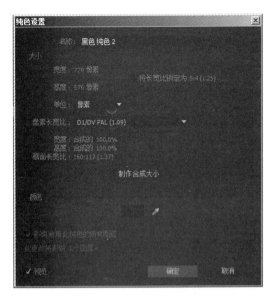

图12-36　设置纯色层参数

图12-37　Light Factory（光工厂）效果

④ 为了便于同时观看文字和光晕效果，下面将"黑色 纯色 2"层的混合模式设为"相加"，如图 12-38 所示，从而透过光晕显示出其背景和文字，效果如图 12-39 所示。

图12-38　改变层混合模式

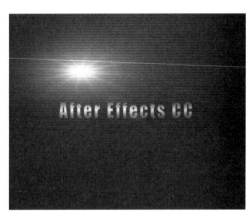

图12-39　改变层混合模式效果

⑤ 制作光晕动画效果。分别在"黑色 纯色 2"层设置 Light Factory（光工厂）特效的 Brightness（明亮度）的第 1 秒 14 帧、第 2 秒、第 2 秒 14 帧关键帧参数以及 Light Source Location(光源点位置) 第 1 秒 14 帧、第 2 秒 14 帧关键帧参数，如图 12-40 所示。此时预览动画效果如图 12-41 所示。

图12-40　分别设置Brightness(明亮度)和Light Source Location(光源点位置)属性关键帧

⑥ 此时光晕在动画开始和结束处没有消失，这是错误的，下面就来解决这个问题。在"时间线"面板中选择"黑色 纯色 1"层，然后按【T】键，显示出"不透明度"属性，接着分别在第 1 秒 14 帧、第 1 秒 17 帧、第 2 秒 14 帧和第 2 秒 17 帧设置"不透明度"关键帧参数，如图 12-42 所示，预览后效果如图 12-43 所示。

图12-41 预览动画效果

图12-42 设置"不透明度"关键帧参数

图12-43 预览动画效果

⑦ 给文字添加Shine（光芒）特效。选择"变色"层，然后按快捷键【Ctrl+D】，复制一层。再将原来的"变色"层命名为"光芒"，如图12-44所示。接着选择"光芒"层，执行菜单中的"效果 | Trapcode | Shine（光芒）"命令，在"效果控件"面板中设置参数，如图12-45所示，效果如图12-46所示。

图12-44 时间线分布

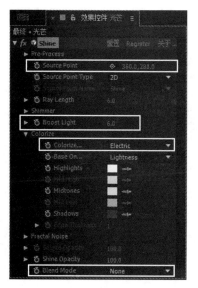

图12-45 设置"Shine"参数

图12-46 Shine（光芒）效果

⑧ 制作扫光位置变化的动画。分别将时间线滑块定位在第0帧、第1秒22帧和第2秒，然后设置"Source Point"参数，如图12-47所示。接着按【0】键，预览动画，即可看到扫光效果，如图12-48所示。

图12-47 在不同帧设置"Source Point"参数

图12-48 扫光效果

⑨ 制作扫光结束前光芒区域加大的动画。选择"光芒"层，然后在"效果控件"面板中勾选"Use Mask（使用遮罩）"，再将滑块定位在第1秒22帧的位置，激活"Mask Radius（遮罩半径）"前的 按钮，录制动画，将数值设为"180.0"，如图12-49所示。接着将滑块定位在第2秒2帧的位置，将数值设为"300.0"。此时按【0】键，预览动画，如图12-50所示。

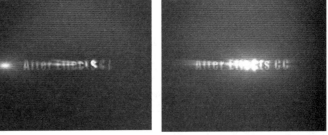

图12-49 设置"Mask Radius"参数   图12-50 动画效果

⑩ 制作扫光不透明度的变化。选择"光芒"层，按【T】键，显示出该层的"不透明度"参数。然后分别在第2秒和第3秒6帧设置关键帧，并将第2秒的"不透明度"设为"100%"，第3秒6帧的"不透明度"设为"0%"，如图12-51所示。接着按【0】键，预览动画，即可看到扫光逐渐消失的效果，如图12-52所示。

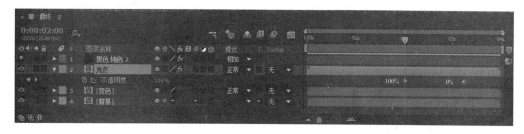

图12-51　设置"不透明度"参数

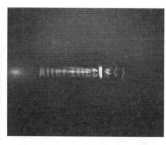

图12-52　扫光逐渐消失的效果

⑪ 制作背景不透明度的变化。选择"背景"层，按【T】键，显示出该层的"不透明度"参数。然后在第0帧设置"不透明度"为"60%"、在第1秒设置"不透明度"为"100%"、在第1秒7帧设置"不透明度"为"100%"，在第3秒设置"不透明度"为"0%"，如图12-53所示。

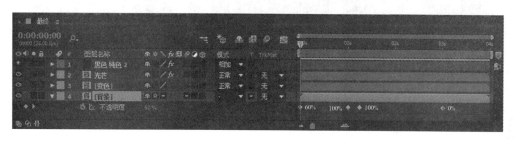

图12-53　设置背景"不透明度"关键帧

⑫ 至此，整个动画制作完毕。按【0】键，预览动画，即可看到逐个字母飞入动画，如图12-54所示。

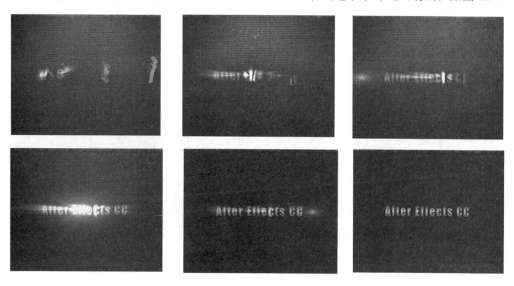

图12-54　逐个字母飞入动画

⑬ 执行菜单中的"文件 | 保存"命令，将文件进行保存。然后执行菜单中的"文件 | 整理工程（文件） | 收集文件"命令，将文件进行打包。

12.2 飞龙穿越水幕墙效果

要点

本例将制作飞龙穿越水幕墙的效果，如图 12-55 所示。通过本例的学习，应掌握"波形环境""焦散""最小 / 最大""发光""Shine""高斯模糊"特效、"预合成"命令和图层混合模式的应用。

图12-55 飞龙穿越水幕墙效果

操作步骤

1. 制作飞龙近大远小的效果

① 启动 After Effects CC 2015，执行菜单中的"合成 | 新建合成"命令，在弹出的对话框中设置参数，如图 12-56 所示，单击"确定"按钮。

② 导入素材。执行菜单中的"文件 | 导入 | 文件"命令，在弹出的"导入文件"对话框中选择"dragon20000.tga"图片，然后勾选"Targa 序列"复选框，如图 12-57 所示，单击"打开"按钮。接着在弹出的对话框中单击"猜测"按钮，如图 12-58 所示，单击"确定"按钮，将其导入项目面板中。同理，导入"背景 .jpg"图片。此时"项目"面板如图 12-59 所示。

③ 从"项目"面板中将"dragon [20000-20060].tga"和"背景 .jpg"拖入"时间线"面板，然后将"背景 .jpg"放置到最下面。

图12-56 设置合成图像参数

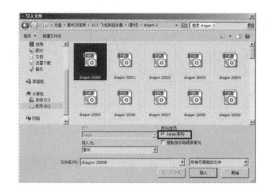

图12-57　勾选"Targa序列"复选框

图12-58　单击"预测"按钮

④　此时飞龙素材的长度只有 2 秒 10 帧，如图 12-60 所示，下面延长飞龙素材的长度。在"项目"面板中右击"dragon [20000-20060].tga"素材，然后从弹出的快捷菜单中选择"解释素材 | 主要"命令，接着在弹出的"解释素材"对话框中将"循环"设为 4 次，如图 12-61 所示，单击"确定"按钮。最后在"时间线"面板中延长"dragon [20000-20060].tga"层的长度，如图 12-62 所示。

⑤　调整"背景 .jpg"的大小。方法：在时间线中选择"背景 .jpg"

图12-159　"项目"面板

层，然后按【S】键，显示出"缩放"属性。接着将"缩放"设置为 80%，如图 12-63 所示，效果如图 12-64 所示。

图12-60　飞龙素材的长度只有 2 秒10帧

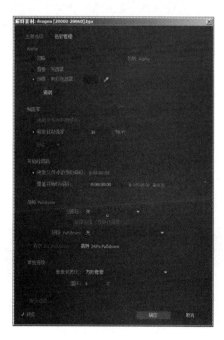

图12-61　将"循环"设置为 4 次

图12-62　延长"dragon [20000-20060].tga"图层的长度

图12-63　将"背景.jpg"层的"缩放"设置为80%

图12-64　调整"背景.jpg"层"缩放"后的效果

⑥ 调整飞龙从远处飞近的效果。选择"dragon [20000-20060].tga"，然后单击⊙按钮，将其转换为三维图层。接着按【P】键，显示出"位置"属性。再在第 0 帧记录 z 位置的关键帧参数为 2000，如图 12-65 所示，效果如图 12-66 所示。最后在第 4 秒记录 z 位置的关键帧参数为 500，如图 12-67 所示，效果如图 12-68 所示。此时关键帧分布如图 12-69 所示。

图12-65　在第 0 帧记录Z位置的关键帧参数为2000.0

图12-66　第 0 帧的画面效果

图12-67　在第 4 秒记录z位置的关键帧参数为500.0

图12-68　第4秒的画面效果

图12-69　关键帧分布

2．制作飞龙穿透水幕墙时的水幕墙的涟漪效果

① 新建一个与"飞龙穿越水幕墙"合成图像等大的"灰色 纯色层1"。然后选择"灰色 纯色层1"，执行菜单中的"效果｜模拟｜波形环境"命令，效果如图12-70所示。

② 为了便于观看效果，下面在"效果控件"面板中将"灰色 纯色层1"的"视图"设置为"高度贴图"，如图12-71所示，效果如图12-72所示。此时预览，可以看到波纹的动画效果。

③ 根据对飞龙穿透水幕墙产生波纹的理解，波纹开始区域应该和飞龙大小相似，而此时波纹有些大，下面在"效果控件"面板中调节"波形环境"特效中"创建程序1"的"高度／长度"和"宽度"值，如图12-73所示，效果如图12-74所示。

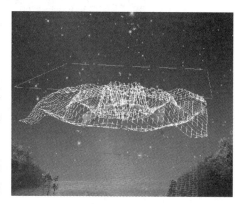

图12-70　"波形环境"效果

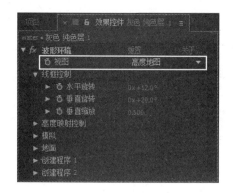

图12-71　将"视图"设置为"高度地图"

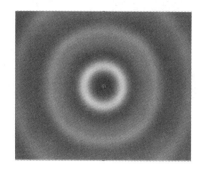

图12-72　将"视图"设置为"高度地图"后的效果

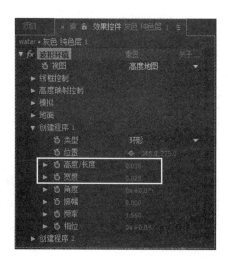

图12-73　设置"创建程序1"参数

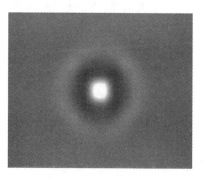

图12-74　调整"创建程序1"参数后的效果

④ 飞龙在穿透水幕墙前，水幕墙是没有水波涟漪效果的，而此时的水波涟漪效果是始终存在的。下面调节参数，使水波涟漪在飞龙第24帧以后开始穿透水幕墙时产生。分别在第24帧、第1秒12帧、第2秒和第2秒14帧录制"创建程序1"中的"振幅"关键帧参数，如图12-75所示，预览效果如图12-76所示。

图12-75　分别在第24帧、第1秒12帧、第2秒和第2秒14帧录制"创建程序1"中的"振幅"关键帧参数

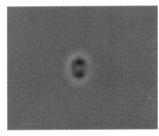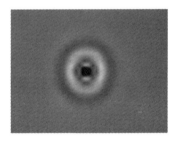

图12-76　预览效果

⑤ 此时预览，可以发现水波涟漪效果过于规则。下面通过录制"位置"参数进行调节。分别在第24帧、第1秒10帧和第2秒录制"位置"的关键帧参数，如图12-77所示，预览效果如图12-78所示。

图12-77　分别在第1秒4帧、第1秒12帧和第2秒录制"位置"的关键帧参数

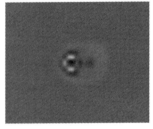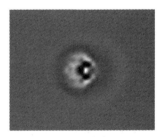

图12-78　预览效果

⑥ 为了使涟漪效果更加真实，下面进一步设置"波形环境"中"创建程序2"中的相关参数。展开"创建程序2"，然后调整"高度／长度"和"宽度"值，如图12-79所示。接着分别在第24帧、第1秒10帧、第2秒和第2秒12帧录制"创建程序2"中的"振幅"关键帧参数，再分别录制第1秒4帧、第1秒10帧和第2秒录制"位置"的关键帧参数，如图12-80所示，预览效果如图12-81所示。

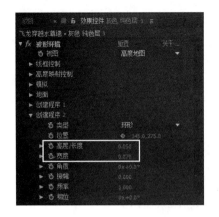

图12-79　调整"创建程序2"中的
"高度/长度"和"宽度"值

图12-80　在不同帧录制"创建程序2"中的"振幅"和"位置"参数

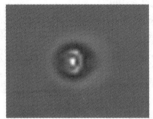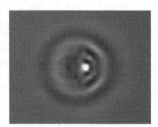

图12-81　预览效果

⑦　水波涟漪的区域只局限于天空，下面利用蒙版约束水波涟漪的区域。新建一个与"飞龙穿越水幕墙"合成图像等大的"灰色 纯色层2"，然后为了方便绘制隐藏除"背景"层以外的其余图层，接着利用工具栏中的 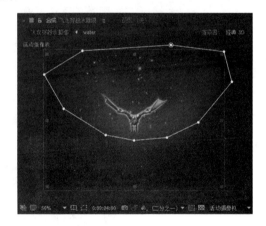（钢笔工具）根据背景图像中的天空位置，在"灰色 纯色层2"上进行绘制，如图 12-82 所示。最后再显示出"灰色 纯色层2"和"灰色 纯色层1"层，将"蒙版1"的蒙版模式设置为"相减"，如图 12-83 所示，效果如图 12-84 所示。

图12-82　在"灰色 纯色层2"上绘制出天空的区域

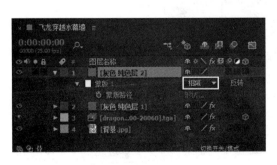

图12-83　将"蒙版1"的蒙版模式设置为"相减"

图12-84　显示出"灰色 纯色层2"和"灰色 纯色层1"层的效果

　　通过在新建"灰色 固态层2"层上绘制遮罩，而不是直接在"灰色 固态层1"层上绘制遮罩来限制天空区域。这是因为遮罩只对图层起作用，而不对效果起作用。在"灰色 固态层1"上添加了"波形环境"效果，因此在该层上绘制遮罩是无法约束水波涟漪效果的区域的。此时要限制水波涟漪效果的区域有两种方法：一是新建固态层，然后在新建固态层上绘制遮罩（也就是本例采用的方法）；二是将当前添加了"波形环境"效果的图层通过"预合成"命令进行嵌套，然后再在嵌套后的图层上绘制要限制的区域。

　　⑧ 此时可以看到利用 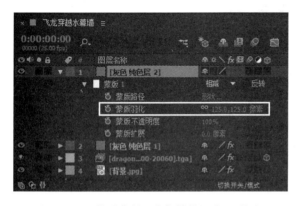（钢笔工具）绘制出的蒙版边缘与"灰色 纯色层1"上的水波涟漪的接缝不圆滑，下面通过调整"蒙版羽化"值来解决这个问题。选择"灰色 纯色层2"，然后按【M】键两次，展开蒙版属性，接着将"蒙版羽化"的数值设置为125像素，如图12-85所示，效果如图12-86所示。

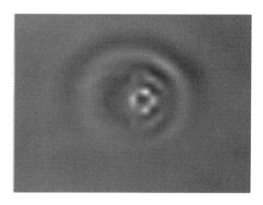

图12-85　将"蒙版羽化"值设置为125像素　　　　　　图12-86　将"蒙版羽化"值设置为125像素后的效果

　　⑨ 天空是有透视的，因此飞龙穿越水幕墙时的水波涟漪效果也应该是有透视的，下面通过三维图层和摄像机来制作这个效果。选择"灰色 纯色层1"，然后单击 按钮，将其转换为三维图层。接着执行菜单中的"图层|新建|摄像机"命令，在弹出的"摄像机设置"对话框中设置参数，如图12-87所示，单击"确定"按钮，从而新建"摄像机 1"层，此时"时间线"面板如图12-88所示。最后利用工具栏中的 （旋转工具）沿X轴旋转"灰色 纯色层1"，使之与天空透视相同，如图12-89所示。

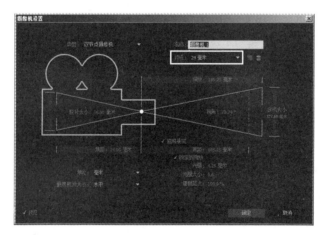

图12-87　设置摄像机参数

　　如果此时通过水波涟漪可以看到背景图像，则可对遮罩上的结点进行调节，使之完全遮挡住背景图像。

　　⑩ 将相关的水波涟漪的图层进行嵌套。选择"摄像机 1""灰色 纯色层 1"和"灰色 纯色层 2"层，

然后执行菜单中的"图层|预合成"命令,在弹出的设置"新建合成名称"为"water",如图12-90所示,单击"确定"按钮,此时"时间线"面板如图12-91所示。

图12-88 时间线分布

图12-89 旋转"灰色 纯色层1"使之与天空透视角度相同

图12-90 设置"新建合成名称"为"water"

图12-91 时间线分布

⑪ 利用"water"层的水波涟漪效果来影响天空。隐藏嵌套后的"water"层,然后选择"背景"层,执行菜单中的"效果|模拟|焦散"命令,然后在"效果控件"面板中将"焦散"中"水面"设置为"1.water",再将"表面不透明度"设置为0,如图12-92所示,效果如图12-93所示。

图12-92 设置"焦散"参数

图12-93 设置"焦散"参数后的效果

3. 制作飞龙穿越水幕墙的效果

① 利用"最小／最大"特效来控制隐藏显示飞龙。选择"dragon [20000-20060].tga"层,然后执行菜单中的"效果|通道|最小／最大"命令,在"效果控件"面板中设置"操作"为"最小值","通道"为"Alpha",再在第24帧录制"半径"的关键帧参数为25,如图12-94所示,从而完全隐藏飞龙,效果如图12-95所示。接着在第1秒23帧录制"半

图12-94 设置"最小/最大"特效的参数

径"的关键帧参数为0,从而完全显示出飞龙,效果如图 12-96 所示,此时"时间线"面板中的关键帧分布如图 12-97 所示。最后预览动画,即可看到飞龙从无到有逐渐显现的效果,如图 12-98 所示。

图12-95　第24帧的画面效果

图12-96　第1秒23帧的画面效果

图12-97　关键帧分布

图12-98　预览效果

② 为了便于管理,下面对"dragon [20000-20060].tga"层进行嵌套。选择"dragon [20000-20060].tga"层,执行菜单中的"图层|预合成"命令,然后在弹出的对话框中保持默认参数,如图 12-99 所示,单击"确定"按钮,此时"时间线"面板如图 12-100 所示。

图12-99　设置参数

图12-100　时间线分布

③ 制作飞龙穿越水幕时产生的辉光效果。选择嵌套后的"dragon [20000-20060].tga 合成 1"层,然后执行菜单中的"效果|风格化|发光"命令,在"效果控件"面板中设置参数,如图 12-101 所示。接着根据飞

龙穿越水幕前后发光从小到大再到小的特点，分别在第 1 秒 19 帧、第
2 秒 3 帧和第 2 秒 22 帧录制"发光半径"和"发光强度"的关键帧参数，
如图 12-102 所示，此时预览效果如图 12-103 所示。

④ 为了增强视觉的冲击力，下面再给飞龙添加一个扫光效果。
选择嵌套后的"dragon [20000-20060].tga 合成 1"层，然后执行菜
单中的"效果 |Trapcode|Shine"命令，此时默认扫光颜色为黄色，如
图 12-104 所示，而我们需要飞龙按照自身的颜色进行扫光。下面在"效
果控件"面板中将"Colorize"设为"None"，如图 12-105 所示，从
而使扫光按照飞龙自身的色彩进行扫光。接着分别在第 2 秒 03 帧、第
2 秒 18 帧和第 4 秒 01 帧录制 Ray Length 和 Boost Light 的关键帧参数，
如图 12-106 所示。此时预览效果如图 12-107 所示。

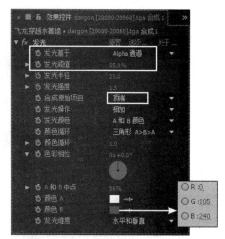

图12-101 设置"发光"参数

图12-102 在不同帧录制"发光半径"和"发光强度"的关键帧参数

图12-103 发光预览效果

图12-104 默认扫光效果 　　　　　图12-105 将"Colorize"设置为"None"

图12-106　Shine特效的关键帧分布

图12-107　扫光预览效果

⑤　此时飞龙在穿越水幕墙时自身被光芒完全覆盖，而我们需要飞龙在穿越水幕墙时自身是可见的，光芒只在飞龙边缘出现，下面通过复制"dragon [20000-20060].tga 合成 1"层来解决这个问题。选择"dragon [20000-20060].tga 合成 1"层，按快捷键【Ctrl+D】键，复制出"dragon [20000-20060].tga 合成 2"层，然后在"效果控件"面板中取消"dragon [20000-20060].tga 合成 2"层"Shine"特效的显示，如图 12-108 所示。接着将"dragon [20000-20060].tga 合成 1"层的混合模式设为"相加"，如图 12-109 所示，效果如图 12-110 所示。

图12-108　取消"dragon [20000-20060].tga 合成2"层"Shine"特效的显示

图12-109　将"dragon [20000-20060].tga 合成1"层的混合模式设为"相加"

图12-110　预览效果

4．制作飞龙穿越水幕前的半透明效果

①　此时预览会发现飞龙在穿越水幕墙前是不可见的，而实际情况应该是飞龙在穿越水幕墙前是可见的，只是虚化而已，下面就来制作这个效果。

②　在"项目"面板中双击"dragon [20000-20060].tga Comp 1"合成图像进入编辑状态，然后在"时间线"面板中选择"dragon [20000-20060].tga"层，如图 12-111 所示，按快捷键【Ctrl+C】进行复制。接着回到"飞

龙穿越水幕墙"合成图像中按快捷键【Ctrl+V】进行粘贴，如图 12-112 所示。

图12-111　选择"dragon [20000-20060].tga"

图12-112　"dragon [20000-20060].tga"层粘贴到
"飞龙穿越水幕墙"合成图像中

③　选择粘贴后的"dragon [20000-20060].tga"层，然后在
"效果控件"面板中删除"最小／最大"特效。此时第0帧的效果如
图 12-113 所示。

④　制作飞龙穿越水幕前的虚化效果。选择"dragon [20000-
20060].tga"层，然后将其转换为三维图层，并将层的混合模式设为"柔
光"，如图 12-114 所示，效果如图 12-115 所示。接着选择"dragon
[20000-20060].tga"层，执行菜单中的"效果|模糊和锐化|高斯模糊"
命令，再在"效果控件"面板中设置参数，如图 12-116 所示，效果如
图 12-117 所示。

图12-113　第0帧的效果

图12-114　将层的混合模式设为"柔光"

图12-115　将层的混合模式设为"柔光"后的效果

图12-116　设置"高斯模糊"参数

图12-117　设置"高斯模糊"参数后的效果

⑤　至此，飞龙穿越水幕墙的效果制作完毕。按【0】键，预览动画，效果如图 12-118 所示。

⑥　执行菜单中的"文件|保存"命令，将文件进行保存。然后执行菜单中的"文件|整理工程（文
件）|收集文件"命令，将文件进行打包。

图12-118　飞龙穿越水幕墙效果

课 后 练 习

① 利用"背景.jpg"图片，制作光芒变化的文字效果，如图12-119所示。参数可参考"练习1.aep"文件。

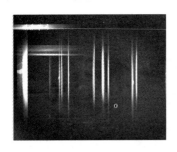 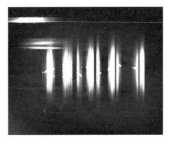 

图12-119　练习1效果

② 利用相关素材制作广告动画效果，如图12-120所示。参数可参考"练习2.aep"文件。

图12-120　练习2效果